本书系浙江省教师教育重点课题"凝炼教学主张——名师培训的理论建构与实践创新"研究成果

数学教师专业发展标准化的理论与实践

高建成　刘堤仿 ｜ 著

光明日报出版社

图书在版编目（CIP）数据

数学教师专业发展标准化的理论与实践 ／ 高建成，
刘堤仿著 . --北京：光明日报出版社，2021.7
ISBN 978－7－5194－5851－5

Ⅰ.①数… Ⅱ.①高… ②刘… Ⅲ.①数学教学—师
资培养—研究 Ⅳ.①O1－4

中国版本图书馆 CIP 数据核字（2021）第 058899 号

数学教师专业发展标准化的理论与实践
SHUXUE JIAOSHI ZHUANYE FAZHAN BIAOZHUNHUA DE LILUN YU SHIJIAN

著　　者：高建成　刘堤仿			
责任编辑：李月娥		责任校对：李小蒙	
封面设计：中联华文		责任印制：曹　净	

出版发行：光明日报出版社

地　　址：北京市西城区永安路 106 号，100050

电　　话：010－63169890（咨询），63131930（邮购）

传　　真：010－63131930

网　　址：http：//book. gmw. cn

E－mail：liyuee@ gmw. cn

法律顾问：北京德恒律师事务所龚柳方律师

印　　刷：三河市华东印刷有限公司

装　　订：三河市华东印刷有限公司

本书如有破损、缺页、装订错误，请与本社联系调换，电话：010－63131930

开　　本：170mm×240mm		
字　　数：343 千字	印　　张：17	
版　　次：2021 年 7 月第 1 版	印　　次：2021 年 7 月第 1 次印刷	
书　　号：ISBN 978－7－5194－5851－5		

定　　价：65.00 元

目　录
CONTENTS

绪　论

　　教师专业发展研究是自 20 世纪 60 年代以来在国外备受关注的研究课题。20 世纪 90 年代开始,我国明确提出教师专业发展问题并加以介绍和研究。北京师范大学林崇德、申继亮等人通过实验研究,在国外认知心理学新进展的基础上,最早对教师知识、教师观念、教师监控能力等内在结构与形成过程提出独到见解,形成教师素质结构理论。此后,华东师范大学叶澜从教育学、伦理学角度对教师专业发展进行了研究,探索从教育学角度构建教师专业化的理论框架。钟启泉先生对教师专业的内涵与外延进行了广泛的研究,发表了一系列的论述。关于"教师专业发展",从构词方式角度有两种理解,即"教师专业"的发展与教师的"专业发展"。前者意指教师职业与教师教育(尤其是师范教育)形态的历史演变;后者则强调教师由非专业人员成为专业人员的过程。从目前国内外对"教师专业发展"的定义来看,正体现了这两种思路和视角。应当说,上述两种认识和思考过程既密切相关,又有不同,是在一致的研究旨趣下,包含并牵涉不同的领域与概念范畴,其中的研究方法和逻辑也有所区别。不过,我们从目前有关"教师专业发展"的诸种表述中,可以得出一些共性特征:一是强调发展要素的内生性、自觉性;二是基于过程理解的阶段性与动态性;三是发展状态的非终结性。

　　在美国心理学家波斯纳"经验 + 反思 = 成长"的理论影响下,我国的教师专业发展途径有了一些局部环节的探究,近年来开展了教师专业发展的规划制订、校本研修、教学反思等活动。但是,无论是在教师专业发展的理论层面还是实践层面,对教师专业发展途径的研究都很少有全面的阐述,尤其在探索学科教师专业发展途径的层面上更缺少深入的探究,特别是针对数学教师专业发展的研究更是罕见。本书在"才学识"三维视角下,通过对数学教师的专业结构、专业特质等微观层面的研究,提出了一系列有针对性的发展策略及路径。

教师专业成长是指教师作为专业人员不断完善自身专业素养的过程。专业素养包括专业知识、专业技能、专业情意以及自我反思与改进四个方面,其中以教师的自我反思与改进最为重要。"数学教师的专业成长"是指数学教师在其职业生涯中通过不断地学习及对数学教育教学的实践—反思—实践的螺旋式反复,不断提升自身的专业水平,形成持续发展,达致数学教育教学专业成熟的过程。

新课程的实施、信息技术的革命、成人学习理论取得的新进展、后现代主义思潮的涌现,构成了教师专业成长的新理念;数学教师专业成长的策略转变、技术变革以及途径的变化等,构成了数学教师专业成长的新视野,即数学—数学教师—数学教师专业成长的新视野—新视野下的数学教师专业成长。首先指出数学学科的特点,接着将分析数学教师所承担的角色,进而考察数学教师专业成长的新视野,研究在这些新视野下数学教师是如何实现专业成长这一命题。本书在探究新视野下的数学教师专业成长的同时,更希望对数学教师的成长——尤其作为"人"的发展有一个更为人文的理解与评价。

本书基于现有的教师专业发展理论和实践,以演绎法为基本原理,重点研究数学教师内在专业素质结构,职业专门化规范和意识的养成、途径的完善,但不排除外在的、关涉制度和体系的、旨在推进数学教师成长及专业成熟等因素。

在理论上依据波斯纳教师成长理论、刘堤仿教师群体互动场理论、马斯洛需求层次理论,构建数学教师专业发展科学体系的三维视角,即教师专业发展层次、教师职业角色、发展途径(图0-1)。

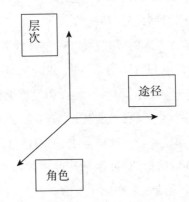

图0-1　数学教师专业发展科学体系三维视角

(1)数学教师具有数学家独特的才(才能)、学(知识)、识(鉴赏)三维结构的不同专业层次(图0-2)。

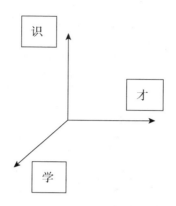

图 0 - 2　数学教师具备三维结构的不同专业层次

（2）数学教师以职责、素质、效能三维职业角色及其原生特质与衍生特质等方面考量作为评价系统（图 0 - 3）。

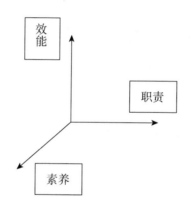

图 0 - 3　数学教师三维职业角色

（3）创设数学教师专业发展"习（学习）、行（实践）、思（反思）"三维结构型途径，构建发展途径的"学""行""思""述"四纬数学模型，反映学科教师专业形成的智慧特征，达成与之相应的行动策略（图 0 - 4）。

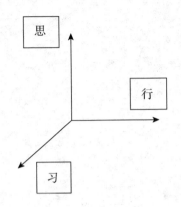

图 0 - 4　数学教师专业发展三维结构途径

　　本书的研究,突破原有教师教育体系的桎梏,形成系统科学基础上的较为完善的数学学科教师发展理论体系,将为我国中小学教师专业发展,提供可以借鉴的理论依据和操作模式。

第一章

数学教师专业结构

唐朝刘知己对历史学家的分析认为："史有三长:才、学、识,世罕兼之,故史才少。夫有学无才,犹愚贾操金,不能殖货;有才无学,犹巧匠无楩楠斧斤,弗能成室。"并认为作史三长"才、学、识"缺一不可,而识最为先。这里的"学"指对材料与工具;"才"指材料的裁剪能力;"识"就是见识。这比较全面地反映了人的专业层次。对于教师的专业层次而言,"才"就是教学能力,"学"即懂得理论与方法,"识"就是对教育教学的感悟及鉴赏力。

清朝袁枚在《续诗品·尚识》说得更清楚:"学如弓弩,才如箭镞,识以领之,方能中鹄。"学问的根基如弓,人的才能如箭,真知灼见(学识)引导箭头射出,才能命中目标。因此,没有学问,不能发挥才能,没有学识指导人生,就没有正确的方向。

现代认知心理学的研究发现人的发展是有层级的,即首先从外界获得知识;而后运用知识对外界进行解释,或解决外界问题;最终达到对自我的认识和管理(如图1–1)。

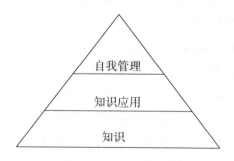

图1–1　认知发展的层级

显然,这三个有序的层级正好与学、才、识对应,最高层级的自我管理就是对认知与行为的前、中、后整个过程的监控与反馈,目的是通过调整提高自我认知、行为与环境之间的调适性,这正是人的见识所在,教师专业发展也不例外。

那么,具体到数学教师,又如何认识其专业发展的层级呢? 数学教师的"学"就是学问,即具备数学教育专业知识、理论与方法;数学教师的"才"就是数学教育教学能力,即完成数学教育工作所应有的提出问题、分析问题及解决问题的能力;数学教师的"识"是指见识,即对数学教育理解、鉴别与批判,从而形成数学见解、个人风格的能力。教师成长各个阶段表现的专业结构层次与需求是不一样的,一般教师可能具有完成工作的"才"与"学"即可,但名师必须具有"识"才能名副其实。

第一节　数学教师的专业知识

21 世纪的中学数学教师要在多层次、多方位的理论上,具有较广、较深、较丰富的数学知识。所谓"多层次",是指中学数学教师不仅要精通中学数学,还要掌握高等数学以及现代数学知识;所谓"多方位",是指中学数学教师不仅要精通上述纯数学,还要懂得数学是一门有悠久历史的科学,在社会生活中数学涉及人类文化的每一个角落,数学不仅是理论研究成果构成的大厦,而且是一种活动与过程。为此,我们把数学教师的专业主体知识分为两部分:作为传授任务而被传授的那部分知识,即数学;为完成知识传授的任务所必需的另一部分知识,即教育理论。

狭义的数学知识即苏联当代著名教育家斯托利亚所说的"数学活动的结果",这是作为中学数学教师所必须掌握的。首先,要精通中学数学,通晓中学数学的全部内容,切实掌握这些基础知识的结构和理论体系,正确把握其重点和难点,能正确、敏捷、综合、灵活地解题;系统掌握这一层次的数学基础知识,是胜任中学数学教学的起码要求。其次,要掌握与中学数学教学直接有关的高等数学知识,如解析几何、数学分析、高等代数、高等几何等,它们既体现着中学数学的自然延伸和发展,又对中学数学教学具有实际指导意义;掌握这些知识能使中学数学教师形成正确的数学观念,有助于其居高临下地认识中学数学教材,推动中学数学教学研究和改革。最后,由于科学技术的迅猛发展,中学数学教师要了解数学研究的新动态,不断充实和更新自己的知识结构,提高业务水平。

广义数学知识即数学活动过程,现代教学论认为,数学教学是数学活动的教学,数学教学不仅要反映数学活动结果,而且要注意展现得到这些结果的数学思维过程。因此,作为 21 世纪的中学数学教师,不仅要精通数学基础理论,即掌握"数学活动的结果",而且还要掌握"数学活动的过程"。

在数学的历史上,数学的重要概念、方法等都曾经历了缓慢的发展时期,在这个过程中蕴含着许多数学思想方法、科学家的趣事等。因此,作为 21 世纪的中学数学教师应该对该学科的历史有一定了解。了解世界数学发展的大致脉络和初等数学发展史,了解数学发展史和当代数学家的生平和数学成就等,以加深对数学的演变和发展的认识,从而使自己在数学教学过程中,适时利用数学史材料对学生进行爱国主义、历史唯物主义、献身科学的精神等方面教育。

应用数学知识,当前数学教育普遍存在着所学数学知识脱离实际,学会了数学到社会用不上。而现今社会不论哪个行业,都可以从中发现应用数学的足迹,中学毕业后,一部分学生将继续升学,另一部分学生将走向社会,不论去向如何,学生都期望自己所学的知识能有用武之地。这就要求中学数学教师在自己的主体专业知识中,让应用数学占有相应的比重,注意搜集日常生活中与数学有关的信息,如球赛场次、社会保险、储蓄利率、工商纳税、环境保护、股市走势图、房地产价值变化示意图等。使自己在教学中,能结合实际,培养学生学数学、用数学的能力,从而去解决目前面临的或今后将要遇到的一些实际问题。

数学思想方法在数学中占有十分重要的地位,任何数学问题的解决无不以数学思想为指导,以数学方法为手段,它是培养有能力、有创造性人才的关键,因此,中学数学教师要掌握中学数学中的数学思想方法,如化归原则、变换原则、数形结合、特殊化、一般化、分解与组合、构造、字母代数、方程与函数、集合与映射、优化等数学思想方法。了解数学思想方法的几次重大转折:从算术到代数、从综合几何到几何代数化、从常量数学到变量数学、从必然数学到或然数学、从明晰数学到模糊数学、从手工证明到机械证明,进而全面了解数学思想方法演变历史及其规律,在数学教学过程中,如概念形成过程、思路的探索过程、规律的被揭示过程等,适时渗透思想方法,使学生体会数学的精神思想和实质内涵。

日本数学家米山国藏曾说:"对于学生们而言,作为知识的数学,通常是出校门后不到一两年,很快就忘掉了。然而,不管他们从事什么工作,那些深深地铭刻于头脑中的数学的精神、思维方法、研究方法、推理方法和着眼点等都随时随地地发生作用,让他们受益终身。"因此,数学精神、数学理性、数学思维方法是一位合格的数学教师必备的素养和关注的重点,在教学过程中,不仅要教给学生知识,并且要教给他们技能、思维方法和有条不紊的工作习惯。

同时,在新课程理念下,在世界数学教育改革中,整体意识、数学建模、问题解决、数学学习心理、数学核心素养等又对数学教师提出了新的要求。

一、辩证思维与整体观点

辩证思维就是以辩证的(联系和矛盾的)观点看待客观事物和人类思维,其实质在于"辩证"二字。主要体现为:第一,具体性。即辩证思维必须是具体思维,辩证思维形式必须体现对象的多样性的统一。第二,系统性。即辩证思维必须是全面的、系统的思维,必须是对事物多形态、多侧面、多关系、多层次的综合把握。第三,灵活性。即辩证思维必须是综合把握事物发展趋势的思维,必须体现对象运动的灵活性与确定性的统一。概言之,辩证思维就是具体的思维、全面的思维和灵活的思维。

整体思维是辩证思维的重要形式,系统整体观点,就是在力求考查事物整体系统的基础上,居高临下,分析把握事物各局部变化特征及在整体中的作用,从而获得事物的整体知识,把握事物的总体规律。抓住事物的本质,用全面的、运动的、发展的眼光去分析问题、解决问题,可促进思维深刻、全面而辩证。把这一思想用于单元知识教学,要求教师从完整的单元知识体系出发,综合、动态地把握整体中各组成部分或知识点在单元知识体系中的作用。因此,整体观点指导下的数学复习更有效,由于数学复习是学生在已经具备了初步数学知识和方法的基础上,进行综合与提高的再学习,学生的思维素质、思维材料都为整体思维训练提供了最佳环境。

数学复习一般包括三个步骤:数学概念(定义、公式、定理等)的梳理、数学知识与方法的综合与应用、数学解题训练。运用联系、运动变化和发展的整体思维观点控制数学复习的三个环节,明显地改变了过去单纯的应试教育模式,提高了学生的数学素质,有效地形成良好的数学认知结构。

(一)用联系的观点看待数学概念,使数学知识连成块

数学概念的发展有其自身的规律,教材在排序上遵循递进的原则,比较适合初学者的思维规律,但在纵向联系上缺乏可逆性,在复习中则可打破这一界限,从某概念出发去联系数学中的任何概念,使所有的数学概念形成一个整体,构成一个知识的集成块,下面以映射概念说明之。

案例:集合的映射往往因为不易被学生理解或考纲要求不高而在教学中不被重视,不做深究。但作为现代数学基本概念,它与集合一样重要,在数学概念中起

统帅作用。

联系Ⅰ(映射与函数概念):用映射定义函数比较抽象,但只要用例子来说明就不难理解,设

$$A = \left\{ -\frac{\pi}{3}, -\frac{\pi}{6}, 0, \frac{\pi}{3}, \frac{\pi}{2}, \pi \right\}, B = \left\{ -1, -\frac{\sqrt{3}}{2}, -\frac{1}{2}, 0, \frac{1}{2}, \frac{\sqrt{3}}{2}, 1 \right\},$$

对应关系 $f:x \rightarrow \sin x = y, x \in A, y \in B$,是集合 A 到 B 的一个映射,象的集合 $C = \left\{ -\frac{\sqrt{3}}{2}, -\frac{1}{2}, 0, \frac{\sqrt{3}}{2}, 1 \right\} \in B$,这个映射就是以集合 A 为定义域,集合 C 为值域的函数。

联系Ⅱ(映射与排列组合概念):任何一个排列都是元素的集合到位置集合的一个映射,反之亦然。如集合 $A = \{a, b, c\}$ 到集合 $B = \{m, n, p\}$ 的一一映射,可把集合 B 中的 3 个元素看成 3 个位置,集合 A 中的 3 个元素看成被取元素,这样的一一映射的个数即为 3 个元素 3 个位置的全排列数 $P_3^3 = 6$。如果考虑所有映射,除了一一映射即 B 中的 3 个元素都有原象外,还有 1 个、2 个元素有原象的两类排列,其映射个数分别为 $C_3^3 P_3^1 = 3, C_3^2 P_3^2 = 18$,这样共有 27 种不同映射。

联系Ⅲ(映射与概念应用):在数学问题解决中,最本质的就是寻求问题与原有概念(包括结论)的映射关系。广义上讲,任何两个数学概念或问题均可建立起多次的映射关系而连通,用这个观点去认识数学概念,就形成了数学思维全方位的"信息网络",数学的知识点不再是孤立的,而是整体联系的。

(二)用发展的观点进行解题训练,使原有的数学思想与方法不断深化与提高

数学复习离不开解题,解题并不需要搞题海战术,而是要通过解一题发展一片,或是数学思想的深入,或是数学方法的推广,甚至是学科分支的跨越,如数与形的结合、一般化与特殊化、构造法等都是常见的解题后发展的思想方法。

案例:比较 $\log_{1993} 1994$ 与 $\log_{1994} 1995$ 的大小,解答时,可考虑它的简单情况 $\log_2 3 > \log_3 4$。

类比即得 $\log_{1993} 1994 > \log_{1994} 1995$,问题解决后再推广。

(1) $\log_n (n+1) > \log_{(n+1)} (n+2)$ ($n \in N, n \geq 2$);

(2) $a > 1, d > 0$ 有 $\log_a (a+d) > \log_{a+d} (a+2d)$;

(3) 若 $b > a > 1, d > c > 1, a < c$ 且 $\dfrac{b}{a} \geq \dfrac{d}{c}$,则 $\log_a b > \log_c d$。

这里,我们再从求等差数列通项公式的另一种方法(教材采用的是归纳

法）——阶差法出发，来探讨一下解题方法的发展。

对于等差数列有 $a_n - a_{n-1} = d$，那么，利用阶差法 $a_n = \sum\limits_{k=1}^{n-1} (a_{k+1} - a_k) + a_1 = a_1 + (n-1)d$，由此可来解决下列问题：

（高考题）设 $\{a_n\}$ 是正数组成的数列，其前 n 项和为 S_n，并且对于所有的自然数 n，a_n 与 2 的等差中项等于 S_n 与 2 的等比中项，（Ⅰ）求数列的通项公式；（Ⅱ）令 $b_n = \dfrac{1}{2}(\dfrac{a_{n+1}}{a_n} + \dfrac{a_n}{a_{n+1}})$，$(n \in \mathbf{N})$，求 $\lim\limits_{n \to \infty} (b_1 + b_2 + \cdots + b_n)$。

解：由题意 $\dfrac{a_n + 2}{2} = \sqrt{2S_n}$ 得 $S_n = \dfrac{1}{8}(a_n + 2)^2$，

则 $a_{n+1} = S_{n+1} - S_n = \dfrac{1}{8}(a_{n+1} + 2)^2 - \dfrac{1}{8}(a_n + 2)^2$，

整理得 $(a_{n+1} + a_n)(a_{n+1} - a_n - 4) = 0$，

故 $a_{n+1} - a_n = 4$，

故 $a_n = \sum\limits_{k=1}^{n-1}(a_{k+1} - a_k) + a_1 = 4n - 2$。

又 $b_n = \dfrac{1}{2}(\dfrac{4n+2}{4n-2} + \dfrac{4n-2}{4n+2}) = \dfrac{1}{2n-1} - \dfrac{1}{2n+1} + 1$，$\{b_n - 1\}$ 为 $\{\dfrac{1}{2n-1} - \dfrac{1}{2n+1}\}$ 的阶差数列。

则 $\lim\limits_{n \to \infty}(b_1 + b_2 + \cdots + b_n - n) = \lim\limits_{n \to \infty} \sum\limits_{k=1}^{n}(\dfrac{1}{2k-1} - \dfrac{1}{2k+1}) = 1$，

一般地，数列 $\{a_n\}$ 可由递推数列 $\{a_n - qa_{n-1}\}$ 来表示的均可类似地求通项

$$a_n = \sum\limits_{k=1}^{n-1} q^{n-k-1}(a_{k+1} - qa_k) + q^{n-1}a_1$$

特别地，等比数列的递推关系为 $a_n - qa_{n-1} = 0$，则它的通项为 $\sum\limits_{k=1}^{n-1} q^{n-k-1}(a_{k+1} - qa_k) + q^{n-1}a_1 = a_1 q^{n-1}$。

上述是笔者运用整体思维观点控制数学复习过程的一孔之见，还很不完善，有待进一步探究。

过去的数学教学大纲明确规定了"提高学生思维能力"的教学目的。数学辩证思维作为思维能力的最高级、最活跃、最富有创造性的成分是高中数学素质教育的基本构成成分之一。进行辩证思维训练理所当然成为数学教学研究与数学教育改革的热门话题。

（三）形成辩证思维观念训练

复数是进一步学习微积分、复变函数的基础。无论是数学知识结构还是数学思想方法都是在中学阶段进行辩证思维训练的最好的材料，以复数教学进行辩证思维训练可使学生的思维形成单向型与多向型、封闭型与开放型、静态型与动态型的辩证统一结构，完善思维方式和思维品质。

复数教学中的辩证思维训练是以复数知识与复数方法为材料，包括思维观念、思维形式及思维策略等方面的训练。

辩证思维观念在复数中突出表现为矛盾性、运动性、整体性等特征。

（1）矛盾性。数的发展是数内部矛盾激化的结果，对复数概念的引入可用方程解的观点来揭示其矛盾的过程，如 $x - 1 = 0$ 在自然数集上有解，而 $x + 1 = 0$ 在自然数集上无解，从而引入负数，导致由自然数集扩展到整数集；$x^2 - 2 = 0$ 在有理数集上无解，而引入无理数导致实数集的产生；$x^2 + 1 = 0$ 在实数集上无解，而引入虚数，导致数的概念扩大到复数集。在复数运算中，代数形式基本可以按实数内的多项式运算进行，但做乘除法及高次幂运算很烦琐，因而引入复数的三角形式。这种矛盾不断产生不断解决的过程贯穿复数教学的始终。

（2）运动性。如前所述，复数是在实数的基础上发展起来的，在教学中利用数的性质揭示数的空间性，从而反映数的运动性。实数可建立与某一直线（如数轴即一维空间）上点的一一映射关系，这样具有有序性及运算的封闭性，而复数与实数对（二维空间）构成对应关系，不再具备有序性，而突出了运动性。这种运动性在复数运算、应用中无时不表现出来。

（3）整体性。复数集代数、几何、三角、矢量数学于一体，诸如"模$\longleftrightarrow$绝对值$\longleftrightarrow$距离""复数$\longleftrightarrow$点$\longleftrightarrow$向量"等系统把数学各分支串成链，在复数应用中特别活跃。复数在数学中的显要地位，决定了复数的统帅作用，复数的联系性与多向性完善了各种数学对象的横向与纵向的网络，并且不断被引申和推广。

（四）掌握思维辩证策略训练

以简驭繁，用简单的观点来看待和处理较复杂的形式，是抓住形式表现的数学本质及辩证关系，寻求问题解决的最佳途径。

案例：若复数 z 满足 $(z + 1)^{2n} + (z - 1)^{2n} = 0$，求证：$z$ 必为纯虚数。

若将复数 z 的代数形式或三角形式代进去，相当困难。但由条件得 $(z + 1)^{2n} = -(z - 1)^{2n}$，取模

$|z+1|^{2n} = |z-1|^{2n}$，即得 $|z+1|^2 = |z-1|^2$，

由性质有 $(z+1)(\bar{z}+1) = (z-1)(\bar{z}-1)$，

化简得 $z + \bar{z} = 0$，

$\mathrm{Re}(z) = 0$.

以退求进，复数解题中有时需要从一般向特殊后退，从抽象向具体后退，从高维向低维后退，从强命题向弱命题后退，进而归纳、类比、联想，以求问题解决。

案例：在复平面内，正 n 边形两个顶点 Z_p，Z_q（$p < q$）所对应的复数为 z_p，z_q，求其他顶点所对应的复数。

解决此问题，我们要想到它的特殊情况：在复平面内，正三角形按顺时针方向的两个顶点 Z_1，Z_2 对应的复数为 z_1，z_2，则按顺时针方向的第 3 个顶点 Z_3 所对应的复数为

$$(z_1 - z_2)\left(\cos\frac{\pi}{3} + i\sin\frac{\pi}{3}\right) + z_2,$$

对于正 n 边形的按顺时针方向的两个相邻顶点所对应的复数为 z_1，z_2，由于它的内角为 $\frac{(n-2)\pi}{n}$，则按顺时针方向的第 3 个顶点所对应的复数为

$$(z_1 - z_2)\left[\cos\frac{(n-2)\pi}{n} + i\sin\frac{(n-2)\pi}{n}\right] + z_2,$$

同理第 4 个顶点所对应的复数为

$$-(z_1 - z_2)\left[\cos\frac{2(n-2)\pi}{n} + i\sin\frac{2(n-2)\pi}{n}\right] + z_3$$

$$= (z_1 - z_2)\left\{\left[\cos\frac{(n-2)\pi}{n} - \cos\frac{2(n-2)\pi}{n}\right]\right.$$

$$\left. + i\left[\sin\frac{(n-2)\pi}{n} - \sin\frac{2(n-2)\pi}{n}\right]\right\} + z_2,$$

第 k 个顶点所对应的复数为

$$(z_1 - z_2)\left[\sum_{s=1}^{k-2}(-1)^{s-1}\cos\frac{s(n-2)\pi}{n} + i\sum_{s=1}^{k-2}(-1)^{s-1}\sin\frac{s(n-2)\pi}{n}\right]$$

$$+ z_2(k \geq 3),$$

不妨假设，Z_p，Z_q 是正 n 边形按顺时针方向的第 p、q 个顶点，则

$$z_q = (z_p - z_{p-1})\left[\sum_{s=1}^{q-p-1}(-1)^{s-1}\cos\frac{s(n-2)\pi}{n}\right.$$

$$\left. + i\sum_{s=1}^{q-p-1}(-1)^{s-1}\sin\frac{s(n-2)\pi}{n}\right] + z_{p+1}$$

从而 $z_{p+1} =$

$$\{z_p[\sum_{s=1}^{q-p-1}(-1)^{s-1}\cos\frac{s(n-2)\pi}{n}+i\sum_{s=1}^{q-p-1}(-1)^{s-1}\sin\frac{s(n-2)\pi}{n}]-z_q\}$$

$$\div[\sum_{s=1}^{q-p-1}(-1)^{s-1}\cos\frac{s(n-2)\pi}{n}+i\sum_{s=1}^{q-p-1}(-1)^{s-1}\sin\frac{s(n-2)\pi}{n}-1]$$

因此,正 n 边形按顺时针方向的第 k 个顶点所对应的复数

$$z_k = (z_p - z_{p-1})[\sum_{s=1}^{k-p-1}(-1)^{s-1}\cos\frac{s(n-2)\pi}{n}+i\sum_{s=1}^{k-p-1}(-1)^{s-1}\sin\frac{s(n-2)\pi}{n}]+$$

z_{p+1}

对于逆时针方向的情况可类似解。

数形相助(促),复数在反映数量关系和空间图形的联系方面表现尤为突出,在解复数问题中,要把它的条件与结论的数式结构与形态结构广泛地辩证地结合起来,迅速形成正迁移。

案例:已知复数 z 满足 $|z-3-4i| \leqslant 2$,求 $|z+1|^2 + |z-1|^2$ 取最大值和最小值时的复数 z。

如果直接从式子计算相当烦琐,但从它所反映的几何图形结构入手非常简洁。

如图 $1-2$ 所示,Z 点的集合是在复平面上以 $(3,4)$ 为圆心,2 为半径的圆及圆内所有点。

由三角形中线公式 $|z+1|^2 + |z-1|^2 =$ $|ZA|^2 + |ZB|^2 = 2(|ZO|^2 + |OA|^2) = 2(1 + |ZO|^2)$,

而 $|ZO|$ 取最大值和最小值分别为 7 和 3,即圆心与原点连线及延长线所交圆周上的点即为所求。

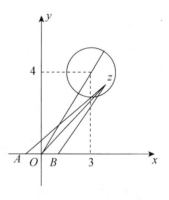

图 $1-2$

故取最大值时复数 $z_1 = 7[\cos(\arccos\frac{3}{5}) +$

$i\sin(\arcsin\frac{4}{5})] = \frac{21}{5} + \frac{28}{5}i$,取最小值时复数 $z_2 = 3[\cos(\arccos\frac{3}{5}) + i\sin(\arcsin$

$\frac{4}{5})] = \frac{9}{5} + \frac{12}{5}i$。

变通化归。化归法是一种独特思维方式,把复数问题化为实数问题,使生疏

问题变为熟悉问题。

案例:解方程 $z + |\bar{z}| = 2 + i$。

因求出 $|\bar{z}|$ 即可求出 z,$z = (2 - |\bar{z}|) + i$,$|z| = \sqrt{(2 - |\bar{z}|)^2 + 1}$,原方程化为实数方程,平方化简得 $|z| = \dfrac{5}{4}$。

$$\therefore z = (2 - \dfrac{5}{4}) + i = \dfrac{3}{4} + i。$$

动静转换。复数题常有以动求静或以静求动、局部调整、整体观察,达到对某些处于运动或静止的状态相互转化。

案例:已知复数 z 满足 $|z - 3 - 5i| = 1$,复数 w 满足 $|w - 1| + |w - 5| = 4\sqrt{5}$,求 $|z - w|$ 的最大值和最小值。

z、w 所对应的点分别在圆和椭圆上运动,且相互无依赖关系,即 z、w 是相互独立的变量。要确定 $|z - w|$ 的最值,必须相对固定某一变量。如果椭圆 $|w - 1| + |w - 5| = 4\sqrt{5}$ 上的点相对固定,则问题可局部解决:

将椭圆方程化为参数形式,即

$$\begin{cases} x = 3 + 2\sqrt{5}\cos\theta, \\ y = 2\sin\theta. \end{cases}$$

点 $(3 + 2\sqrt{5}\cos\theta, 2\sin\theta)$ 到圆心 $(3,5)$ 的距离为

$$\sqrt{(2\sqrt{5}\cos\theta)^2 + (2\sin\theta - 5)^2}$$
$$= \sqrt{-16\sin^2\theta - 20\sin\theta + 45}$$
$$= \sqrt{-16\left(\sin\theta + \dfrac{5}{8}\right)^2 + \dfrac{205}{4}}。$$

最大值 $\dfrac{\sqrt{205}}{2}$,最小值 $\dfrac{\sqrt{141}}{2}$,因此 $|z - w|$ 的最大值为 $\dfrac{\sqrt{205}}{2} + 1$,最小值为 $\dfrac{\sqrt{141}}{2} + 1$。

合理划分,在复数中的逻辑划分中时常遇到,在划分中要选好划分标准。合理划分,既不重复又不遗漏,还要简洁。

案例:设 $a \geq 0$,在复数集上解方程 $z^2 + 2|z| = a$。

如设 $z = x + yi$,涉及复数实部、虚部,无疑麻烦。但变形方程 $z^2 = a - 2|z| \in R$,

则 z 为实数或纯虚数。

（1）当 z 为实数 x 时，方程为 $x^2 + 2|x| - a = 0$，故 $|x| = -1 + \sqrt{1 + a}$，因此

$x = \pm(-1 + \sqrt{1 + a})$。

（2）当 $z = yi(y \in R, y \neq 0)$ 时，方程为 $-|y|^2 + 2|y| = a$：

当 $-|y|^2 + 2|y| = aa = 0$ 时，$|y| = 2, z = \pm 2i$；当 $0 < a \leqslant 1$ 时，$|y| = 1 \pm$

$\sqrt{1 - a}, z = \pm(1 \pm \sqrt{1 - a})i$；当 a >1 时无解。

二、数学建模与问题解决

数学建模是指通过对实际问题的抽象、简化、确定变量和参数，并应用某些规律，建立起变量、参数间的确定的数学问题，求解该数学问题，解释、验证所得到的解，从而确定能否用于解决实际问题的多次循环，不断深化的过程。如设计产品参数、规划交通网络、制订生产计划、预报经济增长、确定投资方案等，都需要将研究对象的内在规律，用数学的语言和方法表达出来，并将求解得到的数量结果返回到实际问题中去。建立数学模型的过程，是把错综复杂的实际问题简化、抽象为合理的数学结构的过程。在这一过程中，要通过调查、收集数据资料，观察和研究实际对象的固有特征和内在规律，抓住问题的主要矛盾，建立起反映实际问题的数量关系，然后利用数学的理论和方法去分析和解决问题。这就需要一定的数学基础、敏锐的洞察力和想象力以及对实际问题的浓厚兴趣。

数学建模活动对于提高学生综合素质、培养创新精神与合作精神、促进教学改革起着重要的推动作用。对学生意志力、洞察力、想象力、自学能力、数学语言翻译能力、综合应用分析能力、科技新成果的使用能力等均有不同程度的培养和提高。数学建模是理论与实践之间的一道桥梁，是发现问题到解决问题的重要途径，是培养抽象思维乃至发散思维的有效手段，是实施素质教育的最好途径。

因此，全体数学教育工作者要展开对数学建模教学的讨论，并付诸教学的实际操作中，以适应当今社会大环境和未来数学素质教育的需要。

（一）数学建模

数学建模（Mathematical Modelling）是一种数学的思考方法，即对现实的现象通过心智活动，抓住其重要且本质的特征，并用数学符号加以表示。从科学、工程、经济、管理等角度看数学建模就是用数学的语言和方法，通过抽象，简化建立能近似刻画，并解决实际问题的一种强有力的数学工具。

顾名思义,"modelling"一词在英文中有"塑造艺术"的意思,从而可以理解从不同的侧面、角度去考察问题就会有不尽的数学模型,从而数学建模的创造又带有一定的艺术特点。而数学建模最重要的特点是要接受实践的检验,要经历多次修改模型渐趋完善的过程,数学建模是运用数学模型解决问题的一个侧面,即把工业、农业、科学技术、商品经济及日常生活中所遇到的有关现象或过程归纳抽象成数学模型并加以解答,由此可见数学建模的过程即是问题解决的过程。

案例:我们不妨再看看北京中学生进行的数学建模——《卖报问题》:

米嘉同学的姥姥离休在家,平时无事可做,便和家里商量,想自己卖报纸。谁也没有想到卖了一个月之后,收益并不太理想,有时甚至赔本,并且经常出现报纸卖不出去堆积在家中或报纸卖完了却还有人要买的情况。姥姥为此事着急,米嘉也经常安慰老人,并一直想找到原因之所在,因此他找到几个同学,说了此事。在他们反复琢磨,认真分析,并统计了每天卖报纸的情况之后,决定用数学模型来解决这个"卖报问题"。

(1)时间:1999年1月1日至1999年1月31日。

(2)地点:北京市西城区北太平庄立交桥附近地区。

(3)调查对象:米嘉同学的姥姥每日卖报纸的情况。

(4)调查目的:通过调查的数据,建立数学模型,计算出卖报者在一个月中订多少份报纸为最佳选择,并能够获得最大的收益。

(5)调查数据:米嘉同学的姥姥从报社买进报纸的单价为0.24元/份,卖出的价格为0.40元/份,卖不完的报纸还可以以0.08元/份的价格退回报社,但是在一个月之内,米嘉同学的姥姥每天从报社进的报纸的份数必须相同。因为报社规定,销售报纸的人在一个月内每天必须订购相同的报纸份数,在此期间,不可随意更改订购的份数。

由以上的各项数据,他们可以参照性地决定每月每天应该订购多少份报纸,才能获得最高收益。

因此,他们设米嘉同学的姥姥每天订购 x 份报纸,每月亏损额为 f(x),即当 f(x)最小时,米嘉同学的姥姥卖报纸获得的利润额最多;又因为通过对数据的分析,他们发现总计需要的报纸数量多集中在130~160份之间,所以他们可以近似地认为1999年1月1日至1999年1月31日的这31天里,每日卖报纸的总数为130~160份的情况各出现一天(表1-1)。

表 1-1 1999 年 1 月卖报数统计

卖报时间	每天卖报数	卖完后仍需	总计所需数量
1 月 1 日	132 份		132 份
1 月 2 日	145 份		145 份
1 月 3 日	137 份		137 份
1 月 4 日	150 份	2 份	152 份
1 月 5 日	150 份	1 份	151 份
1 月 6 日	142 份		142 份
1 月 7 日	143 份		143 份
1 月 8 日	137 份		137 份
1 月 9 日	130 份		130 份
1 月 10 日	127 份		127 份
1 月 11 日	150 份	2 份	152 份
1 月 12 日	134 份		134 份
1 月 13 日	133 份		133 份
1 月 14 日	147 份		147 份
1 月 15 日	148 份		148 份
1 月 16 日	150 份	6 份	156 份
1 月 17 日	136 份		136 份
1 月 18 日	150 份	5 份	155 份
1 月 19 日	147 份		147 份
1 月 20 日	142 份		142 份
1 月 21 日	129 份		129 份
1 月 22 日	142 份		142 份
1 月 23 日	132 份		132 份
1 月 24 日	134 份		134 份
1 月 25 日	148 份		148 份

续表

卖报时间	每天卖报数	卖完后仍需	总计所需数量
1 月 26 日	146 份		146 份
1 月 27 日	150 份	7 份	157 份
1 月 28 日	147 份		147 份
1 月 29 日	141 份		141 份
1 月 30 日	150 份	5 份	155 份
1 月 31 日	135 份		135 份

所以可以得出(见表 1 - 1),因报纸未卖完而亏损的金额:

$(0.24 - 0.08)\{(x - 130) + (x - 131) + (x - 132) + \cdots\cdots + [x - (x - 1)]\}$,

因报纸卖完但仍有需求而亏损的金额:

$(0.40 - 0.24)\{(160 - x) + (159 - x) + (158 - x) + \cdots\cdots + \{(x - 1) - x]\}$.

由此可以得出以下的式子:

$$f(x) = (0.24 - 0.08)\{(x - 130) + (x - 131) + (x - 132) + \cdots\cdots$$
$$+ [x - (x - 1)]\} + (0.40 - 0.24)\{(160 - x) + (159 - x)$$
$$+ (158 - x) + \cdots\cdots + [(x + 1) - x]\};$$

$$f(x) = (0.24 - 0.08)\{(x - 130)[x - 131 + x - (x - 1)]/2)$$
$$+ (0.40 - 0.24)\{(160 - x)[160 - x + (x + 1) - x]/2\};$$

$$f(x) = 0.16\{(x - 130)[x - 130 + x - (x + 1)]/2\} + 0.16\{(160 - x)$$
$$[160 - x + (x + 1) - x]/2\};$$

$$f(x) = 0.16[(x^2 - 259x + 16770 + x^2 - 321x + 25760)/2];$$

$$f(x) = 0.16(x^2 - 290x + 21265);$$

设 $x^2 - 290x + 21265 = t$,

即 $x^2 - 290x + 21265 - t = 0$

因 $\triangle \geqslant 0$,

可得 $\triangle = 290^2 - 4(21265 - t) \geqslant 0$

即 $84100 - 85060 + 4t \geqslant 0$

$$4t \geqslant 960$$

$$t \geqslant 240$$

当 $t = 240$ 时,$f(x)$ 有最小值,即 38.4 元;

此时 x 值为 145 份,即米嘉同学的姥姥每日订 145 份即可获得最大利润

680.80 元。

误差分析：

由于他们的假设欠适度,并且数据统计有误差,所以主观地造成了误差。

又由于卖报纸受客观条件的影响,如购买者、天气、环境等,所以又造成了误差。

结论：

他们通过较为合理的数学模型,最终提出了米嘉同学的姥姥每日订 145 份或接近 145 份报纸即可获得最大利润。(最大利润额近似为 680 元/月)

反馈：

他们把所推出的结论告诉了米嘉同学的姥姥。她欣然地接受了建议,于是抱着试一试的心态在 1999 年 2 月 1 日至 1999 年 2 月 28 日期间进行了尝试,结果这个月比以往任何一个月的利润都高。

由此可见,中学生数学建模通常是采集"数据"→建立模型→数学推理→得出结论→解决问题。

(二)数学建模教学

数学建模是在数学教学中贯彻应用性原则的重点体现,也是数学素质的基础,因而应从提高受教育者的数学意识的角度出发,把数学建模贯穿到数学概念的建立、数学解题及效果评价的始终。

数学建模是一种十分复杂的创造性劳动,现实世界中的事物形形色色,五花八门,不可能用一些条条框框规定出各种模型如何具体建立,因此,在数学建模教学中要把握下列一些步骤和原则：

(1)模型准备：首先要了解问题的实际背景,明确题目的要求,收集各种必要的信息。

(2)模型假设：为了利用数学方法,通常要对问题做必要的、合理的假设,使问题的主要特征凸显出来,忽略问题的次要方面。

(3)模型构成：根据所做的假设以及事物之间的联系,构造各种量之间的关系并问题化。

(4)模型求解：利用已知的数学方法来求解上一步所得到的数学问题,此时往往还要做出进一步的简化或假设。解决数学问题,注意要尽量采用简单的数学工具。

(5)模型分析：对所得到的解答进行分析,特别要注意当数据变化时所得结果是否稳定。

(6)模型检验:分析所得结果的实际意义,与实际情况进行比较,看是否符合实际,如果不够理想,应该修改、补充假设,或重新建模,不断完善。

(7)模型应用:所建立的模型必须在实际应用中才能产生效益,并不断改进和完善。

(三)问题解决教学

20世纪80年代以来,国内外数学教育的经验证明,实施问题解决是数学教学改革的一个突破口,那么数学教师首先适应和掌握问题解决的真谛,就显得尤为重要了,笔者在中学数学教师继续教育课程培训中,以研讨的方式(城区利用多媒体教学)进行问题解决教学示范,引出了对数学教育中诸多问题的探究。

通过大量数学建模的问题解决,真正使"数学是关于客观世界的模式的科学"从理性到物化的如实展现,无论是数、式、关系、形状、推理,还是分析、抽样、实验,都可在问题解决过程中建立映射关系,因而,数学不再是为其他学科服务的基础学科,也不再是数百年来始终不变的一门学校课程。更进一步,问题解决既做数学,数学可以实验,还有计算机的数学模拟,又使数学成了一门技术。

案例:这是一个常见的应用问题,即由沿河的城A运货至城B,城B离河最近点C为30公里,C和A的距离为40公里,如果每吨公里的运费,水路比公路便宜一半,应当怎样筑一条公路到河岸才能使A到B的运费最省?解决问题的传统方法就是转化为函数求最(极)值,但按问题解决教学方式经过了以下过程:

1. 讨论探究(师生共同进行)

这是数学实验阶段,要经过由感性认识到理性认识,借助直观图示(图1-3)进行试验、比较、分析,寻求问题解决的最佳方式。(1)从A到B全部为公路(假设水路每吨公里运费为1,则公路每吨运费为2),运费为 $y = 2\sqrt{30^2 + 40^2} = 100$。从A到C走水路,从C到B走公路的运费为 $y = 40 + 2 \times 30 = 100$。这两种路径运费相等,估计不是最省。

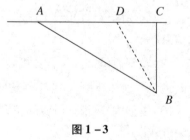

图1-3

(2)若从AC中点(或黄金分割点)D修一条公路到B,运费为 $y = 20 + 2\sqrt{30^2 + 20^2} = 20 + 20\sqrt{13} < 100$,是不是最省的呢?可以进一步试验,从AC的

$\dfrac{1}{4}$ 处，$\dfrac{3}{4}$ 处，能够判断可能在 $\dfrac{1}{4}$ 处与 $\dfrac{3}{4}$ 处之间，在此间取点，按逐步逼近的思想，最后必定可以找到最佳点。

（3）这里，我们不排除众多人的常规思路，不妨设在河岸距城 A 的 x 公里的 D 处修一条公路到 B 使得其运费最省，运费为

$$y = x + 2\sqrt{(40-x)^2 + 30^2} \tag{1}$$

这是解决问题的经典数学模型，从惯性上还是有大量的纯数学问题值得探究的。

2. 数学模型分析

这是解决问题阶段，着重围绕公式（1）的最（极）值求法发散开来，揭示数学内部的整合性，加深对数学科学化的认识。

（1）代数法

整理公式（1）得

$$3x^2 + (2y-320)x - y^2 + 10000 = 0 \tag{2}$$

x 为实数，有 $\Delta \geqslant 0$，

$(2y-320)^2 - 12(10000 - y^2) \geqslant 0$，

即 $y^2 - 80y - 1100 \geqslant 0$，

$\therefore y \geqslant 40 + 30\sqrt{3}$（$\because y > 0$）.

当 $y = 40 + 30\sqrt{3}$ 时，$x = 40 - 10\sqrt{3}$，反之 $x = 40 - 10\sqrt{3}$ 时，y 取最小值 $40 + 30\sqrt{3}$，问题解决。

此法充分体现代数学的方程、不等式、判别式法等数学思想方法，这是初中阶段学生就已基本具备的数学素质，研讨中采用此法的人数最多。

（2）三角法

令 $40 - x = 30\tan\theta$，

则

$$y = 40 - 30\tan\theta + 60\sec\theta = 40 - 30(\tan\theta - 2\sec\theta) = 40 - \dfrac{30(\sin\theta - 2)}{\cos\theta}$$

令 $u = \dfrac{\sin\theta - 2}{\cos\theta}$，

$\therefore \sin\theta - u\cos\theta = 2$，

$$\sin(\theta + \varphi) = \dfrac{2}{\sqrt{1+u^2}}(tg\varphi = -u),$$

$$\therefore |\sin(\theta + \varphi)| = \frac{2}{\sqrt{1 + u^2}} \le 1,$$

$$u^2 \ge 3 \text{ 即 } u \ge \sqrt{3} \text{ 或 } u \le -\sqrt{3},$$

$$\therefore y \ge 40 + 30\sqrt{3}$$

当 $u = -\sqrt{3}$ 时 $\sin\theta + \sqrt{3}\cos\theta = 2$,

$$\sin(\theta + \frac{\pi}{3}) = 1,$$

$$\theta = k\pi + (^-1)k\frac{\pi}{2} - \frac{\pi}{3},$$

$$x = 40 - 30\tan[k\pi + (^-1)k\frac{\pi}{2} - \frac{\pi}{3}] = 40 - 30\tan\frac{\pi}{6} = 40 - 10\sqrt{3},$$

问题解决。

此法在变换思想、方程思想的指导下,运用三角函数、绝对值不等式知识使代数、三角相互联通,高中阶段学生即可掌握。

(3)导数法

$$\because y' = 1 - \frac{2(40 - x)}{\sqrt{(40 - x)^2 + 30^2}},$$

令 $y' = 0$, $1 - \frac{2(40 - x)}{\sqrt{(40 - x)^2 + 30^2}} = 0,$

$$x = 40 \pm 10\sqrt{3}, x = 40 - 10\sqrt{3} \in [0, 40],$$

又 $y'' = \frac{1800}{[(40 - x)^2 + 30^2]^{\frac{3}{2}}},$

$$y''_x = 40 - 10\sqrt{3} = \frac{\sqrt{3}}{40} > 0,$$

$\therefore$ 当 $x = 40 - 10\sqrt{3}$ 时, $y_{\min} = 40 + 30\sqrt{3}$,问题解决。

此法涉及微分思想、方程思想,适合大学生。

(4)图像法(或解析法)

整理方程(2)得

$$3x^2 + 2xy - y^2 - 320x + 10000 = 0 \tag{3}$$

先做旋转变换

$$I_1 = 3 - 1 = 2,$$

$$I_2 = \begin{vmatrix} 3 & 1 \\ 1 & -1 \end{vmatrix} = -4 < 0,$$

方程(2)的曲线为双曲线型

$$I_3 = \begin{vmatrix} 3 & 1 & -160 \\ 1 & -1 & 0 \\ -160 & 0 & 10000 \end{vmatrix} = = -160 \begin{vmatrix} 1 & -1 \\ -160 & 0 \end{vmatrix} + 10000 \begin{vmatrix} 3 & 1 \\ 1 & -1 \end{vmatrix}$$

$$= (-160)^2 + 10000(-4) = -14400 \neq 0$$

方程(2)的图形为双曲线,但要做旋转变换。

$$\cot 2\theta = \frac{3 - (-1)}{2} = 2,$$

$$\therefore \cos 2\theta = \frac{\cot 2\theta}{\sqrt{1 + \cot^2 2\theta}} = \frac{2}{\sqrt{1 + 2^2}} = \frac{2}{\sqrt{5}},$$

$$\sin\theta = \sqrt{\frac{1 - \frac{2}{\sqrt{5}}}{2}} = \frac{\sqrt{50 - 20\sqrt{5}}}{10},$$

$$\cos\theta = \sqrt{\frac{1 + \frac{2}{\sqrt{5}}}{2}} = \frac{\sqrt{50 + 20\sqrt{5}}}{10},$$

$$\begin{cases} x = \frac{\sqrt{50 + 20\sqrt{5}}}{10}x^* - \frac{\sqrt{50 - 20\sqrt{5}}}{10}y^*, \\ y = \frac{\sqrt{50 - 20\sqrt{5}}}{10}x^* + \frac{\sqrt{50 + 20\sqrt{5}}}{10}y^*, \end{cases}$$

代入方程(3)化简,得

$$(1 + \sqrt{5})x^{*2} + (1 - \sqrt{5})y^{*2} - 32\sqrt{50 + 20\sqrt{5}}x^* - 32\sqrt{50 - 20\sqrt{5}}y^* + 100 = 0 \tag{4}$$

再做平移变换

方程(3)的特征方程为 $\lambda^2 - 2\lambda - 4 = 0$,特征根为

$$\lambda_1 = 1 + \sqrt{5}, \lambda_2 = 1 - \sqrt{5}.$$

故方程(4)做平移后的新方程为

$$(1 + \sqrt{5})x^{*2} + (1 - \sqrt{5})y^{*2} + \frac{-1400}{-4} = 0,$$

即 $(1 + \sqrt{5})x^{*2} + (1 - \sqrt{5})y^{*2} + 3600 = 0$(图像略).

从而利用图形确定所求范围的最值,体现了数形结合思想、变换思想,是代数、几何等数学分支的综合应用。从主观上讲,利用直观性、发展直觉思维,但客

观上由于要做非特殊角旋转、平移,坐标为无理式,运算过程烦琐,令人望而生畏,学习者容易半途而废,不过它对于训练学生坚韧不拔的科研精神,培养非智力因素和智力因素是非常必要的。事实上,我们在利用计算机多媒体教学中,采取《几何画板》制作 CAI 课件,演示图像的旋转、平移变换,找最小值点,避免了繁杂的人工演算与作图,简捷明快,提高了效率。

3. 问题挖掘

这是问题的进一步完善和推广阶段,可以巩固已有的成果,发展新思路,提出新问题。

(1)演练

如果设从 B 城修 x 公里的公路到河岸 D,则运费 y 的数学模型为 $y = 2x + 40 - \sqrt{x^2 - 30^2}$,亦可运用上述四种分析进行训练(图 1-4)。

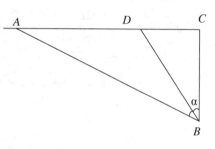

图 1-4

如果设所修公路 BD 与 BC 所成角 α 为变量,则运费 y 的数学模型 $y = \dfrac{60}{\cos\alpha} + 40 - 30\tan\alpha$,即 $y = \dfrac{60 + 40\cos\alpha - 30\sin\alpha}{\cos\alpha}$ 为前述。

演练的过程也是使问题融会贯通的过程,使学习者和研究者产生回头看就那么回事的感觉。

(2)推广

就此问题而言,只是在给定水路公路运费的理想情况下进行的,事实上,实际问题中要考虑的因素太多了,如环境条件、公路造价、运量预测、沿途城镇布局等诸多问题都要纳入进去分析,只有深入实际才能领略问题与数学建模的全貌。

由此案例可知,问题解决是全方位的数学教育改革模式,它的教育功能体现如下:

①问题解决教学能开发学生智能,使学生能把数学知识、数学方法、数学思想渗透到自然科学、社会科学、人文科学、哲学与思维科学中,对生活、生产、自然与环境有更深层次的了解与认识。在本案例问题解决中,十分广泛地运用了方程、函数、变换与化归方法等数学思想方法,学习者从感性到理性又由理性到感性,使数学物化,把人的潜能激发出来。

②问题解决过程中调节了人的心理倾向,在针对问题追根溯源的同时,无意

中激发广阔的兴趣,通过演练与反思,使其动机更加明确,从而效果更佳。

③问题解决贴近现实生活,服务社会,大量的问题均来自国计民生,如亟待解决的人口、资源、环境保护、科技发展等都列入问题中,并可得到有效解决。

④问题解决与计算机辅助教学相结合,加快了现代教育技术的应用,体现数学动感效应。

总之,问题解决作为一种数学教学活动,也是数学活动的基本形式,打破了传统的纯数学与应用数学界限,发展了学生的创新精神与实践能力,对数学与数学教育的创新都具有不可估量的作用。

三、数学学习论及教学论

数学学习过程,从本质上讲是有意义学习的过程,是学习者将数学语言代表的新知识,与自己认知结构中已有的适当知识建立非人为和实质性联系的过程,这个过程包含着许多复杂的心理活动:一类是关于学习积极性的,如动机、兴趣、态度和意志;另一类是关于学习的认知过程本身,如感知、思维、记忆和迁移。数学学习正是借助这两类心理活动来完成的。

从控制论的观点看,数学教学过程是一个可控系统,它是"人—人"控制系统。因此,作为这个控制系统的施控者——教师,不仅要对自己的教学状态进行控制,而且还要对学生的学习状态进行控制,这就要求数学教师不仅要具有驾驭学生的专业知识水平,而且还要了解学生的年龄特征和心理发展状况,懂得数学教学规律,即数学教师必须具有心理学和教育科学知识,并把这些教育理论知识与数学课堂教学实践结合起来,用以指导自己的教学活动。

传统的教学方法主要有讲解法、谈话法、指导法、演示法等。然而,由于数学教学是一种复杂的认识与实践活动,涉及诸多学科,因此,相关学科的发展(如控制论、系统论、信息论等)势必推动数学教学方法的变革,随着教学理论和学习理论的不断发展,人们改革和完善了各种有效的教学方法,大都取得了不同程度的成功,如中国科学院心理研究所卢仲衡先生提出的"自学辅导法",美国著名心理学家布鲁纳提出和倡导的"发现法",美国心理学家、教育家斯金纳提出的"程序教学法",北京市景山学校的"知识结构单元教学法",上海育才中学创造的"读读、讲讲、议议、练练"教学法,上海师大附中创造的"引导发现法",等等。作为21世纪的中学数学教师应该阅读有关资料,进一步了解我国数学教学方法改革的现状,结合教学实际选用、参考。

数学教师对学生数学学习心理的认识，教学方法的体悟，直接反映到教师的教学设计中，反映到课堂教学中，并最终决定学习结果。

（一）不同价值观下的两类数学课

21世纪初，应教育部邀请，以美国卡内基教学促进基金会主席舒尔曼（Lee S. Shulman）博士为团长的代表团来沪访问，此次访问，是从中美教育比较的角度，探讨数学教育的理论和实践问题，以及这些问题对推动教学改革制定教育政策所产生的影响。学术探讨分两部分进行：一是由上海市教育科学研究院举办"中美数学教育高级研讨会"；二是交流观看双方中小学的数学录像课，并到蓬莱路第二小学和格致中学等校直接听课。研讨会上，侧重于理念，尽管观点各不相同，但总有一种"相向运动"的趋势，大家都赞同"寻找中间地带"的口号。可是，一到课堂领域，理念具体化为行为时，无论是观察视角还是评价指标，哪些该扬哪些该抑，哪些该褒哪些该贬，就不那么容易调和了，有时甚至出现尖锐的争论——文化背景和价值观的差异实在太大了。

美方提供的数学课，十分注重学生的参与度，总是先提出一些感兴趣的问题，然后让学生以独立或小组形式投入，老师则要讲究"什么时候介入"的问题，其最终目标主要是培养学生独立探究的能力与气质。中方提供的数学课，非常注重新旧知识之间的联系，起点是对教材的感知，然后充分利用学生已有的知识与经验，老师则讲究新旧知识间联系是否"合理与实质"，其目标归宿主要在于构建系统牢固的基础知识和熟练的基本技能。

下面的案例是由美方莎维女士执教的函数图象课，教学对象是中学一年级28名学生，课上可使用电脑。

案例1：$y=|x|+c$ 的图象。

（1）让学生列出一个函数表，绘出 $y=|x|$，学生轻声说："好像 V 形。"

（2）让学生在同一坐标中画出 $y=|x|+1$，$y=|x|+2$，$y=|x|-3$，然后写一段与 $y=|x|$ 比较对照结果的评论，可独立做，也可合作完成。

莎维在教室里走动，听讨论、提问题、给建议。

一个小组齐声喊："我们发现了，是图象的平移！"

该组一男生说："$y=|x|+2$ 是往上移2格的 $y=|x|$；$y=|x|-3$ 是往下移3格的 $y=|x|$。"

（3）引导全班继续思考，问谁能不用列表画出 $y=|x|+4$？大家迅速举手，"哗！"连不常举手的一位学生也举起了手，由他试一试，很高兴。另一学生输入电

脑,电脑证实了不常举手的那位同学的尝试,大家为他欢呼。

莎维让学生们记日志。

(4)发作业:$y = |x| + c$,激发明天讨论的 $y = |x + c|$ 的兴趣。

在之后的两三周内,学生们探索了一次方程、二次方程 $y = x^2 - 2x$ 和绝对值函数 $|f(x)|$。

另一节课录自上海教育出版社的《名师授课录》,是由安徽合肥市六中朱新民老师执教的初中二次函数图象课。

案例2:二次函数 $y = ax^2 + bx + c$ 的图象与性质。

(1)复习上节课学过的二次函数 $y = ax^2$ 的图象和性质。教师和学生甲共同完成。

(2)教师提出课题,请全班学生阅读课本并思考三个问题:

①课本中三个函数 $y = \dfrac{1}{2}x^2, y = \dfrac{1}{2}(x + 3)^2, y = \dfrac{1}{2}(x + 3)^2 - 2$ 的图象是怎样做出的?

②它们的形状是否相同? 最值各等于多少?

③你能发现它们的位置变化规律吗?

学生乙依次回答上述三个问题,回答正确。

又请学生丙说出三个函数的顶点和对称轴。教师问:"如何从列表、图象及解析式中去观察函数的顶点和对称轴呢?"教师针对学生的回答,进行了必要的指导。

教师继续引导学生,将

$$y = \frac{1}{2}(x + 3)^2, y = \frac{1}{2}(x + 3)^2 - 2,$$

分别化为

$$y = \frac{1}{2}x^2 + 3x + \frac{9}{2}, y = \frac{1}{2}x^2 + 3x + \frac{5}{2}$$

教师问:"同学们能不能画出后面这两个函数的图象呢?"

学生回答:"能! 它们实质上就是 $y = \dfrac{1}{2}(x + 3)^2, y = \dfrac{1}{2}(x + 3)^2 - 2$ 的图象。"

(3)从特例到一般。教师问:"函数 $y = ax^2 + bx + c$ 与 $y = ax^2$ 的图象的形状、顶点、对称轴和相对位置如何呢? 要解决这个问题,事先要做什么准备工作呢?"学生丁:"先要配方。"教师把学生配方的结果

$$y = ax^2 + bx + c = a\left(x + \frac{b}{2a}\right)^2 + \frac{4ac - b^2}{4a}$$

与图表中的函数进行类比,利用图象进行讲解。

教师又请学生阅读课本中 $y = ax^2$ 的 3 条性质,然后说:"我们能不能仿照它去总结 $y = ax^2 + bx + c$ 的性质呢?"学生齐声回答:"能!"教师要求学生把课本上的结论阅读一遍。

最后教师讲解课本中的两道例题,并总结解题方法:"求抛物线的对称轴、顶点坐标以及二次函数的最值,有两种基本方法:一是配方法,二是公式法。要重视配方法,而不能仅仅满足于会代公式。"

(4)布置作业:阅读课本,做课本习题。下一课时,以学生练习为主,进一步巩固上述知识。

两节课都在探索学生是如何主动学习的,前者以学生兴趣为中心,粗犷而放达,犹如学游泳,直接把孩子丢在水里,让他们在自我体验中增长才干;后者围绕课本知识展开,细腻而扎实,其中图象的"平移变换"是重点,学生不易掌握,教师分三步对学生进行引导,即从列表上看→从图上看→从解析式上看,最后落实到从一般解析式的配方看出平移的方向和距离。

(二)数学问题设计

数学问题无疑是数学教育的心脏,根据不少研究者对我国原有数学教材例题、习题状况的调查,发现"千人一面的机械练习""忽视应用与创新"等问题甚多,至于对当前流行的"题型教学"做分析,情况更令人担忧。假设把解数学问题分成技巧、方法、思想和策略四个层次的话,国内中小学实际教学中相当多地仍停留在分类型介绍技巧和方法的层次,当然也有一些研究者已上升到思想的水平,但以搜集整理工作居多,缺乏自己的创造以及长期实验和理性概括。

根据现实的需要,必须适当拓展中小学数学习题的观念,构建基础性训练与探索性训练相结合的习题体系,当然,这里十分重要的是要鼓励广大教师提供精彩的习题训练案例及其相应的知识能力标准,下面两个探索性训练的例子很值得借鉴。

案例 1:数立方体。

图 1-5 是一个边长为 3 的立方体,它由 27 个小立方体构成,其中 19 个看得见,8 个看不见。问:(1)边长为 4 怎样?(2)边长为 5 呢?(3)任何大小呢?

数据分析:画几个立方体的图,如图 1-6 所示。

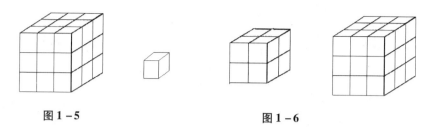

图 1-5　　　　　　　　　图 1-6

发现事实:看不见的小立方体数正好等于上一行中小立方体总数。(表1-2)

表 1-2　数据结果

立方体大小 n	小立方体总数 n^3	看得见的 $V(n)$	看不见的 $H(n)$
1	1	1	0
2	8	7	1
3	27	19	8
4	64	37	27
5	125	61	64

结构分析:分顶、前、侧三面将看得见的小立方体数加起来:

顶面: n^2 ,前面: $n(n-1) = n^2 - n$,侧面: $(n-1)(n-1) = n^2 - 2n + 1$,

$V(n) = 3n^2 - 3n + 1$

计算看不见的小立方体数:

$H(n) = n^3 - 3n^2 + 3n - 1 = (n-1)^3$

直觉创造:剥去看得见的顶、前、侧三面,剩下就是上一行的立方体。

这个例子给出了三种不同的问题解决思路:一是运用数据分析发现数学事实;二是通过结构分析进行证明;三是基于直觉创造性地理解数学事实。于是可对它隐含的知识和能力标准做出如下的分析:①几何和测量概念(三维图形、想象空间物体、小立方体递增序列的几何模型);②函数和代数概念(用公式对给出的情境构建模型,运用表格和公式表示函数间的关系,数学猜想,运用和处理含变量表达式,运用函数做结构分析);③数学技能和工作(学生制作和运用粗略的表格和图式);④数学交流(由学生自行筹划工作,系统、简明、清晰、准确地表示出数学步骤和结果)。

数学问题设计不仅应重视培养学生计算、演绎等具有根本意义的严格推理的能力,还应培养学生预感实验、尝试归纳、"假设—检验"、先简化然后复杂化、寻找相似性等非形式推理的能力。只有这样,数学问题设计的创造性气质才算提高。

历史上,许多数学定理都是靠观察、实验和归纳发现的。现在,实验方法在数学科学中的作用愈来愈被重视,除了直接观察、假想实验等方法,统计抽样和计算机迭代、数学仿真等方法也日益被采用,成为发现、创造的重要杠杆。

（三）对数学课做技术分析

20 世纪以来,世界范围内教育改革终于出现了一个清晰的基本走向,其显著特征就是把教师和教学作为最重要的主题。1996 年美国学者布鲁纳(J. Bruner)指出,教育争论应聚焦在真实的课堂活动中,关注教师怎样教和学生怎样学。现在,人们越来越清醒地意识到,提高教学工作质量的前提和中心必须是有效地改进学生的学。因此有必要采用新技术透彻地观察课堂,比较隐藏在分数背后的教学差异,从而检验现行教学实践效果并不断改进。

在 2019 年余杭区中级教师培训中,采取了课堂视频切片分析的方法,对一位中年教师的课堂"正方形的定义和性质"进行了录像,并且在之后的讨论分析中,每五分钟进行播放,采用录像带分析技术(包括全息性客观描述、选择性行为观察、深度访谈与问卷等),对这节课进行研究,发现或证实了不少值得关注的现象。

一堂几何课的观察与研究的主要结论如下:

（1）课堂教学特点:边讲边问正在取代灌输式讲授

● 高密度提问已成为课堂教学的重要方式(一堂课问 105 个问题,连上课老师自己也不敢相信)。

● 把可供探索的问题分解为较低认知水平的"结构性问答",这种问答组织化程度高,有利于扫除教学障碍,但不利于学生主动性的发挥。

（2）课堂提问技巧:以推理性尤其是记忆性问题为主,提问技巧比较简单

● 教师提问中记忆性问题居多(74.3%),推理问题次之(21%),强调知识覆盖面,但极少有创造性、批判性问题。

● 学生齐答比例很高(41.9%),回答问题方式单一,教师完全控制课堂。

● 注重对学生鼓励、称赞(74.3%),但还有打断学生发言和消极批评等情况(13.3%)。

● 提问后基本上没有停顿(86.7%),没有预留学生思考的时间。

（3）课堂练习水平:由低到高安排,以小步、多练、勤反馈为原则

● 在例题讲解和巩固练习等教学环节中,教学练习均由低到高做小步递进的设计,整堂课共有 7 道练习,需时约 31 分钟,占上课时间的 67% 左右。

● 主要部分能达到推理、综合应用等中级水平,但在讲解或分析中均做了降

低认知水平的安排。

(4)语言互动分析:教师主导取向的教学方式占有绝对优势

● 课堂内主要使用教师主导取向的教学方式(占61%),可促使学生对教师的期待做出迅速、及时的回应,行为具有结构性,对学生的回答时间有限制。

● 学生自主取向的教学方式用得极少(仅占4.3%),不利于学生独立思考,未留时间与机会让学生发表自己的意见和看法。

(5)学习动机调查:学业成绩为激发进步的主要因素

● "勤能补拙"的传统被继承下来,而探究、创造动机还有待加强。

通过大量的课堂案例分析,上述类型的课堂教学在当前学校教学中已具有较为普遍的意义,其主要特征与得失如表1-3所述。

表1-3　课堂教学特征与得失

特征	得	失
目标引导,边讲边问 以勤补拙,小步递进 教师主导,注重基础	A. 大班授课下,便于明确目标,统一进度与步调,完成教学的基本要求。 B. 可以顺利扫除教学障碍,按时完成教学计划。 C. 可以有效地突出重点、解决难点、把握关键。 D. 利于集中学生注意力,使大部分学生、大部分时间处于有效学习的状态。 E. 利于差生跟上教学进度,保证大面积提高教学质量	A. 未能激发学生深层学习的动机和兴趣,缺乏对创造性、批判性气质的关注。 B. 由于知识内容层层分解,环环紧扣,因此无法给学生留出足够的时间、空间去独立思考,去联系现实的应用。 C. 缺乏合作交流,学生未能通过亲身的体验或探究去学习。 D. 未注意学生的个别差异,按统一步调进行,不利于发展个性

第二节　数学教师的专业才能

数学教师的专业才能涉及教师工作的方方面面,归纳起来主要有三个部分,即数学教师预设才能、专业交流、专业评价,下面具体阐述。

一、数学教师的专业认知与预设

教学预设通俗地说即是教师备课,也叫作教学设计。这里我们就从有关论述中来看看数学教师的专业预设才能。数学课程标准下的教学预设就是从课程分析、目标任务、实施策略等方面来显示的。

（一）数学课程标准与数学教材分析

《全日制义务教育数学课程标准（2011 年）》（以下简称《标准》）是针对我国义务教育阶段的数学教育制定的。根据《义务教育法》《基础教育课程改革纲要（试行）》的要求，《标准》以全面推进素质教育，培养学生的创新精神和实践能力为宗旨，明确数学课程的性质和地位，阐述数学课程的基本理念和设计思路，提出数学课程目标与内容标准，并对教材编写提出建议。

《标准》提出的数学课程理念和目标对义务教育阶段的数学课堂教学具有指导作用，教学内容的选择和教学活动的组织应当遵循这些基本理念和目标。《标准》规定的课程目标和内容标准是义务教育阶段的每一个学生应当达到的基本要求。在实施过程中，应当遵照《标准》的要求，充分考虑学生发展和在学习过程中表现出的个性差异，因材施教。使教师更好地理解和把握数学教材的目标和内容，以利于教学活动的设计和组织。

《标准》的基本理念是数学课程要面向全体学生，适应学生个性发展的需要，使得人人都能获得良好的数学教育，不同的人在数学上得到不同的发展。课程内容要反映社会的需要，数学学科的特征，也要符合学生的认知规律。它不仅包括数学的结论，而且包括数学结论的形成过程和数学思想方法。课程内容要贴近学生的生活，有利于学生体验、思考与探索。内容的组织要处理好过程与结果的关系，直观与抽象的关系，生活化、情境化与知识系统性的关系。课程内容的呈现应注意层次化和多样化，以满足学生的不同学习需求。

数学活动是师生共同参与、交往互动的过程。有效的数学教学活动是教师教与学生学的有机统一，学生是数学学习的主体，教师是数学学习的组织者与引导者。数学教学活动必须激发学生的兴趣，调动学生的积极性，引发学生思考，要注重培养学生良好的学习习惯，掌握有效的学习方法。学生学习应当是一个生动活泼的、主动的和富有个性的过程，除接受学习外，还要动手实践。自主探索与合作交流也是数学学习的重要方式，学生应当有足够的时间和空间经历观察，参与实验、猜测、验证、推理、计算、证明等活动过程。

教师教学应该以学生的认知发展水平和已有的经验为基础，面向全体学生，注重启发式和因材施教，为学生提供充分的数学活动的机会。要处理好教师讲授和学生自主学习的关系，通过有效的措施，启发学生思考，引导学生自主探索，鼓励学生合作交流,使学生真正理解和掌握基本的数学知识与技能、数学思想和方法,得到必要的数学思维训练,获得丰富的数学活动经验。因此,数学课程标准的基本思路是:以反映未来社会对公民所必需的数学思想方法为主线安排教学内容;以与学生年龄特征相适应的大众化、生活化的方式呈现数学内容;使学生在活动中、现实生活中学习数学、发展数学。

数学课程标准的实施必定会导致教师行为的改变和学生学习方式的改变,自主、合作、探究的教学方式,研究性学习方式,情感、态度和价值观在教学目标上的体现将会成为21世纪数学教育改革的主旋律。当然,我们在轰轰烈烈地实施新课标的同时,也不能忘了数学及数学教学的实质,冷静地思考传统数学与现代数学、数学教学创新与继承之间的关系,怎样使数学与现实世界对接。

著名数学家柯朗在他的《数学是什么》中指出,数学作为人类智慧的一种表达形式,反映生动活泼的意念、深入细致的思考,以及完美和谐的愿望。它的基础是逻辑和自觉、分析和推理、个性和共性。"如果认为数学是一门演绎的科学,那么他就不会去关心实践提出的问题,而专注逻辑问题;反之,如果认为数学是一门经验的科学,他就不会去关注逻辑问题,而关心实践提出的问题;如果他认为数学是一门经验性与演绎性辩证统一的科学,他就会既关心实践提出的数学问题又关心数学的逻辑问题。"(林夏水《数学本质·认识论·数学观》,《数学教育学报》,2002年第11期)这种对数学本质不同的认识直接影响到对数学新课程的理解。

作为数学课程标准理念物化形式的数学教材,它与数学是否等同,在数学课程标准下,是可以得到圆满答案的。在依据《标准》编写的数学教材里所呈现出来的数学,或者说作为教育任务的数学,它不再是一种现成的以定论形式呈现的客观对象,而是一种可以"做出来"的数学,一个充满探索与交流、猜想与论证的活动过程。这种"做数学"的教材为学生的数学活动提供了良好的平台。

(二)数学教学预设的主要任务

数学课程改革有相当多的问题需要探索,一涉及实际,首先要做的就是教学设计,过去叫作备课。教学设计是指教师为达到一定的教学目标,运用一定的教育思想做指导,系统规划自己的教学行为而形成的教学设想。

具体地说,教学设计要解决三个问题:①教学设计要依据教学原理,遵循教学规律,结合教师对教学内容和学生情况的分析,确定教什么。②教学设计要依据教学目标的计划性和教学资源、教学对象、教育者的客观现实性,创造性地设想采用何种手段和过程,实现教学目标,解决怎样教的问题。③教学设计要把与教学过程有关的各种因素看作一个系统,用系统的观点来分析每一个因素,力求实现教学过程的最优化。

案例:在学习平方差公式 $(a+b)(a-b)=a^2-b^2$ 时,根据不同的教学目标,教师可以采取不同的教学设计。基于巩固熟练的目的可设计题组一: $(x+y)(x-y)=$ _____ , $(2a+3)(2a-3)=$ _____ ;基于揭示公式的结构特征的目的,可设计题组二:在下列空格横线上填上适当的数或字母,使其可以用平方差公式计算,并写出计算结果: $(a-b)(-a+$ _____ $)=$ _____ , $(-a-b)(-a+$ _____ $)=$ _____ ;基于思想方法的目的可设计题组三: $(a+b+c)(a+b-c)=$ _____ , $(a+b+c)(a-b-c)=$ _____ ;基于运用的目的,可设计题组四: $99\times101=$ _____ , $998\times1002=$ _____ ,一块边长为 a 的正方形土地,将一组对边减少 b,一组对边增加 b(b<a),则这块地的面积如何变化?

由以上案例可以看出,数学教学设计重点要完成以下四个方面的任务:①设计合理而全面的教学目标,"知识、技能和情感"或者说"知识与技能、过程与能力、态度与情感"制定的目标要恰当,不能太高也不能太低,应在学生的最近发展区,跳一跳能达到的程度。②设计有效呈现实施课堂教学的内容,包括诠释教材,充分考虑学生学习教材可能产生困惑的问题,进行通盘设计。③设计得当的教学方法,对于合作交流、启发式、探究和讲授法要灵活运用,不同内容选择不同方法。④设计良好的课堂文化,这是一种新理念,着重要在营造教师和学生的课堂行为方式的氛围上下功夫。

(三)数学教学预设的行动策略

杨建辉认为,对于数学教师,在教学设计中有几种意识显得尤其重要,包括观念更新意识、分层意识、问题意识、反思创新意识等,这些意识是教师素质的重要组成部分,是形成教学能力的前提,对教学设计有直接的控制作用。因此,我们必须把握以下三点。

1. 更新教学观念

数学教育观念就是对数学教育本质的认识和感悟。观念更新意识指教师能够清晰明确地认识自己所持有的教育观念,并自觉运用不断萌生和发展的新教育观念,更新自身旧观念。数学素质教育观念认为,数学素质有四个特征,即数学意识、数学语言、数学技能、数学思维。同时认为,数学素质是人的数学素养和专业素质的双重体现①。

《标准》认为"数学教学是数学活动的教学,是师生之间、学生之间交往互动与共同发展的过程"。这里强调了数学教学是一种数学活动,并且包括两层含义:数学活动是学生经历数学化过程的活动;数学活动是学生自己建构数学知识的活动。《标准》还指出,数学教学活动必须建立在学生的认知发展水平和已有的知识经验基础之上;必须关注学生在活动中表现出来的情感与态度,帮助学生认识自我,建立信心;必须创造一个有利于学生生动活泼、主动发展的教育环境,提供给学生充分发展的时间和空间。

《标准》对于数学教学的定义,有着浓厚的建构主义背景,体现了建构主义思想。建构主义认为知识学习是学习者自我建构和社会建构的结果,其教学设计关注促进学生知识建构的策略,教师要创设有助于学生自主学习的情景,把重视结果的教学转变为重视过程的教学,引导学生进行各种活动,在活动中进行自主探索、合作交流、积极思考和操作实验,对数学进行再创造。这些理念也体现了人本主义思想,强调以人的发展为本,着眼于学生的终身学习愿望和能力,其教学设计依托学生的生活经验和知识经验以及学生的年龄特点和心理发展规律,提供充足的时间和空间,使学生达到自我实现的目的。

案例:针对二次函数这个本原问题,学生要达到深度理解、有效迁移,教师可预设、组合下列问题:

本原问题:求二次函数 $y = -x^2 + 8x - 10$ 顶点坐标。

这是一道基本的典型的二次函数问题。结合问题属性和呈现方式可进行一系列变式。

改变问法,可得:

问题1:求二次函数 $y = -x^2 + 8x - 10$ 的最大值。

改变抛物线解析式,即抛物线不是"标准式",而是"非标准式",那又会怎样?

问题2:求二次函数 $y = -x^2 + 8x$ 顶点坐标。

改变问题的隐含条件,即自变量 x 的取值范围不是实数,而是实数的子集又会怎样?

问题3:求二次函数 $y = -x^2 + 8x$ 最大值($3 \leqslant x \leqslant 5$)。

改变问题的背景:

----

① 刘堤仿.数学教育创新理念与行动[M].北京:气象出版社,2002.

问题4：一个矩形的周长为16，求该矩形面积的最大值。

改变问题的解法：

问题5：你能用与上述解法不同的方法解答上述问题吗？

如果问题的条件不是以直接方式给出，而是以另一式呈现：

问题6：一个周长为定长的矩形 $ABCD$，已知当 $AB=2$ 或 $AB=4$ 时，矩形的面积相等。由此你能确定该矩形的周长吗？你能确定矩形面积的最大值吗？如果可以，请直接写出结果。

交换条件和结论：

问题7：若二次函数顶点坐标为 $(4,6)$，写出符合条件的一个二次函数解析式。

如果自变量不是连续变量，而是离散变量，那又怎样？

问题8：已知关于正整数 n 的二次式 $y=n^2+an$（a 为实常数），当且仅当 $n=5$ 时，y 有最小值，则实数 a 的取值范围是_____。

如果是含参数问题，变化之中又有哪些不变性呢？

问题9：设函数 $y=(x-1)[(k-1)x+(k-3)]$（k 是常数）。①在同一直角坐标系中画出当 k 取 0、1 和 2 时的函数图象；②根据图象，写出你发现的一条结论。

通过这样的设计，可以让学生感受到这类问题的本质。同时，学生通过问题跟进式的探究学习，可以为课堂节省很多时间，使得探究不再是难事，进一步提高课堂效率。让学生参与问题的编拟，体验发现问题、提出问题及解决问题的过程，理解这类问题的实质，从而进行"再创造"。

在实际教学中，教学设计可以以不同的价值观点和理念作为基础。也就是说，教学设计是各种观念整合的结果。观念更新意识要求教师要有转变旧观念，并对各种新观念进行整合的意识。

2. 注重分层思想

《标准》提出了一个重要的数学教育理念，即数学课程要面向全体学生，适应学生个性发展的需要，使得"不同的人在数学上得到不同的发展"，即人人数学观。人人都能获得良好的数学教育是人人数学观的第一层意思，第二层意思体现了数学学习的个性化特征，使不同人在数学上得到不同的发展，表现在数学学习上，并不是人人都能整齐划一地发展，社会环境、家庭环境等诸多方面的因素使人在学习上存在个性差异，承认差异才能结合实际，承认数学学习上的差异才能使不同人得到不同发展,使每一个人都能在学习上发挥他的才能,获得他应该得到且能够得到的数学知识。

人人数学观要求教师要具有分层意识,即在教学设计时,对教学内容、速度和方法的安排都因人而异,使之符合不同层次学生实际学习的可能性,减轻学生负担,提高学习效率,使全体学生都得到全面发展,实现教学设计的最优化。首先,客观地把握学生的层次。教师可先通过个别谈话、开座谈会、家访等多种形式对学生进行全面调查并结合学生的平时作业、测试,客观认定学生的发展水平,将全班学生分成 A、B、C 三个层次。其次,对课堂教学目标进行分层。教师依据课标的精神,在反复钻研本节内容知识结构、知识层次的基础上,根据各层次学生的学习水平制定相应的分层教学目标,使其指向每个学生的最近发展区。最后,对问题进行分层。即在进行课堂教学设计时,全面考虑各类学生,设计的问题要根据学生的思维水平和知识基础的不同而有所区别。对思维水平低、基础差的学生应该起步低一些,设计的问题难度要小一些,思维的步骤垫得细一些,使他们能感受到成功的快乐;对于思维水平高、基础好的学生,问题的设计难度大一些,思维的跨度大一些,使他们的聪明才智得到充分发挥。

案例:用十字相乘法因式分解 $x^2 + 4x + 3$,其中字母 x,数字4、3 都是该问题的非本质属性,可以随意进行变化,但这些对问题的本质影响不大。这一问题的本质属性是式子的结构特征:式子都可以表达为 $x^2 + (a+b)x + ab$ 的形式。为了照顾全班学生的认知,常常会对字母 x 加以变化,题组可设计为 $n^2 + 4n + 3$、$(a+b)^2 +$ $4(a+b) + 3$ 等;稍提高一点难度,可对数字 1、4、3 加以考虑,题组可设计为 $2x^2 +$ $x - 3$、$3x^2 + 11x - 4$ 等;再增加难度,两者也可同时组合。还可以从问题的呈现形式上加以考虑,如改为开放性问题,为二次三项式 $x^2 + 4x +$ _____ ,补上常数项(整数)使其可以用十字相乘法因式分解,这就开始涉及式子的结构特征问题了,当然还可进一步发展,在式子 $x^2 + 4x +$ _____ 空格处填上适当的数,使其可以在实数范围内因式分解。

3. 突出问题解决

问题意识是指人们在认知活动中,活动主体对既有的知识经验和一些难以解决的实际问题或理论问题所产生的一种怀疑、困惑、焦虑、探究的心理状态,并驱使活动主体积极思维,不断提出问题和解决问题。它在人们的思维活动和认知活动中占有重要地位。

数学教学不管采用何种教学方式,都是在不断地提出问题、解决问题的过程中展开的。问题是数学教学的中心,问题也是思维的源泉,在提出问题、分析问题、解决问题的过程中,学生的思维不断地向求解性思维、决策性思维、上升性思维变化,真正使数学成为思维的体操。因此教师的问题意识是影响教学设计质量的重要因素。那么,在数学教学设计中,教师应该具有怎样的问题意识呢?

利用问题产生的背景和缘由。数学在生产和生活实际中有广泛的应用,很多数学概念、定理、公式和法则都来自实践,即数学概念、命题、问题往往对应某种现实模型,是对现实模型的抽象。"数学教学应从学生的实际出发,创设有助于学生自主学习的问题情境,引导学生通过实践、思考、探索交流,获得知识,形成技能,发展思维",培养应用数学的意识。因此在教学设计时利用数学问题的现实背景,选取一些生动形象的实际例子来引入数学知识,既可以激发学生的学习兴趣和学习动机,沟通数学知识与现实生活的联系,又符合学生从实践到理论、从感性知识到理性知识的认知规律,还可以培养学生从现实生活中抽象出数学问题,并利用数学方法解决问题的能力。

对问题进行变更、引申、拓展。《标准》强调数学教学的目的既要使学生掌握基础知识、基本方法、基本技能,又要培养学生的数学能力和创新精神。这要求教师在教学设计时,要将一些毫不起眼的基础性命题进行横向的拓宽与纵向的深入,即通过引导学生变更问题,帮助学生进行变式探求,如逆向思维探求其逆命题,通过设常量为变量拓展问题,通过引入参量推广问题,弱化或强化条件与结论,揭示出它与某类问题的联系与区别并变更出新的命题。这样无论从内容的发散,还是解题思维的深入,都能收到固本拓新、"秀枝一株,嫁接成林"的效果,从而有利于发展学生的创新思维。

案例:中考专题复习中的"最值问题",教学中就可以通过"一条主线 + 一个图形 + 系列问题"来完成。

一条主线:最值问题的类型及原理(教学中结合相关题目,渐次生成,如图1-7,即为教学中的课堂板书)。

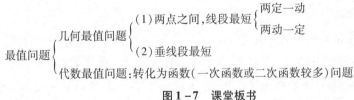

图1-7　课堂板书

一个图形:△ABC 是边长为 4 的等边三角形,点 P 是边 BC 上的任意一个动点,点 D 是边 AC 上的一个定点,且满足 $CD = 1$(图 $1-8$)。

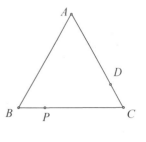

系列问题:以下几个问题,教师在教学中启发,由学生结合相关题型进行自主改编而成。

(1)边 BC 上是否存在点 P ,使得 $AP + DP$ 最小?若存在,请求出最小值;若不存在,请说明理由。

(2)点 P 在边 BC 上的运动过程中,线段 AP 的最大值和最小值分别是多少?

图 $1-8$

(3)请在边 AB 上确定点 Q ,边 BC 上确定点 P ,使得 $\triangle DPQ$ 的周长最小,并求出此最小值。

(4)将条件"点 D 是边 AC 上的一个定点,且满足 $CD = 1$"改为"点 D 是边 AC 上的一个动点,且满足 $CD = BP$,连接 AP 、BD 交于点 H ",请求出 CH 的最小值。

(5)若点 P 关于 AB 的对称点是 M ,点 P 关于 AC 的对称点是 N ,试求出线段 MN 的取值范围(最好从代数和几何的角度给出多种方法)。

(6)……

让学生提出问题。新课程标准的一大亮点是既关注问题解决,又关注问题的提出和创新精神的培养,成为标准的一大亮点。实际上,创新源于问题,没有问题就不可能创新,问题是创新的基础和源泉,教学过程是不断提出问题、解决问题的过程,也是学生进行创新的过程。因此,教师在教学设计中要有培养学生提出问题的意识,第一个方面,留给学生自由支配创设提出问题的空间;第二个方面,要鼓励学生用批判的眼光去观察问题,反对人云亦云,敢于向权威挑战,对教材写的、教师说的、名人提的问题敢于质疑;第三个方面,还要注意教给学生提出问题的方法,如归纳推测、类比联想、改变属性、逆向思考、数学实验、追溯过程等,让学生在数学情境中、问题解决中发现新问题,提出新见地,调动他们的积极性,培养他们的问题意识和创新精神。

设置问题情境。作为一种口号,"问题解决"的提出已经是 20 世纪 80 年代的事情。然而,广大教师对于"问题解决"思想中"问题"的理解却还有不足之处。主要表现为:①"问题"的新颖性不强,开放度不够,混淆了"问题"与"习惯"、"问题解决"与"解常规题"的区别;对于非常规的、能够向学生智力提出挑战的"问题"选用不够大胆,对此类"问题"的价值和意义认识不清;跨学科知识的"问题"较少,难以发挥数学学科作为基础课程的辐射和聚合功能;那种给出情境,让学生自己发现隐含其间的数学模型并进行求解的问题极少。②在问题的设计或选取时,很少考虑学生发现问题、提出问题的因素。③几乎没有人把"问题情境"的创设直接指向数学基本原理,指向数学中那些原始的问题。

《标准》指出,"数学学习的内容应当是现实的、有意义的、富有挑战性的,这些内容要有利于学生主动地进行观察、实验、猜测、验证、推理与交流等数学活动",要让学生在数学学习中增强应用数学的意识,培养实践能力和创新精神。因此,在问题的设计时,不但要从强化学生基础知识角度出发,设计常规题,还要从培养实践能力的角度出发,设计数学实验题;从培养应用意识的角度出发,设计实用性问题;从思维批判性的角度出发,设计迷惑性问题;从培养求异思维的角度出发,设计开放性问题;从优化学生思维品质的角度出发,设计探究性问题。各类问题并举,百花齐放,既满足各类层次学生的需要,又展现数学生动、有趣、有用的一面。

二、数学教师的专业交流

(一)数学教师的数学语言与技能

数学语言作为一种科学语言,它是数学的载体,通用、简捷和准确的数学语言是人类共同交流的工具之一。数学语言的基本形式有文字语言、符号语言、图象语言、逻辑语言等。

(1)文字语言。一类是表示数学概念的语言基本单位——数学概词,如点、线、面、立方、函数等;另一类是表示数学判断的概词组合——数学命题,如平行线的判定定理(若两条直线被第三条直线所截,如果同位角相等,那么两直线平行)。

(2)符号语言。符号语言明确简洁,它来源于直接用字母表示,一是由字母、单词演变而来的,如"Log"是"Logarithm"的缩写;二是由字母与其他符号结合而成,如"$f(x)$";三是人为地创造或在其他符号中袭用,如"$n!$"。符号语言不仅包括符号,也包含由符号组成的表达式。

(3)图形(象)语言。数学的直观性语言,它不用于实物的直观感知,而是通过抽象思维加工和概括的产物。它形象直观地表达数学概念、定理和法则,往往使整个思维过程变得易于掌握。图形语言分为几何图形和函数图象。其他图形语言有韦恩式图、示意图、表格、思路分析等。

(4)数理逻辑语言(略)。

(二)数学教师交流的有效载体——问题链

"问题链"设计是数学教师进行交流的有效策略,问题是数学的心脏,这是人们对数学发展史的高度概括,对数学本质的深刻认识。数学史告诉我们,数学起源于解决物体个数、长度、田亩面积等的计算问题。从此以后,各种各样的数学问题层出不穷,推动着数学的发展。

问题链是数学知识结构的表现形式,面对数学问题,当我们通过对它进行深化、推广、引申、综合,从而发现矛盾和缺陷(问题所在),探索到新的发展规律(需要论证的问题),或找到了问题与问题之间的新的联系时,这就是形成"问题链"的开始。通过这种过程的不断深化和逐次推进而找到的,具有内在联系的若干问题,就形成了"问题链"。

由此看来,问题是引导研究的,提出问题是科学研究思想方法的起步,寻找和发现数学问题,是获得数学发现和进行数学思维的基本方法之一。

根据"问题链"产生的方式,"问题链"可分为:性质链、推广链、引申链、综合链、判定链、等价链和方法链等。

1. 性质链

性质链一般是在命题条件相同的情况下,推出不同形式的各种结论。它可以深化对某一数学概念的理解,即在内涵方面使认识更丰富。

案例:已知函数 $f(x) = ax^2 + bx + c(a \neq 0)$ 的图象,$x = \dfrac{1}{3}$ 为该函数图象的对称轴(图 1-9),问由此可得到系数 a, b, c 的一些什么结论(包括相等或不等关系)?请你给出尽量多的结论。

此处,由于图形的直观性,多数学生能看出:① $a > 0$,$-1 < c < 0$;若启发学生观察到对称轴 $x = \dfrac{1}{3}$,能进一步得出② $2a = -3b$ 的结论,进而有 $b < 0$,$abc > 0$;进一步引导学生考查关键点的函数值,则又有 $f(1) < 0$;$f(-1) > 0$。即③ $a + b + c < 0$;$a - b + c > 0$。稍加变形,则不难得出④ $|a + c| < -b$;如

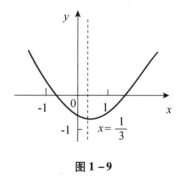

图 1-9

若将②④结合起来,则又可得出⑤ $-\dfrac{3}{5}c < a < -3c$,$2c < b < \dfrac{2}{5}c$;综合②③⑤可得出⑥ $0 < a < 3$,$-2 < b < 0$。因此,在教学中,证明了一个结论之后,不应马上转向,否则将是"进宝山而空返"。

如上例所示,教师应审时度势,在引领学生分析总结的基础上,可继续提出适

当的问题,让学生去尝试探索,在命题条件相同的情况下,还可推出哪些不同形式的结论。有的结论也许是书本或习题中出现过的,有时也会有意外的收获,这种对比发现有利于学生在心理上建造一个认识对象的"建筑物",讨论越深入,越有利于学生完善良好的数学认知结构。

2. 推广(收缩)链

推广是事物发展所遵循的规律之一,当我们从研究一个对象过渡到研究包含该对象的一个集合,或从研究一个较小的集合过渡到研究一个包含该集合的更大的集合时,这就是推广,反之就是收缩。当我们对命题从层次和形式上做推广时,可以得到一些层次不同或形式相似的命题,它反映了数学对象之间的纵向或横向间的联系,可以拓广命题的外延表现形式并加深对命题内涵的认识。

3. 引申链

引申和推广的区别在于:推广是一种特殊的引申,它的原则是由特殊到一般的推进;而引申则只要具有某种联系就可以进行,引申反映了另一类范围较广的交叉联系,它具有多向性或分支性,可以从不同方向进行派生。从不同侧面对问题进行引申就可得到差异性质不同的命题链。

案例:①已知集合 $A = \{x \mid x^2 + (p+2)x + p = 0, x \in R\}$,且 $A \cap \{x \in R \mid x > 0\} = \varphi$,求实数 P 的取值范围。

此处解题的关键在于正确理解"$A \cap \{x \in R \mid x > 0\} = \varphi$",它表明原方程无正实数根,具体情况为无实数根、两个负根、一根为 0 一根为负。

引申(1):若使用强条件进行引申,可将"P"改为"1",即得命题②:已知集合 $A = \{x \mid x^2 + (p+2)x + 1 = 0, x \in R\}$,且 $A \cap \{x \in R \mid x > 0\} = \varphi$,求实数 P 的取值范围。此处"1"的作用即在暗示 0 不可能是此方程的根,从而避免一根为 0 一根为负的讨论,使问题得到简化。

引申(2):若使用弱条件进行引申,将 x^2 的系数改为"P",即有③:已知集合 $A = \{x \mid px^2 + (p+2)x + p = 0, x \in R\}$,且 $A \cap \{x \in R \mid x > 0\} = \varphi$,求实数 P 的取值范围。此处"P"的作用是使得方程不能定性,即它到底是一次的还是二次的? 这会对解题造成很大的影响,也是学生特别容易忽略之处。

再比如,此处若采用否定条件进行引申,即④:已知集合 $A = \{x \mid x^2 + (p+2)x + p = 0, x \in R\}$,且 $A \cap \{x \in R \mid x > 0\} \neq \varphi$,求实数 P 的取值范围。此处将"$= \varphi$"改为"$\neq \varphi$",此处"$\neq \varphi$"在于引发学生对"不等"关系的关注。事实上,相等关系是有偶然性的,不等关系才是具有普遍意义的,这样启发学生辩证地看问题。其次,在处理"不等"关系时,通常转化为解决相等关系,之后再求其补集即可,可结合解法将其升华为一种解题策略。

以上给出了如何使用强条件或弱条件进行引申示范,当然也可以逆向对逆命题进行引申,还可以用等价形式的变换引申,或结合应用加以引申。对问题的引申研究可以加深对事物间的亲缘关系的认识,有利于了解概念或是定理的旁系家族,形成个体的良好数学认知结构。

4. 综合链

综合链是为了达到某一特定目的而设计的,有时为了解决一个难度较大或灵活性较强的问题,往往需要通过一些中间问题的过渡,为最终问题的解决提供中间过程和解题思路,从而起到过渡作用。一般在给出问题的大前提后,把问题分成几问,再对各问层层加深,不断提高。而各个问题既相对独立,又具有或紧或松的联系。因此,寻找问题综合链对数学思维的引导能起到较好的作用,有利于培养学生综合分析问题和解决问题的能力。

案例:以自然数为元素的集合 S,满足命题"若 $x \in S$,则 $(8-x) \in S$,写出符合要求的所有集合 S"。

学生典型错误:①$S = \{4\}$;②因为 $x \in N$,所以 $x \geq 1$,又 $(8-x) \in S \subseteq N$,因而 $8 - x \geq 1$,$x \leq 7$,则 $x \in \{1,2,3,4,5,6,7\}$,从中任取两个元素组成 S,共 21 个;③对于"当一个给定的集合中含有 n 个元素时,其所有子集的个数为 2^n 个"的结论不清楚。

错因分析:

①错把元素个数为 2 理解为从 1、2、3、4、5、6、7 中任取 2 个就可以组成集合 S。

②错把求 S 当作求 S 的个数,忽视了集合元素的确定性。

③忽视了 0 是自然数。

这是一道综合题,涉及诸多概念,如自然数的概念(特别是 0);集合元素的互异性;"$x \in S$,则 $(8-x) \in S$"同时成立的含义;已知一个集合中元素的个数,如何确定其子集的个数等。为此,可设置如下综合链:

①若集合中元素的个数为 1,求 S。

②若集合中元素的个数为 2,求 S。

③若集合中元素的个数为 3,求 S。

④集合中元素的个数还有可能为几个? 试论述理由。

⑤集合中的元素有何特征？

遵循学生认知规律，使用"先行组织者策略"，通过设立如上所示的一组综合链，能够针对学生的难点，把握问题的关键。"$x \in S$,则$(8-x) \in S$"表明该集合中的数字是成对出现的，如 0 和 8,1 和 7,2 和 6,3 和 5,4 和 4。它们之间的依赖关系决定了求集合 S 的个数，事实上所有子集的个数，只不过就是求 $A = \{a,b,c,d,e\}$ 的所有子集的个数。此处的 a、b、c、d、e 分别代表着 0 和 8;1 和 7;2 和 6;3 和 5;4 和 4 而已。

数学是研究客观世界中自然现象的科学。面对客观世界的演进，数学在发现问题—解决问题—再发现问题的不断往复循环过程中发展和前进，在已经形成的数学知识体系中不断地发现矛盾和解决问题，在寻找缺陷和补证不足中逐步完善。所以，问题链方法是一种以适应客观世界的运动变化为目的辩证的动态思维方法。

(三)数学教师交流环境的把握

"教学不是一种科学，而是一种艺术"①，虽然这种说法显得有些片面，但这也充分说明教学是一个艺术创作的过程。创作得好，学生容易理解，创作得不好，学生很难掌握。数学的交流正是艺术创作的前提，而好的交流环境能够激发学生学习动机，让学生体验到强烈的心智活动所带来的愉快，激发了学生的创造力，从而达到"人的认识从感觉开始，再从感觉上升到概念，最后形成思想"(康德语)的目的。下列的案例是一个很好的明证。

甲生被认为是"中下等"学生。一天下午某老师把甲叫到办公室辅导。后来这位老师有事出去了，甲四面看看，发现了我，就飞快地走到我身旁，说："王老师，昨天我做的填充题:分母是 6 的所有最简真分数之和是 1;今天做的填充题:分母是 8 的所有最简真分数之和是 2,是不是所有这样的同分母最简真分数的和都是自然数?"接着她取出一张草稿纸，上面写着:

$$\frac{1}{5} + \frac{2}{5} + \frac{3}{5} + \frac{4}{5} = \frac{1+2+3+4}{5} = 2, \cdots\cdots$$

$$\frac{1}{11} + \frac{2}{11} + \frac{3}{11} + \cdots + \frac{8}{11} + \frac{9}{11} + \frac{10}{11} = \frac{1+2+3\cdots+8+9+10}{11} = \frac{55}{11} = 5, \cdots\cdots$$

对甲的发现，我由衷地赞赏并给予鼓励："你真肯动脑筋，从一个个具体例子

---

① [美]波利亚. 数学的发现——对解题的理解研究和讲授[M]. 刘景麟,曹之江,邹清莲, 译. 北京:科学出版社,2006:281.

中发现了其中的规律，'创造'了知识，不过你发现的'规律'是否具有普遍意义，还需进一步证明，现在只可以说是我们的'猜想'，而'猜想'是科学发现的先兆，很有价值！今后你学了更多的数学知识，可以进一步探索，做出证明。"在我的指导下，甲公开发表了我校学生撰写的第一篇数学小论文。其他同学闻讯后也展开了研究。乙进一步做出了"同分母（不为2）的所有最简真分数之和，等于这些分数的个数除以2所得的商"的猜想，在校内形成了探索数学奥秘的风气。

"从人的天资和使命来看，每个人均具有创造力，他们以不同的方式显示出来。"从数学考试的成绩来看，甲生属于"中下"水平，她的"天资"不见得十分聪明，但她对数学的好奇、好问，令我赞叹。这种好奇、好问正是创新意识的萌芽，创造力潜能的流露。

国外最新的创造力研究，特别重视环境对创造力的作用，"把创造思维过程看作人与他所处的环境之间的相互作用"。环境要素中人际关系是第一位的。教师待人至诚，与学生平等相处，师生关系和谐，学生和我交谈感到心理安全、心理自由，所以我虽然不教他们班的数学课，甲也会与我真诚地交流。另外，创新思维需要时间，甲当时有宽裕的时间和宽松的环境，如果缺少其中的一个条件，那她的创新思维的火花也不会有了。因而，努力在课堂上下、校园内外营造一种宽容、宽松、开放的环境，使学生拥有自由支配的时间和主动探究的心态，是我们进行创新教育首先必须注意的。

三、数学教师的专业评价

我们在任何学科上的学识，都是由知识与才智这两部分组成的，才智是运用知识的能力。在数学中，才智就是做问题，找出证明，评议论据，流畅地运用数学语言，以及在各种具体场合辨认数学概念的能力。因此，数学教师的才智就应该是将数学教师娴熟的专业技能，与教育教学中监控、反思、评价有机结合的能力。能够将"数学系给我们的啃不动的硬牛排"与"教育学院给的一碗没有肉的白水汤"有机融合起来，变成一碗营养丰富的"排骨汤"。

（一）数学教师的基本技能

数学教师最重要的是要具备数学技能。数学的作图、心算、口算、笔算和器算是数学最基本的技能，而把现实的生产、生活、流通直至科学研究中的实际问题转化为数学模型，达到问题解决，形成数学建模的技能，这是数学的创造。用数学技能解释、判断自然与社会现象，预测未来，同时发展与创造数学本身。众所周知，欧洲18世纪哥尼斯堡七桥问题无解的结论,就引出了一个新的数学分支——图论。1766年,德国中学数学教师提丢斯从《自然观察》中得出了一个"级数"用来表示当时发现的七颗行星与太阳之间的距离,1772年柏林天文台台长波德在他的《研究星空指南》又修改了提丢斯的"行星轨道数列",预测在火星与木星之间还有未被发现的星星,到1801年元旦之夜果真发现了谷神星。这就是数学预测的神奇功能。

传统的数学能力在中学数学教学中的阐述是运算能力、逻辑思维能力、想象能力和分析问题解决问题的能力。

(1)数学运算主要指的是代数运算,在中学数学中指的有理数、实数、复数等数集的一二三级运算以及代数式和集合上的上述运算,对数、三角函数等超越运算。其运算能力包括掌握运算基本法则的能力、编制相应问题的算法的能力、运用计算工具的能力。

(2)逻辑思维能力是数学证明能力的基础,它包括的四个方面是:掌握和运用各种数学思维方法的能力、掌握和运用数学思维模式的能力、掌握和运用有关逻辑规则的能力、运用各种创造性思维方法的能力。

(3)空间想象是人们以现有的对事物的大小、形状、场所、方向、距离、排列次序等的感知和记忆为基础,在头脑中构建尚不具体存在的事物的大小、形状、场所、方向、距离、排列次序等广延性和并存的秩序方面的形象的心理活动。人们顺利而有效地进行空间想象,在头脑中建构出所需要的形象的个性心理特征就是空间想象能力。通常的空间想象能力分为三个层次:第一个层次是几何图形的认知能力,建立空间观念,由形状简单的实物想出几何图形,由几何图形想出实物,由较复杂的平面图形分解出简单的基本图形,画出图形;第二个层次是几何图形的变换能力,二维与三维的变换、语言表达与几何图形的变换;第三个层次是对数学各个领域的问题都具有几何直观能力。

(4)分析问题解决问题不仅包括数学知识,还包括数学思想、数学方法、数学观念及数学能力自身,即所谓的"数学问题解决",我们把数学应用并涉及分析问题解决问题方面的能力称为"数学问题解决能力"。相对于数学应用问题的解决也叫数学建模,其主要步骤为:①进入问题情境;②提出问题并用明确的语言加以表述;③分析各种因素做出理论假设;④建立数学模型;⑤按照数学模型进行数学推导;⑥对数学结论进行分析;⑦优化结果。

（二）数学教师的诊断技术

数学教师专业发展是国际数学教师教育改革的趋势，也一直是国内外研究者关注的热点问题。就已有的研究来看，对数学教师专业发展研究的焦点集中在两个方面：一是教师实际经历的专业发展的变化过程即专业发展阶段以及教师专业发展的具体内容；二是教师专业发展的促进方式，即外部保障措施。随着数学教师专业发展理论研究领域的重心从群体的被动专业化转移到教师个体的主动专业发展，教师个体内在的能动性越来越被重视。数学教师专业发展是教师个体专业不断发展的历程，是教师课堂教学诊断能力、实践性智慧、专业能力不断增长的过程。这就意味着，在传统对教师的"专业特性"的界定——对学科内容的掌握、必要的教学技能技巧之外，教师还必须拥有一种"扩展的专业特性"：具备系统的课堂教学诊断能力，能够对自己的课堂和别人的课堂进行诊断研究。这是对数学教师专业发展程度要求的不断提高和对教师获得专业自主和发展的强化。数学教师要成为一个成熟的专业人员，就需要通过不断的学习和诊断来拓展其专业内涵，提高专业水平，达到专业成熟的境界。

数学课堂教学诊断是数学教师专业化的重要成分，它是数学教师以预定的职责、素质和效能标准进行内省，检查自己的实际表现和行为，判定自身症结所在并加以解决及其发展情况的自我控制、自我管理历程。数学课堂教学诊断实质上是一种内滋激励，数学教师如果具有较强的数学课堂教学诊断能力，能自觉地进行多种途径的数学教学诊断，将有助于数学教师专业发展，提高专业成熟度和内驱力，提升教师的魅力素质和专业形象。

数学课堂教学诊断使教师职业不可或缺的社会功能更加完善。一种职业成为专业，其内在要素是这种职业具有独特的社会不可缺少的功能。数学是以现实世界的空间形式和数量关系为研究对象，具有高度的抽象性、严谨的逻辑性和应用的广泛性。数学教育的作用是发展学生的观察力、注意力、记忆力和想象力；培养学生的空间想象能力和运算能力；培养学生的辩证唯物主义观；运用数学的知识、思想和方法解决问题，进一步学习科学技术的基础，在社会科学中使用数学的语言、思想、方法和符号，发展学生的数学素质，培养学生的能力。数学素质概括起来，包括数学意识、问题解决、逻辑推理、信息交流四个方面，它是现代人才必备的智能素质之一。数学教师职业最显著的社会功能就是为社会培养全面发展的高素质人才，而人才标准又具有发展性和时代性。未来的文盲是"不会学习的人"，"学习、思考、创新"是社会发展对社会组织和公民的客观要求。数学教师的教学工作不能只是教知识,更重要的是指导学生学习,使学生学会学习。而指导学生学会学习数学,首先要诊断学生的数学学习的问题,使每个学生都能在原有基础上有所进步、有所发展。数学课堂教学诊断促进数学教师职业社会功能的完善,使数学教育对社会产生巨大的贡献。

促进数学教师专业发展,教师必须培养从经验中学习和对自己的教学实践加以诊断的能力。教育教学专业知识对于数学教师教学工作是必需的,但又是远远不够的。数学教师专业是一种复杂结构的实践性领域,数学教师的专业知识是一种情境性和个体性的知识。一方面,任何一个数学教师的教学活动都是在一定的社会背景下的规范性活动;另一方面,数学教师在课堂教学活动中又有其情境性的特点,他们要面对许多可预测的或不可预测的各种随机性、偶然性变化,这些变化和情况是具体的、确切的,并且是不能回避的现实,它要求教师做出某种诊断和"下药"。这就要求教师不仅要有良好的文化素养,深厚的学科知识和教育理论素养,还应该依靠现有的专业知识和诊断理论,不断地诊断课堂教学实践,解决课堂实际问题。"在课堂教学中求知"和"在课堂教学中诊断"是数学教师专业发展的有效途径。课堂教学诊断具有研究的专业品性,它是对过去的数学课堂教学、现在正在进行的数学课堂教学,将来将要进行的数学课堂教学做出理性的审视和判断,在看似无问题的地方发现问题,揭示出行为背后所隐含的观念和意识,给出新方案,关注明确知识与默会知识之间的互动关系,促进教学实践性智慧的动态生成和发展,从而促进数学教师专业的发展。

案例:一位教师在听完了《相似三角形复习》后,对教师的素养进行了诊断和剖析。

1. 有正确的教育思想和先进的教育理念

"一言堂""灌输法"的教法在教师中有相当大的市场。心理学上的"超限反应"表明,教师并不是说得越多,学生就接收得越多,很多情况下呈现出边际效用递减趋势,也就是说,教师说得越多,学生接收得越少。教育需要思想,教育需要改革,这位老师大胆创设先学后教的教学理念,把课堂还给学生,放手让学生讲,让学生练(整堂课老师讲解不超过 10 分钟),突出学生是学习主人的地位,给予学生自主的权利和机会,让学生在学习活动中更多更好地抛头露面。

2. 具有高尚的道德品质

关怀、爱护学生。这位老师经常走到学生旁边,倾听学生的心声。当老师问一个学生"对于相似三角形这节内容,你还有什么疑问"时,那个学生说:"有是有,但不知怎么回答。"老师说："哦,有言难开啊?"那学生说："嗯。"此时的老师没有像一般教师那样,马上为他排忧解难,而是笑着说："那请旁边的某某解释一下吧!"两位学生一嘀咕后,旁边的同学马上站起来说："他说对于有公共边的两个相似三角形,不知道怎么找对应边和对应角。"随后老师引导学生讲解了如何找相似三角形的对应边和对应角。这是一个很好的生成资源,也是课前老师想解决的难题之一,没想到这个成绩一般的学生提了出来,老师非常欣赏地表扬了这两个学生。如果不是老师的耐心追问,鼓励学生说出疑难,那么也就与这个有利的生成资源失之交臂了。同时,当老师发现学生有"难言之隐"时,让另一学生帮助解围,也让学生深深体会到浓浓的"人情味""同学情"。

诙谐的风格。老师在教学中显得非常平和、睿智、幽默风趣。例如,讲到 $\triangle ABC \backsim \triangle A_1B_1C_1$,$\triangle A_1B_1C_1 \backsim \triangle A_2B_2C_2$,则 $\triangle ABC \backsim \triangle A_2B_2C_2$ 时,老师问学生："你得出了什么结论?"学生说："传开来,传下去的。"老师说："传染病啊?"学生都笑了,后有学生说："传递性。"老师做了肯定的评价。老师不经意的一句,让学生感到了学习的快乐、老师的诙谐,让学生在笑声中接受了知识。

3. 具有超前预测能力

在教"有哪些方法可以判定两个三角形相似"时,学生分别用了三种方法来说明。老师在课前已预测到,学生通过预习后,一定会用后面的方法来回答,这样处理便于学生纵向上升华知识,让学生"学一点"而"知整体",超越了知识结构教学的框架,在更大的知识范围内实现局部知识与整体及内在结构的沟通。

4. 具有极强的组织协调能力

让学生在有"备"中走进课堂。教师让学生在教材中预习知识,设计了复习检测(一)来主动地迎接学生的有"准备",鼓励学生有"准备"地学习,通过预习让学生带着问题或带着探究任务走进课堂学习。

让学生在比较中深化知识。当学生回答 $\triangle ABC$ 与 $\triangle DEF$ 的相似比为 2∶1 时,师追问："那么 $\triangle DEF$ 与 $\triangle ABC$ 的相似比为多少呢?"学生答："1∶2。"让学生在比较中理解,哪个三角形在前面,对应的边就是哪一条。

连环追问。当学生说找相似三角形的对应角、对应边有难度时,老师不是直接根据图形来教识别方法,而是不断地追问学生的答案,从而让学生理解方法。例如,师问："怎样辨别相似三角形的对应边和对应角?"生1："看看就知道。"师："怎么看?"生2："大的角与大的角,小的角与小的角。"生3："在一个三角形中如果有两个角的大小差不多,如59°与60°,那怎么看?"生4："若告诉你相似,那字母应是对应的,如△ABC∽△DEF,则 A 与 D,B 与 E,C 与 F 对应,就可找对应边与对应角。"在学生与老师的共同追问下,由学生解决了问题。在老师的"无声"中,学生在你争我辩的学习态势中解决问题,学生在思想互动中更清楚、全面、深刻地理解了知识的本质,同时为学生表现自己提供了机会与舞台。

5. 精湛的教学设计

教学实践表明,再精彩的内容,再前卫的教学方法,若一旦"熟悉化",学生就会产生厌烦情绪。只有当输入的信息与人现有的认知结构之间具有中等程度的不符合时,人的兴趣才会最大,因此,要使学生对教学内容产生兴趣,将教学内容陌生地"夹生"处理是一个行之有效的做法。在这堂课中,老师认为学生已通过预习,熟悉了教材内容,所以把教材中的例 2 删掉,增加了学生易混淆的练习题,这样的处理给课堂教学注入了新的血液。

数学课堂教学诊断让教学工作不再是简单的重复劳动,数学教师要经常记录、观察自身数学教学情况和学生学习情况,每天面对的都是发展中的学生,面对新情况、新问题的挑战。对学生学习数学情况的诊断,帮助学生解决数学学习问题,是数学教师专业发展不竭的动力。数学教师专业发展是"足够的数学专业知识基础、数学课堂教学诊断、合作发展"的统一体。数学课堂教学诊断正是这个统一体中的核心。数学教师不仅要拥有足够的关于数学教学的专业理论知识和实践技能,而且要把这些知识和技能在数学教学实践中进行有效的诊断,以检验、丰富、发展理论。在总结、分析一些优秀数学教师的经验和行为模式中我们也不难发现,优秀数学教师的成长过程实际上是数学课堂教学个体诊断能力提高的过程。所以数学课堂教学诊断是数学教师专业持续发展的载体和平台。

(三)国内外数学课堂教学诊断的研究现状及分析

华东师大的叶澜教授形象地把课堂教学诊断这一活动称为"捉虫"。"虫"就是在课堂教学过程中反映出来的问题,"捉虫"就是要找出课堂教学中存在的问题,进而解决问题。国内数学课堂教学诊断大致有以下三个特点。

1. 以课题研究为抓手,开展数学课堂教学诊断

以课题研究为抓手,开展数学课堂教学诊断一般有两种形式:一种是课题目的就是研究"数学课堂教学诊断";另一种是课题目的是基于提高数学课堂教学有效性和数学教师专业发展研究,把数学课堂教学诊断作为一种辅助手段来研究。例如,杭州市余杭区仁和中学 2014 年的省级教研课题《发展性课堂教学微观评价研究》,目的就是研究"课堂教学诊断",探索行之有效的课堂教学诊断方法,制定

科学合理的评价指标,提升管理质量。其研究主要程序是:

(1)学习"教学预设与生成""教师认知""教师素养""教师效能"等理论及相关数学专业理论;

(2)结合本校教师的数学教学和学生数学学习的实际情况,提出相应的数学教学规范要求,研制出课堂教学评价、观察量表(见表1-4、表1-5、表1-6和表1-7);

表1-4 预设与生成观察量表

一级	二级	三级	课堂生成及评价
预设与生成	预设目标	预设的三维目标(知识、能力、情感)是否符合学生实际,是否符合课标,是否符合教育规律	
	预设过程与方法	突出重点设置的问题; 突破难点设置的问题; 课堂预设的教学方法及策略; 课堂预设的学习指导	
	预设结果	知识目标是否达成; 能力目标是否达成; 情感目标是否达成	

表1-5 教师认知课堂观察量表

一级	二级	三级	观察结果及评价
教师认知	前认知水平	与问题无关的回答	
	单一认知水平	回答问题只需一个知识点	
	多元认知水平	回答问题需要多个知识点,但不相关	
	关联认知水平	将新旧知识有机联系在一起,问题需要分析、综合后才能作答	
	拓展抽象认知水平	利用新知,能将新知进行推广、应用	

表 1-6　教师素养课堂观察量表

一级	二级	三级	观察结果及评价
教师素养	人文素养	教师课堂上听、说、读、写情况	
	学科素养	本节概念相关的学科知识； 应用本学科的基本方法	
	教育素养	教学所采用的方法； 教学策略； 课堂评价的应用	

表 1-7　教师效能课堂观察量表

一级	二级	三级	观察结果及评价
教师效能	效应	师生对话次数	
		生生对话次数	
		生本对话次数	
	效率	新知掌握所需时间	
		难点突破所需时间	
		科学探究所需时间	
	效果	知识目标是否达成（观察学生练习、作业及后测成绩）	
		过程目标是否达成（学生是否具备了解决问题的能力）	
		情感目标是否达成（观察学生的面部表情及课堂气氛）	

（3）由一位教师上公开课，数学教研组的其他教师进行分工观察，分别给予指导、诊断，提出合理化的教学建议。

2. 以校本培训为龙头，开展数学课堂教学诊断

新课程背景下，由学校独立负责或由上级教研室、专家与学校联合开展的校本培训越来越多。课堂教学问题诊断是校本培训或校本研训中的一项重要的校本教研活动。例如，杭州市夏衍中学以教师进行自我诊断为平台展开校本培训，

其中针对数学教师的是开展数学课堂教学诊断。自我诊断的主要内容是:以数学教研组为单位完成数学教学应该达到的标准,并以此为标准对数学教师教育教学行为进行比较诊断;要求每个数学教师做好自我诊断的记录、撰写自我诊断的案例,通过座谈、问卷、调查等手段寻找不同阶段的数学教师进行自我诊断遇到的问题和阻力,并加以解决;与专家一起讨论、修改数学教师自我诊断标准,开展数学教师自我发展的沙龙;数学教师总结自我诊断的体会和经验,学校对数学教师进行自我诊断总结,并开展数学教师新一轮自我诊断。从该校校本培训的主要内容中可看出,其主要特点是以校本培训为龙头,以校长为主要负责人,以数学教研组为单位,以数学教师进行自我诊断为主体,进行数学课堂教学诊断。

3. 以实际问题为突破口,开展数学课堂教学自我诊断

从百度搜索"数学课堂教学诊断",分析 2008—2017 年教师撰写的关于"数学课堂教学诊断"的论文来看,教师主要是针对数学课堂教学中的具体问题开展课堂教学诊断,如学生学习数学的障碍问题,数学课教师的提问的有效性问题,如何培养学生的数学思维问题,数学课堂中的小组合作学习的有效性问题,教学导入问题,学生数学学习的情感和兴趣问题等。数学教师针对专门问题,开展调查与研究,进行诊断,不断改进自己的教学。金洪源著的《学科学习困难的诊断与辅导》一书中,从知识表征看问题思维的信息加工过程,论述学习困难的诊断与辅导,对以题型为中心的解题困难,理科解题能力缺陷和文科能力缺陷的学生,提出以改善学习困难学生的内部认知结构为切入点。在具体的实践操作层面上,提出原有固定点知识、上位化表征、情绪反射机制、知识的整体表征、问题中心图式、题型中心图式、先行组织者等核心诊断与辅导技术。

20 世纪六七十年代,美国哈佛大学教育家科根和戈德哈默首先提出"临床指导技术"。他们指出学校领导抓数学教师的教学有各种各样的途径,如临床指导、教师互相看课、组织数学教师讨论教育问题,鼓励数学教师学习专业书刊、函授等。这里提出的"临床指导技术"就是指数学课堂诊断。国外的数学课堂教学诊断是校本培训中的一个重要措施。为了数学教师的专业发展,在校本培训中通常开设诊断课,建立多元化的诊断指标体系,发挥数学教师发展性诊断的激励导向作用,通过多层次、多渠道的数学教育教学诊断,促进数学教师课堂教学素质提高。当代首次系统研究教学模式的美国教育学者乔伊斯(B. Joyce)和韦尔(W. Well),他们在《教学模式论》中提出的基本数学教学程序是:"数学教学诊断—设立自我目标—超越自我—体验成功。"美国学者兰本达提出"探究—研讨"

模式,认为科学是一种"探究",通过教师的有效引导,包括设置开放性问题、问题的层次性推进以及教学诊断优化控制教学进程,可以有效地发展学生的探究能力。

(四)数学课堂教学诊断的理论构建和概念界定

1. 现代心理学

现代心理学研究表明,内部动机比外部刺激具有更持续的作用。以数学教师个体为主的自我诊断作为一种自我发展的动力机制,是数学教师专业成长和发展的根本动力。数学教师自主提出诊断问题,积极调动有效手段进行诊断,发挥数学教师潜能,发展数学教师个性,体现数学教师的主体价值,促进数学教师专业个体和群体(教研组)发展。正如哈里斯和希尔所指出:"只有数学教师本人对自己的教学实践具有最广泛、最深刻的了解,并且通过内省和实际的教学经验,教师才能够对自己的表现形式和行为做一个有效的诊断。"

2. 基于案例的推理(CBR)理论

基于案例的推理(Case-Based Reasoning,CBR)技术最先是由美国耶鲁大学Roger Schank 教授,在他的论著 *Dynamic Memory* 中提出的。之后逐步推广到机械CAD、医疗卫生、企业管理、军事等领域,并得到了成功的应用。CBR 是一种基于经验知识进行推理的人工智能技术,它强调人在解决新问题时,常常回忆起过去积累下来的类似情况的处理,并通过适当修改过去类似情况处理的方法来解决新问题。从认识思维的角度来看,它表现了人类进行记忆、规划、学习和问题求解的心理模型,体现了更高级的知识环境,是多种人工智能技术的综合。数学课堂是一个复杂的环境,数学教师在处理突发事件或教学问题时,所依据的往往是以往的案例,而不是一般的原理。

3. 建构主义理论

建构主义学习理论认为,学习过程不是学习者被动地接受知识,而是积极地建构知识的过程。建构主义认为知识不是恒定不变的,而是等待我们去发现的,知识是经过批判和创造的过程不断地成长的。在这种观点下,所有的知识只是暂时的,它们会随主体的知识基础与环境的互动而变化,所有的知识都是以先前的知识和经验为基础进一步发展而成的。在"课堂"这个现场中,教师与学生不断互动,教师激发学生的学习兴趣和学习能动性并有效地向其呈现知识的过程,数学教师的专业知识在具体的课堂教学情境中被激活,同时,数学教师的专业知识在基于课堂现场的领悟、知觉、体验和诊断中,不断"重塑",成为一种超越技巧的实践智慧。这是数学教师专业发展在课堂教学诊断中的体现,基于具体的数学课堂教学情境,以教学中的真实问题为导向进行主动构建来发展教师的专业。

4. 教师专业发展理论

教育改革的实践使人们认识到:"一切教育努力最终赖以成功的正是教师的个人品质和性格、他的学历和专业能力。"教师的专业化由过去集中在教师地位和权利的改善转向教师的专业发展,注重教师教学实践、教学品质的改善,教师专业素质的提升。正是在"诊断—发展—再诊断—再发展"这样一个无限往复不断上升的过程中,教师的信念态度、知识技能、行为方式等方面更趋成熟,教师得以从一个阶段向另一个更高阶段过渡,由"新手"到"专家",由"一般"到"优秀",实现教师专业的发展。美国学者佩里提出了他的观点:"就中性意义来说,教师专业发展意味着教师个人在专业生活中的成长,包括信心的增强,技能的提高,对所任教学科知识的不断更新、拓宽和深化以及对自己在课堂上为何这样做的原因意识的强化。"只有对课堂教学的不断诊断,才能对所教学科的知识不断地更新、拓宽和深化。正如美国一位研究教师教育的专家卡内基教学促进基金会主席李·舒尔曼(L. Shulman,1986)所说的那样,教学在本质上是一种"学术的专业"(Learned Profession)、一种复杂的智慧性工作。真正意义上的教师专业发展不是基于行为主义基础之上的教师能力本位的发展,而是基于认知情境理论的"实践智慧"的发展。它强调教师自身的课堂教学经验、对于经验的不断诊断以及学校同事间的合作与交流,这是教师专业发展的重要途径。

(五)数学课堂教学诊断的方式

1. 全景鸟瞰——对比诊断

对比的方式可以是多样化的,可以把不同学科的教学设计或课堂进行对比;可以将早几年的数学课堂教学录像与现在按新课程理念设计实施的同一内容的教学进行对比;可以是自己与其他教师对同一教学内容的教学设计或课堂教学进行对比;也可确定一个教学内容,由一位数学教师自行备课,教研组成员听课后再对照新课程的新理念、新要求进行集体备课后,再进行课堂教学,进行前后对比。以下两个案例分别是高中新课改实施前后的两个片段。

案例:下面是新课改之前的人教版全日制普通高级中学(必修)(高一下册)《任意角的三角函数》中建立三角函数定义的一个教学片段案例。

情景呈现:

师:在初中我们学习了锐角三角函数,如图1-10,请同学们回顾一下。

生:在 Rt$\triangle ABC$ 中,$\sin\alpha = \dfrac{对边}{斜边} = \dfrac{BC}{AB}$,

$\cos\alpha = \dfrac{邻边}{斜边} = \dfrac{AC}{AB}$,$\tan\alpha = \dfrac{对边}{邻边} = \dfrac{BC}{AC}$。

师:现在我们把角的范围推广到任意角,那么对任意角是否也能像锐角一样定义其四种三角函数吗? 如180°能不能找到它的对边和邻边。

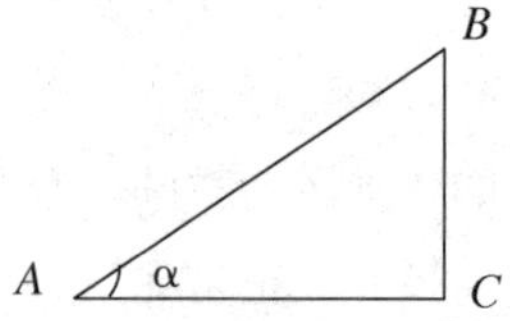

生:不能。

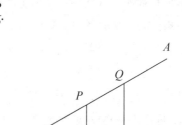

图 1 – 10

师:那我们就需要寻找新定义。如图 1 – 11,设 α 为锐角,在角 α 的 OA 边上取一点 P,过点 P 作垂线 MP 垂直 OB 于 M,则锐角三角函数怎么定义?

生:$\sin\alpha = \dfrac{MP}{OM}$,$\cos\alpha = \dfrac{OP}{OM}$,$\tan\alpha = \dfrac{MP}{OP}$.

师:点 P 在射线 OA 上移动时,这三个比值有没有变化?

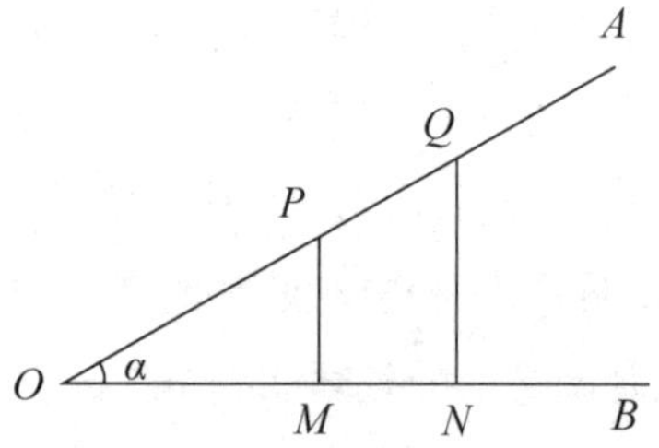

生:没有。这三个比值与点 P 的位置无关。

师:为什么?

生:根据相似三角形,在射线 OA 上再任取一点 Q(不同于点 P),过 Q 点作 QN 垂直 OB 于 N 点,显然 $\triangle OPM$ 和 $\triangle ONQ$ 相

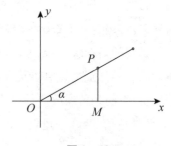

图 1 – 11

似,$\dfrac{MP}{OP} = \dfrac{NQ}{OQ}$,$\dfrac{OM}{OP} = \dfrac{ON}{OQ}$,$\dfrac{MP}{OM} = \dfrac{NQ}{ON}$,所以这三个比值不会随点 P 在射线 OA 上的位置改变而改变。

师:还有哪些角可以这样表示?

生:如图 1 – 12,第一象限角 α 的三角函数也可以这样表示。

师:能否用点 P 的坐标表示?

生:可以。

师生(齐):设点 P 的坐标为 (a,b),$OP = r = \sqrt{a^2 + b^2}$,$\sin\alpha = \dfrac{b}{r}$,$\cos\alpha = \dfrac{a}{r}$,

图 1 – 12

$$\tan\alpha = \frac{b}{a}.$$

下面是新课改后人教版高中数学必修 4 第一章三角函数 1.2《任意角的三角函数》中建立三角函数定义的教学片段。

情景呈现:案例片段 8

师:在初中我们学习了锐角三角函数,请同学们回顾一下。

生:$\sin\alpha = \dfrac{对边}{斜边}$;$\cos\alpha = \dfrac{邻边}{斜边}$;$\tan\alpha = \dfrac{对边}{邻边}$。

师:很好。请同学们观察初中学习的锐角三角函数定义,左右表达对称吗?

生:左右表达不对称,左边用字母表达,右边用文字表达。

师:那请同学们讨论一下,能否把右边的文字也转化为字母表达?

生:把刚才的锐角三角形移到直角坐标系中,使锐角 α 的顶点与原点 O 重合,始边与 x 轴的非负半轴重合,那么它的终边在第一象限。在角 α 的终边上任取一点 P,过点 P 作 X 轴的垂线,垂足为 M。

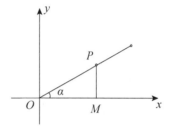

如图 1－13 所示:

图 1－13

则 $\sin\alpha = \dfrac{MP}{OP}$,$\cos\alpha = \dfrac{OM}{OP}$,$\tan\alpha = \dfrac{MP}{OM}$。

师:很好。还有没有更简洁的表达?

生:我有一个想法,如图 1－14。

如果假设点 P 的坐标为 (x,y),它与原点的距离 $r = \sqrt{x^2 + y^2} > 0$。

则 $\sin\alpha = \dfrac{y}{r}$,$\cos\alpha = \dfrac{x}{r}$,$\tan\alpha = \dfrac{y}{x}$。

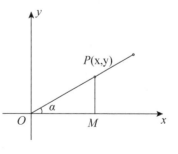

师:真不错!我们可以看出来第二种表达比第一种表达更简洁。那还能不能再进一步简化呢?下面请同学们观察一下,当我拖动动点 P 的时候,哪些数值在变,哪些数值不变。

图 1－14

(教师运用几何画板进行演示,学生观察)

生:x、y、r 在变,$\sin\alpha$、$\cos\alpha$、$\tan\alpha$ 不变。

师:为什么?

生：根据相似三角形，对于确定的角 α，这三个比值不会随点 P 在角 α 终边上的位置的改变而改变。

师：很好。我们继续刚才的话题，从刚才的动态演示中，你能不能进一步简化三角函数的表达？请同学们讨论一下。

讨论几分钟后，生(齐)：$r=1$，$\sin\alpha=y$，$\cos\alpha=x$，$\tan\alpha=\dfrac{y}{x}$。

师：这样我们就可以用直角坐标系内点的坐标表示锐角三角函数。在引进弧度制时我们看到，在半径为单位长的圆中，角 α 的弧度数的绝对值等于圆心角 α 所对的弧长(符号由角 α 的终边的旋转方向决定)。在直角坐标系中，我们称以原点 O 为圆心，以单位长度为半径的圆为单位圆。这样，上述 P 点就是角 α 的终边与单位圆的交点。锐角三角函数可以用单位圆上点的坐标表示。

对比诊断：这两个片段取自中学一线教师课堂教学实录的一个部分，我们先不要评价这两个片段中可推敲的问题，可以通过这两个片段对比新旧教材在内容处理上的差异。

首先，片段 8 所反映的新教材中三角函数的定义更突出三角函数概念的本质。原教材中的三角函数是用终边上点的坐标及它到原点的距离的"比值"来定义的，这种定义的一个基本理由是可以反映从锐角三角函数到任意角三角函数的推广，有利于引导学生从自己已有的认知基础出发学习三角函数。但它对准确把握三角函数的本质也有一定的不利影响，因为锐角三角函数与解三角形是直接相关的，而任意角的三角函数与解三角形却没有任何关系，它是一个最基本的、最有表现力的周期函数，这才是三角函数最本质的地方，用单位圆上的点的坐标来定义，形成点在圆上"周而复始"的运动，从而三角函数值也"周而复始"地变化。

其次，片段 8 所反映的新教材中三角函数的定义体现了数学的从简精神。片段 7 中所反映的原教材中的定义与片段 8 中所反映的新教材中的定义同样都可以说明三角函数，它们是相互可以沟通的，是一般到特殊的关系，片段 8 中的三角函数的定义是在片段 7 中定义的基础上取了一个特殊点，简化了定义的形式，更有利于学生的理解。同时片段 8 中的定义也突出了单位圆的作用，强化了数形结合的思想，有利于后续内容借助于单位圆展开，发挥了单位圆直观表现三角函数的重要作用。

2. 区域透视——分析诊断

"数学课堂教学是一门遗憾的艺术"，而科学、有效的教学诊断可以帮助我们减少遗憾。数学教师不妨从教学问题的研究入手，挖掘隐藏在其背后的教学理念方面的种种问题。对数学课堂教学进行区域透视、分析诊断时,要根据诊断主题,合理划分区段,如一节课不妨划分为"引入新课""学习新知识""新知应用""新知拓展""学习小结""布置作业"等部分,再瞄准重点观察。

案例:如对课例《函数的建模与应用》的学习小结部分进行诊断。

情景呈现:

师:下面请 A 同学对本次活动做一个总结。

生:相信大家在数学老师的帮助下已经得出了答案,不知结果是否令大家满意。现在我想请三位同学告诉大家结果,有没有人自愿举手?

生:我的身高是 1.81m,体重是 85kg,比值是 1.33。

生:我的身高是 1.56m,体重是 45kg,比值是 0.88。

生:我的身高是 1.62m,体重是 45kg,比值是 0.79。

生 A:从大家算出的数据看,我们班同学的身高体重各有不同。偏胖的同学,我希望你们在以后的日子里能经常锻炼,属于正常的同学要继续保持,属于偏瘦的同学,当然要多吃一点。现在我对这节课做个总结,今天我们在数学老师的帮助下,不仅对身材是否标准这个问题进行了较为科学的解决,同时也了解到函数建模与应用的方法及步骤。当然我在这里要提醒大家的是,在以后的日子里,不要盲目地减肥或增重,因为身体健康才是最重要的。

生(齐)鼓掌。

师:刚才 A 同学的总结很好。本节课建立的函数模型是建立在咱们学校同学的身高和体重数据之上的。因此具有一定使用范围,请同学们回去认真阅读教材 P124 例 6。我们通过对身高和体重的关系这一问题的探究,收集得出了数据,建立了函数模型,有了解决实际问题的基本过程,如图 1 - 15 所示。

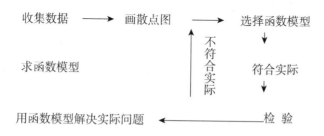

图 1 - 15　函数建模解决实际问题的基本过程

分析诊断:

小结加强了知识的联系,充分体现所学知识的系统性,有利于学生对知识的理解掌握和运用,培养了学生善于思考和总结归纳的能力。

小结采用的方法是先由同学对本次活动进行小结,再由教师提出要求,并以图表的形式对本节课的知识与应用进行总结。这种方式有助于提高学生的概括能力和学习主动性。用图表形式概括起来,形象直观,呈现联系,形成知识网络,便于学生记忆和运用。这节课已经让学生经历了函数的建模与应用的全过程,而且学生也真正参与其中,所以这个过程也可以尝试让学生进行总结,教师再进行补充说明。

3. 断层扫描——信息诊断

断层扫描是对从数学课堂教学中获取的信息进行定性定量分析后做出诊断。在对数学教师的课堂教学进行诊断时,可以选取一个层面对该课堂进行"断层扫描"。一般来说,选取的层面可以考虑以下三个方面:根据课堂实录,结合数学教师所制定的教学目标、自我反思,围绕数学教师的专业发展层次(才、学、识)进行分析;用新课程理念对课程目标、学生学习方式、教师行为、情感与价值观等进行分析;用数学教学的本质问题,如数学思维培养、数学思想方法的形成等分析课堂教学。

案例:以下选取用新课程理念对《函数的建模与应用》进行断层扫描。

信息诊断:

(1)强调与学生生活世界的密切结合

强调与学生生活世界的密切结合,也就意味着要改变"过于注重书本知识"的现状,要"加强课程内容与学生生活以及现代社会和科技发展的联系,关注学生的学习兴趣和经验",增强"提高生命生活质量"的意识,《函数建模及应用》的教学设计,通过学生身边的一个生活问题"怎样判断我们的身高和体重是否标准"的解决,既强调了课堂与学生生活世界的密切结合,使学生更加学会生活,激发学生积极主动地创造健康向上的生活,又向学生完整地展示了函数建模的全过程,使学生经历了建立函数模型解决问题的过程,学会了方法,发展了学生的创新意识和数学应用意识。

(2)引导学生学会选择与主动发展

高中新课程方案,在保证所有学生都达到学业水平的前提下,通过课程的设计而为学生的个性发展及个性化的学习过程提供尽可能大的空间。它承认学生的个性差异,并把个性差异作为一种宝贵的智力资源,不求所有的学生在形式发展上的同步,而求学生内在品质的提高和丰富,为每个学生潜能的开发和人生追求,提供尽可能多的可能途径。在《函数建模及应用》的教学上,教师注重引导学生积极主动地参与教学过程,并引导学生勇于提出问题,掌握分析问题和解决问题的方法,注重自主、探究、合作式学习,引导学生在选择中学会选择,从而逐渐培养学生进行人生规划的能力,让他们在学习中学会主动发展。

(3)注重数学思维品质的培养

教学中重视数学思维方法的渗透,在建立和运用函数模型解决生活实际问题的过程中,通过观察和比较散点分布图和直线函数、二次函数、指数函数及对数函数的图象,选择函数模型,求出函数模型;通过利用检测出的函数模型(指数函数模型)解决实际问题等多个方面,渗透数学建模、拟合思想和数学思维培养。在教学中教师还充分运用计算器、计算机等技术工具,为学生呈现大数字运算、大数据处理、图形比较等一些用传统教学难以实现的数学方法。

(4)学生是课堂的主人

课堂教学的最终结果,不在教师"教"得怎样,而在于学生"学"得怎样。在《函数建模及应用》教学中,着眼点是怎样让学生主动地参与教学活动中来,形成"多维互动"的教学氛围,学生成为课堂的主人,亲身参与探究实践,从而使其潜能得到相应的发挥,有助于整体素质的发展。

(六)数学课堂教学诊断途径之一——个体诊断

数学课堂教学诊断途径没有一定之规,但是可以摸索和探究其规律与特征,就像中医诊断中的"望、闻、问、切"。西医则应用器具检测,总要寻找判断的途径。按诊断主体来看,数学课堂教学诊断途径可以分为个体诊断和群体诊断。个体诊断是以数学教师自我诊断为主,是数学教师对自己的数学教学过程和教学结果做正反两方面的总结,寻找、分析、解决自身教学中存在的问题,从而改进课堂教学。美国学者克拉克和斯塔尔也曾明确指出数学教师自我诊断的含义:"数学教师看到学生学习数学中存在着困难,精确地找到这个困难是什么,并发现产生这个困难的原因,这就是诊断。诊断之后的数学教学必须纠正错误的东西或补足缺乏的东西。没有诊断,教学就没有方向。"

1. 个体诊断的概念界定

以个体诊断为主的数学课堂教学诊断的含义,是指数学教师在日常数学教学工作中,对数学课堂教学前、中、后遇到的困惑和疑难问题,以自我诊断为主,采用多种诊断方式,如前面提到的对比诊断、信息诊断等,诊断教师数学教学和学生数学学习,提出诊断新方案,在新的方案实施中再进行检验诊断,同时及时地用案例日记的形式凭借大脑回顾、课堂录音、学生访谈、作业反馈等手段把诊断的每个过程、每个细节描述出来。

2. 个体诊断的流程

以个体诊断为主的日记型数学课堂教学诊断是嵌入在数学教师平常教学工作中的,它的流程与一个普通教师的日常教学工作程序相配套。简单流程如图1-16所示。

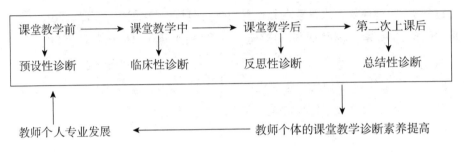

图1-16 个体诊断流程

在数学课堂教学前、中、后,以教师个体诊断为主,在预设性诊断、临床性诊断、反思性诊断、总结性诊断等个体诊断主线中,有机融入他诊。在一个普通数学教师的日常教学工作中,用一个普通数学教师都具备的条件,构建一个开放的课堂教学诊断网,让数学教师在整个数学课堂教学的诊断流程中,诊断能力、教学能力得到提升,课堂教学的实践性策略知识得以生成,数学教师专业得到发展。

案例:下列以人教版数学必修1第一章1.3函数的基本性质(单调性)(一)为例,说明以日记案例的形式呈现以个体为主的数学课堂教学诊断的具体做法。

(1)数学课堂教学前——预设性诊断

数学课堂教学前的预设性诊断是指数学教师在课堂教学前,根据新课程理念,深入挖掘教材,生成简明而适合学生的教学目标,构建能充分让学生自主学习和参与探究的教学板块,设计针对教学重点和难点的处理细节等。在教学设计中,教师也可根据自己对学生的心理研究,尝试把自己当成学生,尝试让自己以一个学生的心态和接收能力,用换位思考的方法来对将要进行的课堂教学进行换位诊断。预设性的课堂教学诊断案例要尽可能地突出教学问题的主题与焦点;要充分分析教材内容和学生特点,诊断选择的教学方法、确定的教学目标和教学重点与难点的处理,安排的教学结构和学生活动。这种诊断是假象的、预设性的、理论化的。但课堂情境的预设性是课堂的必然属性,凡事预则立,不预则废。对课堂教学问题的预设性诊断更有助于课堂教学焦点问题的充分思考和解决。

[预设性诊断日记]

函数的单调性是描述函数整体特征的性质。函数的单调性(增函数)概念形成在教学片段中。

教学重点:形成增函数的形式化定义。

教学难点:形成增函数概念的过程中,如何从图象升降的直观认识过渡到增函数的数学符号语言表述。

教学焦点:学生对增函数概念形成过程中从特殊过渡到一般,也就是对定义中"任意"的理解,可能会存在困难。

教学方法:通过观察一些已学函数图象(如函数 $y = x$ 的图象)的升降,形成增函数的直观认识,通过对函数值随自变量的变化而变化的探究,从具体到一般,逐渐形成概念;通过自主学习和探究活动,引导学生形成科学的思考方法和逻辑习惯;体验用数形结合的思想解决数学问题的方法。

教学设计如下:

教师在引导学生观察函数 $y = x, y = x^2$ (图 1 - 17、图 1 - 18)的图象升降特征后提出探究问题。

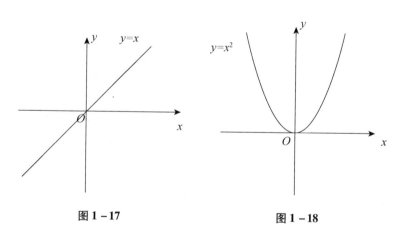

图 1 - 17   图 1 - 18

师:函数 $y = x^2$ 的图象在 $[0, +\infty)$ 区间上是上升的,如何用数学语言来描述这种上升?

[教学设想:指导学生从定性分析到定量分析,从直观认识过渡到数学符号表述。]

师:下面我们不妨通过一些问题的解决来探究这个问题。请同学们填下面这个表格(表 1 - 8),并观察表格中自变量 x 的值从 0 到 5 变化,函数值如何变化。

学生填表：

表1-8　y 随 x 的变化值

x	0	1	2	3	4	5	…
y							…

生：y 随 x 的增大而增大。

师：很好。在 $[0,+\infty)$ 区间上，任意改变自变量 x_1，x_2 的值，是否当 $x_1 < x_2$ 时，都有 $x_1^2 < x_2^2$ 呢？我们可以借助计算机来验证。

生：都有。

[教学说明：教师应该不断启发引导，促使学生去思考，借助计算器验证，并让数学优生的思维带动数学差生的思维，从而达到共同发现。]

师：刚才我们验证的是一些具体的有限个自变量 x 的值，你能证明：对于 $[0,+\infty)$ 区间上任意的 $x_1 < x_2$，都有 $x_1^2 < x_2^2$ 吗？

[教学设想：由具体到抽象，让学生初步了解函数单调性的定义及证明方法。]

学生讨论回答：$\because x_1^2 - x_2^2 = (x_1 - x_2)(x_1 + x_2)$

$\because x_1,x_2$ 在 $[0,+\infty)$ 区间上

$\therefore x_1 > 0, x_2 > 0 \therefore x_1 + x_2 > 0$

又 $\because x_1 < x_2 \therefore x_1 - x_2 < 0$

$\therefore x_1^2 - x_2^2 = (x_1 - x_2)(x_1 + x_2) < 0$

[教学说明：教师应该不断启发引导学生证明 $x_1^2 < x_2^2$（当 $x_1 < x_2$ 时）只需要证明 $x_1^2 < x_2^2 < 0$ 即可，然后分小组合作探讨，给出证明过程并给予评价。]

师：这个证明过程中你能概括增函数的定义吗？请小组合作得出你们的结论。

学生小组合作回答：一般地，设函数的定义域为 I，如果对于属于 I 内某个区上的任意两个自变量的值 x_1、x_2，当 $x_1 < x_2$ 时，都有 $f(x_1) < f(x_2)$，那么就说函数 $f(x)$ 在这个区间上是增函数。

[教学说明：教师根据以上几个问题的探究，简单小结，然后由小组四人合作讨论、归纳、总结得到增函数的定义。学生在给出定义的过程中，叙述不一定很准确，教师应当帮助他们完善定义叙述。]

(2)数学课堂教学中——临床性诊断

一堂符合新课程标准的课，是课前"预设性诊断"和课中"临床诊断"的辩证

统一。新课程理念下的课堂教学是一种开放、动态、多元化的对话和交流,这意味着教学将会有更多的"不确定性"。有研究者认为,新课程下的课堂教学不是教师行为下模式化的场所,而是教师教学教育智慧充分展现的场所。课堂总是处于一种流变的状态。有人估算过,教师在一次40分钟的课堂里,至少要做出30个有关教学的诊断和当场要采用的措施。即在课堂教学过程中,教学既要根据预设性诊断,又要凌驾于预设性诊断之上,当教师发现学生存在学习困难时,要综合把握课堂中各种信息的流动,及时做出正确的判断,查明学生发生困难的根本原因,根据实际情况,调整或马上生成新的方案。课堂上可能发生的一切,不是都能在预设诊断时就生成的,教学过程的真实推进及最终结果,更多地由课堂的具体进行状态以及教师当时诊断问题的准确性来决定。所以临场诊断是最重要的,也是最能反映教师课堂教学能力的。临场诊断中尤其重要的是,当发现预设诊断与真实情境错位,自己的主观性与学会反馈的客观性形成矛盾时,应立刻审视自己的教学行为,进行诊断,机智地寻找适合学生主动发展的教学手段与方法。

[临床性诊断日记]

虽然已经充分估计到学生对数学符号语言表述及理解存在难度,但教学预设中通过填表计算的验证及任意值的证明等策略还是不能解决这个问题。从上课反馈可以看出,学生似懂非懂,对从具体到一般的过渡不能接受。用证明的方法说明"对任意两个自变量的值 x_1 和 x_2,当 $x_1 < x_2$ 时,$f(x_1) < f(x_2)$",有利于对后面教学中单调性判断和证明,但在概念形成教学中运用这种方法,不利于学生理解,造成了学生在第一个难点未处理的时候,又增加了第二个难点,即比较 $f(x_1)$ 与 $f(x_2)$ 的大小是学生的一个难点。

预设诊断与临床诊断发生错位和矛盾,在预设性诊断中提到的难点并没有解决,所用的策略还增加学生的负担。在课堂临床性诊断中所采取的补救措施是在口头上强调了"任意性",但这似乎是强加给学生的,并没有达到立竿见影的效果。

(3)数学课堂教学后——反思性诊断

数学课堂教学后的反思性诊断是建立在课堂教学前的预设性诊断和课堂教学中临床诊断基础上的,主要以课堂教学的现场诊断和学生具体学习情况为依据,寻找预设性诊断与课堂教学的临床诊断、学生课堂具体学习情况的不同点和相同点,以及导致这些不同点的原因。课堂教学后的反思性诊断相当重要,教师的课堂教学实践的策略性知识就是在教师不断的诊断过程中积累起来的。于漪老师是上海市著名的语文特级教师,于老师的成功秘诀来自"一篇文章,三次备课"的做法。用她的话说:"课堂上的东西和设想的东西不一样,所以我会根据上课的具体情况,对设想进行调整,再备第三次课。"备三次课其实就是课堂教学后的反思性诊断。一般来说,教师在日常教学工作中采用课堂录像等途径研究课堂教学,可能会不具备这些条件。为了更好地进行课堂后的诊断,笔者认为使用录音也是一个很好的途径。在课堂教学后,教师通过头脑回顾、录音回放、同行讨论(有条件可以请专家诊断),对课堂中的教学问题进行全面的诊断,并从教学问题的诊断入手,挖掘隐藏在其背后的教学理念方面的种种问题,更科学地采取诊断措施。教师也可以不仅仅针对一节课中的教学问题,还可以通过自我反省与小组"头脑风暴"的方法,收集自己以前亲身经历过的、从其他教师的课中听过来的或者是从各种教学刊物、杂志中收集过来的各种教学"病历"和"处方",然后归类分析,找出典型"病历"和"处方",并对"病历"和"处方"进行分析。这里的分析有时不是一个教师所能解决的,我们虽然强调以教师个体的、自我的诊断为主,但教师有时面对自己的困惑,往往是"当局者迷",所以我们这里要提出开放式的讨论和分析。教龄比较长的教师往往由于面子问题,不肯开口向别的教师请教,但这会阻碍教师自我成长的进程。通过多方面多角度的交流、讨论,甚至是辩论,最后得到的"诊断处方"往往比教师个人"闭门造车"后的"处方"更科学。所以课堂教学后反思性的诊断案例往往是以教师个人诊断为主,深刻地披露了教师本人的诊断历程,并批判性地揭露教师对新课程在具体实施过程中所暴露的教学理念、教学目标、教学方法、教学结构等方面的问题。

[反思性诊断日记]

如何构造策略性的情境,帮助学生突破难点呢?还有一个班级没有上这堂课,教学必须进行调整。我独自回顾教学课堂细节,觉得本节课虽在教学方法上提出探究和自主学习,但实际上处处都在教师的牵制之下,学生的思维并没有充分打开,学生对"任意性"体验也不够。

我上网查找了相关的资料,并与同教材同年段的教师进行讨论。在这个过程中,我发现掩藏在具体实施过程背后的问题:我对这个内容教学并没有设计策略性知识情境,仅仅是处于个人体验和对学生的一般了解;对数学概念教学,忽略或不重视数学教学本质问题——思维形成与发展,仅仅是用概念来教概念,并没有挖掘到它的本质和内涵;因为信息技术应用不过关,故对信息技术的运用存在排斥心理,教学方法和理念比较陈旧;存在教师"包办"心理。

我在反思诊断后,教学设计如下:

教师指导学生完成 $y=x^2$ 的对应值表(在预设性诊断中已经提到),要求学生观察表格后,提出问题。

师:自变量 x 的值从 0 到 5 变化时,函数值 y 如何变化?

生:填表并回答问题(自变量 x 的值增大,函数值 y 增大)。

师:在 $(0,+\infty)$ 上,任意改变 x_1、x_2 的值,当 $x_1<x_2$ 时,都有 $x_1^2<x_2^2$ 吗? 请同学们分小组讨论一下,可以借助计算器和电脑(在电脑上,教师已经事先用几何画板把 $y=x^2$ 和 $y=x$ 图象画出来)。

[教学设计说明:在课堂上给学生充分思考与讨论的时间,而且教师要在一边加以监督和指导。]

生:我这个小组是借助于计算器,我们随意给出一些 $(0,+\infty)$ 上的 x_1、x_2 的值,用计算器进行验证当 $x_1<x_2$ 时,是否都有 $x_1^2<x_2^2$。

师:由此你能得出什么结论?

生:当 $x_1<x_2$ 时,都有 $x_1^2<x_2^2$。

生:我们小组不同意他们的做法,这样用计算器所验证的是一些具体的、有限个自变量的值,对于 $(0,+\infty)$ 上任意的 x_1、x_2,当 $x_1<x_2$ 时,是否都有 $x_1^2<x_2^2$ 呢? 还是没有证明任意性。

师:那你代表你这组发表一下看法。

生:我们组的讨论意见是想借助于电脑。

师:那你操作一下。

生:在函数 $y=x^2$,$x\in(0+\infty)$ 图象上任取点 $p(x,y)$,拉动点 p,在函数图象上按横坐标(自变量) x 增大方向移动,观察点 p 的纵坐标(函数值)变化情况。

在这位学生的演示中,同学们一起体验到:在 $(0,+\infty)$ 上,任意改变 x_1、x_2 的值时,当 $x_1<x_2$ 时,都有 $x_1^2<x_2^2$。

师引导学生得出:函数 $y=x^2$ 在 $(0,+\infty)$ 上图象是上升的,用函数解析式来描述就是:对于 $(0,+\infty)$ 上任意的 x_1、x_2,当 $x_1<x_2$ 时,$x_1^2<x_2^2$。即函数值随着自变量的增大而增大,具有这种性质的函数叫增函数。

(4)第二次上课后,总结性诊断

中学排课的方式往往是一个教师承担同一年段的 2~3 个有相同教学内容的班级教学工作。教师经历预设诊断、临床诊断、反思性诊断后,再去第二次上课,再次临床诊断,对两次上课对比诊断,这时教师有可能更深刻地发现自身存在的"劣根性"的教学问题,可能会发现反思性诊断后的"新处方"的效用或不足,可能

67

会发现面对不同的学生时,同一内容,即使是深思熟虑后的方案也不一定能够适用。经过这样再次诊断,在日常教学工作中反复经历这个循环的过程,教师可能会产生一种"蜕变",得到在很大程度上是个人化的、隐含在教学实践过程之中、无法剥离出来的、难以格式化的、在书本之中找不到的课堂教学实践性的策略性知识。根据专家教师、有经验教师和职初教师的专业知识的结构特征分析,专家教师的知识结构中比有经验教师和职初教师含有更多的运用适当规则于指定案例的策略知识。

[总结性诊断日记]

①教学策略上。计算器和计算机的运用,让学生直观感知了有限个和无限个自变量值的变化,从而深刻理解了"任意性"的本质定义。

②学习方法上。提出可操作的具体问题,放手让学生思考,在课堂上给足学生思考的时间和空间,放飞学生思维,让生与生,师与生的思维碰撞,可充分暴露学生思维上的盲点和不足并加以引导,激活和发展了学生思维。

③教学理念上。以人为本,尊重学生差异性,关注学生数学思维生成过程,真正体现自主探究、合作交流,培养创新意识,体现创新精神。

④课程目标上。不仅仅注重基础知识、基本技能等的培养,还要关注过程与方法、情感态度与价值观,体验数学发现和创造的历程。

在第二次上课后,从学生的反馈来看,在上述四点中,比第一次上课有很大的突破,但觉得在教学细节和教学火候上的把握还不是很明确,实践性的策略性知识比较缺乏。

3. 对个体诊断的反思

(1)教师个体诊断促进数学教师个体专业素质提升

以个体诊断为主的日记型数学课堂教学诊断可以随机介入数学教师的日常教学工作,并随时进行教学行动研究,它不受时间、空间、人员、经济等条件的限制,便于教师随时随地进行研究。数学教师通过自我诊断,由表及里、去伪存真,逐步深入研究学生、感悟课堂,把握学生发展需求并激发学生新的学习需求,逐渐改进自己的工作思路与方法;通过自我课堂诊断,进行诊断—调整—再诊断—再调整—融合—借鉴,择其善者而从之,让自己的个性发扬光大,从而探索自己的教学个性方案,形成自己特质的教学思路,走个性化的教学之路;通过自我课堂诊断,对自己的个体教学行为做出判断,在自我诊断中领会教学理念的真正内涵,寻找数学教育教学规律,不断超越自己,有的放矢地调整教学行为,促进课堂教学诊断能力的提高,最终达到专业素质的提升的目的。

(2)教师个体诊断促进学生数学素质的提高

教师有一个优势,就是可以直接与学生交流、对话,通过学生与教师相互之间的课堂沟通,及时掌握学生方面的信息,并将所获的第一手信息过滤、解析,对学生数学素质改善方面存在的优劣进行分析,存在的问题进行诊断,将诊断的结果即时做出调整,利于优化学生数学素质培养,提升整个课堂教学实效。

(3)日记型案例促进数学教师对课堂教学诊断的反思

把事例转变为案例的过程,也是一个重新认识、重新诊断、整理思维的过程。用日记案例的形式把整个课堂教学诊断过程记录下来,不仅起到梳理保存的作用,而且撰写案例的过程就是对"课堂教学诊断"重新进行诊断的过程,在日记案例写作过程中,促使教师再次诊断自己的课堂教学工作,可以重新发现一些新问题,使教学研究和创新的能力不断增强。另外,案例研究重视教师个人的主动反思和独立探索,同时强调志同道合的教师之间、教师和理论工作者之间、教师与专家之间自由结成研究伙伴,或者自发形成"教学研究志愿者组织",围绕某个实际课堂教学实例,开展合作研究。案例中的这种"同伴互助"和"专业引领"相结合的行动研究方法,可以引进同行的研究成果和实践智慧,对任何教学教育理论和实践经验保持开放,可以促使数学教师对课堂教学诊断的反思更加开放,更加专业。

(七)数学课堂教学诊断途径之二——群体诊断

群体诊断包括同行会诊、专家诊断,可以通过现场听课、课堂实录、视频案例等途径实现。以群体为主的诊断途径,本书重点提出在学校日常教研活动中开展的、以数学教研组为群体单位的、以视频案例为载体、集同行会诊和专家诊断于一体的课堂教学诊断,视频案例诊断是一种新型方式,凭借优越的技术可以全方位地完成教学诊断。

1. 群体诊断的概念界定

以教研组为群体单位、以视频案例为载体的数学课堂教学诊断是指由数学教研组的某一教师负责组织、统筹安排,由组内教师提出课堂教学诊断研究的主题,研制视频案例,并通过视频案例进行课堂教学诊断。

2. 群体诊断的流程(见图1-19)

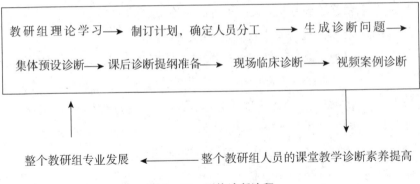

图 1-19　群体诊断流程

(1)生成诊断问题

生成诊断问题就是确定数学课堂教学诊断的问题。恰当的选题对于研究价值至关重要,诊断问题一般是聚焦课堂教学中的疑难杂症,聚焦基本课程改革。在课堂教学中,也会生成一些需要诊断的问题,这些问题经常包含在一些常常不为人注意的细节上,如对课堂突发事件的处理、启发引导的火候、教学机会的把握等。刚开始选择的"诊断主题"聚焦教师课堂教学中的普遍困惑问题,但同时它也是粗糙的、大致方向的,诊断的具体问题是在操作过程中慢慢提炼出来的,它会随着课堂教学诊断过程的进展而发生变化。

(2)集体预设诊断

恰当的教学预设诊断相当重要,教学预设诊断要突出教学重点、难点和焦点,要便于了解视频案例诊断的计划和进程等。集体预设性诊断是整个数学教研组一起进行的合作诊断,它的设计内容反映了数学教研组的集体诊断智慧,其步骤如图 1-20 所示。

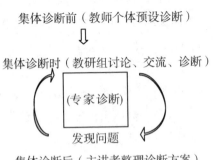

图 1-20　集体预设诊断流程

具体说明如下:

①集体诊断前。根据选题,布置教师个体的预设诊断任务,要求教师要广泛收集相关资料,并把这课题计划中确定的上课者、视频案例诊断研究者或教研组长作为集体诊断的主讲者。

②集体诊断时。先由主讲者讲述自己对教材的诊断、教学重难点的诊断、教学方法的诊断等,再由教研组的其他教师发表个人的意见,交互诊断。集体预设诊断过程中,无论是主讲者,还是发表意见的教师,在提出诊断意见的同时,都要说明诊断的依据。这依据可从学生心理和学习现状、教育教学理论、教学内容的内在结构、新课程的理念等方面进行说明。

③集体诊断后。由主讲者整理诊断方案和各位教师收集到的资料。其中对集体诊断过程中可能会出现的对同一内容的不同的诊断意见,主讲者要把这几种方案如实地记录下来,如果有条件的话,可以尝试一下这些方案。需要说明的是集体诊断后如果发现问题,可以重复第二个步骤,再次回到"集体诊断时"步骤。

④专家参与集体预设性诊断。这个步骤是随机的,可能有两种情况:一种是邀请教研组所在的县、市的专家直接参加集体诊断会;另一种是在集体预设性诊断后,主讲者把整理后的诊断方案拿给专家,请他们一起再次把关诊断。

集体预设性诊断这一环节中,要注意的是集体预设性诊断不能变成"个人独裁"或"唱独角戏"。集体预设性诊断时,既要体现民主,也要尊重个性。

(3)课后诊断提纲准备

课后诊断提纲准备包括:①背景诊断提纲与课后诊断提纲;②学生、同行与专家的访谈提纲;③课后教学效果调查问卷;④视频案例诊断核验单。

教师背景诊断包含教师对所在学校、本班学生的基本情况的诊断,教师本人的教学风格、教学优势和不足的诊断,这是教师对自己、学生和学校的基本情况的诊断。课后诊断提纲主要包括以下几个方面:①在教学设计上,教师诊断有什么好的创意,好在哪里,这个创意是如何想到的。②在教学内容上,教师要诊断本节课的教学重点、难点是什么,诊断所采用的教学策略是否突出重点、难点,对新课程的内容与老教材进行对比诊断,新教材在这个课题上的处理有什么变化? 变化的意图是什么,教师是否认为合适。③在教学方式上,教师要诊断这节课中所做的新的尝试,这样做的目的是什么,学生会不会接受,依据又是什么。④在使用教学手段上,教师要诊断是否准备使用课件,并且将诊断课件与黑板相比有哪些优势,在这节课中,它是不是难以替代,诊断黑板与投影仪的关系是否协调。⑤在教学理论上,教师要诊断引用了哪些教学理论,在教学设计中如何体现这些理论观点。⑥在课程改革方面,教师要诊断自己的做法是否体现新课程的理念。⑦针对数学教学,教师诊断这节课是否有助于学生数学思维、数学素质的培养。教师背景诊断和课后诊断提纲中对这些问题的考虑,就是教师对整个课堂教学的做法和依据的诊断,这种理论层面的预设诊断为课后的诊断提供一个参考框架。

学生、同行与专家的访谈提纲要比较详细,以便使访谈过程循序而行。访谈提纲中要体现预设诊断后的方案,从而可以让学生、同行与专家能针对"预设诊断"和"课中现场诊断"情况,从各个角度进行诊断。专家如果不能进行现场听课,对他们的访谈也可以在将课堂实录制成光盘后进行,访谈的形式可以是多人讨论,也可以单独进行。另外对专家的认定比较宽泛,包括一般教育专家、学科专家、学者和专业研究人员、中小学特级教师、有经验的教研人员等。专家层次的多样化的目的是希望提供多元的诊断观点。

课后教学效果调查问卷要在现场完成。问卷的对象可以是学生,也可以是听课的教师与专家。如果是对专家或听课教师进行调查问卷,问卷中的第二人称"你"都要换成"学生"。课后调查问卷目的是了解他们对课堂的第一印象,这种感觉性的数据是无法通过后期的理性分析获得的。这"第一印象"可以为"课堂教学诊断"提供第一手材料和诊断依据,视频案例诊断核验单的目的是提供相关的资料,并使相关的资料有序化。

(4)现场临床诊断

现场诊断是课堂教学诊断中的一个主要环节。现场诊断主要是依据现场采集的素材进行诊断。上课现场收集的素材包括:上课者课前(提前一天或半天)的背景介绍与课后(当天)的反思;课堂实录;学生、同行与专家的现场访谈;非视频格式的案例相关素材,其中包括教案、课件、学生有代表性的作业等;各种课堂观察量表;课堂实录。课堂实录是现场诊断的主体部分,可以使教师、专家、同行等能多角度、多维度、多元化诊断课堂的现场问题。为了便于论文研究的操作和推广,这里说明拍摄课堂实录的一些注意事项。

①拍摄课堂实录前的准备工作包括:了解教室的灯光情况(如日光灯是否密集、有无窗帘、室外噪声等);检查摄像设备,如电源电量是否充足等;与任课教师协商有关的事项,如任课教师的仪表、摄像机的位置、话筒的安装、焦点组的位置等。

②在实录过程中,两台摄像机(数码摄像机)要注意相互协调,要特别注意拍摄课堂上的一些突发事件及教师与学生的一些非常规举止。课堂过程要完整,并

且要有明显的标志性动作,如教师说上(下)课、学生起立问候。根据我们教室的特点,两台数码摄像机的定位情况如图 1-21 所示。

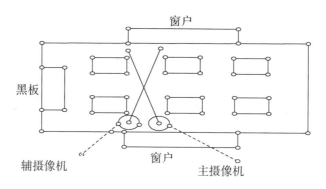

图 1-21　两台数码摄像机定位情况

关于摄像机的位置要补充说明的是:两台摄像机的位置可随着教室里的黑板、窗户、课桌的位置不同而相应地变动。

学生的现场访谈,有助于教师从学生这个角度来诊断这节课,这也是教师平常不常关注或在日常教学中容易忽略的。专家的现场访谈更是直接揭示课堂中的本质问题和教师身上对教学产生影响的隐性因素。另外现场收集的材料,如学生的课堂作业、课后测试卷、调查问卷等,都有助于教师诊断课堂教学成效性。

课堂教学观察是一种科学观察,是观察者(教师、教学管理人员等)本着一定的目的,有计划地、系统地对教室中"教"和"学"发生相互作用的过程进行的观察,做出必要的记录,再根据各项指标进行定性和定量的分析与评价。广泛地使用课堂观察工具、现代网络技术等,使课堂教学诊断更具科学性、客观性。课堂观察工具可以分为量和质两个方面,一般来说"量化"的课堂观察工具有三种量表,即等级量表、记号体系和系统编码。

等级量表是在课堂观察中使用最为广泛的。事实上,在很多情况下,课堂观察的结果只是给出一列等级量。在课堂观察时,使用等级量表,常常是预先给出一个评分条目表,教师根据个人的判断在一个 5 分、7 分或 10 分的评分量表上打分或者打上一个等级。

记号体系是指预先列出一些需要观察并且有可能发生的行为,观察者在每一种观察的事件或行为发生时做个记号,其作用是核查所要观察的行为有无发生。记号体系只记录单位时间内发生了多少种需要观察的行为,通过对要观察行为的频率记数,让观察者体会到每一个时间段内课堂活动和学生表现的特点。

弗兰德尔斯互动分析系统是一种在20世纪六七十年代颇为流行的课堂观察技术。这种语言互动系统将课堂师生的语言行为分为10类,如表1-9。教师和学生的任一种语言行为都会被分类到其中。

表1-9 语言互动系统的课堂师生语言行为分类

教师讲	回应	1. 接纳学生感觉
		2. 赞许学生行为
		3. 接受学生观点
	中立	4. 问学生问题
	自发	5. 演讲
		6. 指示或命令
		7. 批评或辩护权威行为
学生讲	回应	8. 回答老师的提问或按老师要求表述
	自发	9. 主动表达自己的观点或向老师提出问题
静止	中立	10. 静止或疑惑,暂时停顿或不理解

课堂观察中,质的方法是用一些图标或文字描述等信息来刻画课堂教学的特点。常用的方法有两种:一种是以座位表为基础的观察记录方法;另一种是有选择性的逐字记录方法。

以座位表为基础的观察记录表使用步骤是:

第一,用一张空白纸画出当天的座位表,并将学生的有关信息(姓名、性别、成绩等)填在空格中;

第二,确定标记语言互动分析及流向的记号。一般用箭头表示,箭头的起点代表发问者,箭头的方向代表答问者。如表1-10是常用的表示教师和学生语言行为的类别和标记。

表1-10 语言行为类别及标记

语言行为类别	标记	含义
教师语言行为	—→ +	教师赞美和鼓励
	—→ —	教师批评或谴责
	—→ F	教师面临问题
	—→ T	教师思考问题

语言行为类别	标记	含义
学生语言行为	——→ V	学生自动做出相关或正确的回答
	——→ X	学生自动做出无关或错误的回答
	——→ ?	学生提问题
	——→ ∤	学生直接对全班发表意见

选择性的逐字记录方法是一种分析课堂互动的方法。观察人员必须将师生课堂上所说的话准确地记录下来，即成为逐字记录文本。所谓选择性是指观察人员只将与研究问题有关的口语事件记录下来，如提问方式、回应方式、讲解方式或课堂互动的一些片段等。这种记录可以在课堂上直接记录，也可以用录像或录音记录，然后再逐字记录成文本。所谓逐字记录意味着师生课堂上所说的话必须一字不漏地记录下来，不得任意删改。

这里需要特别强调的是我们要根据诊断问题有针对性地选择课堂教学诊断工具。如诊断课堂教学中教师与学生的语言互动可以使用弗兰德尔斯互动分析系统，诊断课堂中学生参与情况和教师对学生的偏好情况可以使用以座位表为基础的观察记录，诊断数学课中教师提问及反馈问题可以使用记号体系记录各种提问层次和反馈的频率。

（5）视频案例分析诊断

视频案例分析诊断是以视频案例为载体的课堂教学诊断的重要环节。它是依据所有相关的证据，包括所有的主要反例，在某种理论模式下，针对事先生成的或过程中生成的诊断问题，尤其是对实际课堂教学与集体预设诊断不一样的地方等，对上述四个环节的诊断，与教研组、专家进行讨论、诊断、整理。视频案例分析诊断的具体操作是：确定某种理论，诊断视频案例与其一致或不一致的地方，如果一致的话，则强化了案例的内部效果，如果不一致的话，可以进行修正或可以发展为对理论的适当拓展；对背景进行分析诊断，侧重于对视频案例有影响的背景因素的挖掘；对专家诊断、同行诊断、学生访谈、调查问卷等进行汇总、比较、整理；重复观察视频案例。视频案例分析与诊断有助于教师抓住课堂教学的本质问题、深入挖掘教师的教学理念问题，从整体统筹上进行课堂教学诊断。视频案例分析的结果不仅仅要能够阐述案例的主题，揭示案例中的各种困惑，更重要的是要具有启发性，能够激发诊断者、被诊断者、案例的使用者进行有效思考。

3. 对群体诊断的反思

(1)以教研组为群体单位,突破教师个体诊断的局限性

以教师个体为主、以文本案例为载体,日记型数学课堂教学诊断便于教师个体操作,有利于在日常教学工作中展开教学行动研究,但以个体为单位的教学行动研究终究存在局限性,如教师在监督和研究他们自己行为方面,教师没有受到广泛的训练,教师可能凭借自己的能力,但是并不知道要寻找什么行为,怎样收集课堂的一些有效的信息,以及用什么概念框架来分析自己的课堂。以教研组为群体单位的数学课堂教学诊断研究不仅仅可以突破个体诊断研究的局限性,使整个研究能统筹安排,具有组织性、系统性、反馈性,营造良好的数学教学教研氛围,提升数学教研组的整体课堂教学诊断研究能力。

(2)以教研组为群体单位,融合"自上而下"和"自下而上"研究优势

以教研组为单位的课堂教学诊断研究,与学校行政或当地教育主管部门提出的,通过学校课题研究或校本培训进行的自上而下的"课堂教学诊断"研究相比较,它是"自上而下"和"自下而上"研究的结合,它在一线教师和学校行政等上级部门的研究中寻找结合点。"自下而上"的特征,体现在一线数学教师自发地、主动地、积极地参与课堂教学诊断研究,整个研究立足于教师课堂教学的实际,研究问题产生于教师的实际课堂教学,问题的解决始终围绕着一线教师的教学需求,为一线课堂教学服务。同时,它又具有"自上而下"的特征,数学教研组可以对学校和教育主管部门的要求和教研组的实际进行协调。

(3)以教研组为群体单位,借助群体互动场的积极效应

德国心理学家勒温借用物理学中"场"的概念,用于人类的个体行为研究,后来扩大到群体行为的研究,提出"群体动力"的概念。所谓群体动力是指群体活动的方向和对其构成诸要素相互作用的合力。人的过去和现在综合形成的内心需要就是内在心理力场,环境因素就是外在的心理力场。人的心理活动是现实生活情景影响下内在的心理力场与外在的心理力场相互作用的结果。群体场效应是客观存在的。以教研组为群体单位的课堂教学诊断通过良性的群体互动构建外在的心理力场,使数学教研组发挥积极的群体场效应,良好的教师群体互动关系会产生积极向上的能量,促使整个数学教研组的教师专业的发展。

(4)以视频案例为载体,为课堂教学诊断提供了真实的诊断现场

对我国众多优秀教师、教改先行者成长历程的调查、分析发现:在"课堂拼搏"中"学会教学",是他们成长发展的基本规律。教师的真功夫是在课堂上练成的,

课堂教学诊断对教师能不能练成"真功夫"具有重大意义。但课堂教学现场是复杂的,在现场中,有教师与学生的互动;教师激发学生的学习兴趣和学习能动性并有效地向其呈现知识的过程;有学生通过观察、思考、判断、想象、交流、分享等一系列的心智活动等。这些过程,单凭教师课后回顾,一方面,可能出现记忆遗忘现象,即使有同行教师现场听课,也不可能回忆出全部的教学过程;另一方面,真实可见的事件和背景由于是"可信的",也更容易被记忆系统所编码和保存,并与已有知识建立联系,也就是说,教师所回顾的教学事件可能马上会被他自己的记忆所修饰。同样,现场听课的教师所表达的大多是与自己的教学经验、教学观点以及个人兴趣相关的教学事件。所以上课教师的记忆仅凭听课教师的笔录、记忆是不足以反映课堂现场全貌的,课堂中大量的实践细节的变化也往往有意无意地被忽略或过滤掉,而这些对于课堂的研究恰恰是重要的。视频案例使用计算机及超媒体编辑系统整合课堂教学视频片段及各种相关的教学素材,包括了文字、图画、照片、投影片、幻灯片、音频、视频等,把大量的多样性的数据采用可变的、非线性的、快速提取的方式链接,是对教学现场和教学细节的有效表述形式。它就是一种能够整合现场观察、录像带分析与案例研究的校本研修工具。它可以为教师提供真实可信的"不加修饰"的课堂教学研究情境,有利于为教师提供多元表征;可以根据需要提供选择和定格,留出解读时间,回眸这节课的困惑或精彩片段等,使教师能深入全面地反思、诊断课堂教学;可以提供在行动上体验理论的机会,提升教师进行课堂教学诊断的理论水平和深度思考。所以视频案例是诊断课堂教学现场的有效手段,这种对课堂教学现场的诊断研究更有助于教师本人和专家对课堂教学实践进行反思、诊断。

(5)以视频案例为载体,对默会知识的学习使课堂教学诊断内容更加深层次

视频案例在默会知识的组织上借鉴了知识管理(KM)系统的设计理念。首先,它通过课堂视频回放为默会知识的引发提供一个实际的情境。对于教师职业来说,教师知识中的默会成分包括教师在课堂中对教学过程、重点、难点等的把握,教师的课堂机智,教师对学生课堂心理状态的感觉及对课堂突发事件的应变等。这些经验在其产生的初期往往是明确的,也就是说,它们不仅具有可以描述的行为特征,教师本人也可以借助回顾当时的情境进行反思、诊断。随着"时过境迁",这些经验性的东西会慢慢地被教师淡忘,同时这种经验型的东西逐渐成为默会的部分而不可言说、只能意会。要重新使它们呈现出来,就必须有一个"触景生情"的过程。其次,视频案例通过"专家访谈""同行点评""学生反馈"等形式可以

进行同行之间的诊断、专家诊断和学生诊断,这样不仅可以使教师对课堂教学问题进行深层次的反思和诊断,还可以为教师的默会知识的梳理和思考提供一个平台,以引发更多的个体化经验的产生与碰撞,从而真正促进教师的实践智慧的增长和教师的专业成长。

据综合文献分析、调查研究以及实践经验发现,专家教师专业知识和能力的核心是处理复杂性和不确定性情境过程的专门化知识和能力,这种知识大多数是镶嵌于实践之中的、默会的,是表现在决策与解决问题过程中的实践智慧。要学习和诊断这种默会知识在一定程度上是不能脱离它所镶嵌的情境的,这种知识更不能单纯地回顾出来,只有一种途径,有利于这种知识的学习和研究诊断,那就是把这类知识连同它所镶嵌的背景一起呈现出来。所以视频案例对默会知识的组织使课堂教学问题更加深层次。

视频案例是教师进行课堂教学诊断的可行、可信、有效的载体。以视频案例为载体,可以更好地促进教师对自身教学问题诊断,更好地挖掘教学诊断的深度。教师作为一个研究者,应思考如何把实践上升为理论,以及理论如何指引实践。教师的个人专业成长,正是这样一个具体的问题。在专家的指引下,把教学教育理论运用到课堂教学实践中去,真正做到专家"倡导的理论"成为教师"采用的理论",最终促使教师的课堂教学诊断能力的提高,实现教学专业化。

(6)课堂观察技术的使用,使课堂教学诊断更具客观性

利用课堂观察工具进行诊断,结合"质"和"量"的研究分析,可以更科学地发现教师在处理课堂教学时的问题,使课堂教学诊断具有针对性、可信性、准确性,使课堂教学诊断研究具有描述性效度、解释性效度、理论性效度、推广性效度,研究更有依据性,进而使课堂教学诊断更具整体性、开放性和灵活性。

第三节　数学教师的专业见识

数学教师的专业见识,即数学教师对数学教育的理解、鉴别与批判,从而形成数学见解、个人风格的能力。简言之,就是数学教师的数学知识和数学才智,数学知识包括数学内部的逻辑知识及数学史知识,数学才智就是运用知识的能力,发现问题,找出证明,评议论据,流畅地运用数学语言及在各种具体场合辨认数学概念的能力。

　　数学是思维的科学,数学教学是思维的教学,因此,数学对于发展学生的思维是至关重要的。用数学的眼光观察世界,教师要培养学生数学抽象、直观想象的素养;用数学的思维分析世界,教师要培养学生逻辑推理、数学运算的素养;用数学的语言表达,教师要培养学生数学建模、数据分析的素养。数学学科育人的独特功能,主要在培养学生的思维特别是逻辑思维上,要使学生学会思考,特别是学会"有逻辑地思考",使学生成为善于认识问题、解决问题的人才。

　　数学对象的获得,要注意数学与现实之间的联系,也要注重数学内在的前后一致及逻辑连贯性,从这两个方面发现和提出问题,提升数学抽象、直观想象等素养。

　　对数学对象的研究,要注重通过数学的推理、论证获得结论(定理、性质等)的过程,提升推理、运算等素养。

　　应用数学知识解决问题,要注重利用数学概念原理分析实际问题,体现建模的全过程,学会分析数据,从数据中挖掘信息等。

　　数学教师的专业见识对自身是极其重要的。有了这种专业见识,教师才能够去激励、引导、帮助甚至去察觉学生的创造性。

一、数学科学鉴赏

　　用数学的眼光去观察、分析和表示各种事物的数量关系、空间关系和数学信息,以形成量化意识和良好的数感,进而达到用数理逻辑的观点来科学地看待世界,在这里人的数学意识的高低强弱无时无刻不体现出来。数学教育家马明在观看电视转播世界杯排球比赛时,从场地工作人员擦地一事想到,如果用一米宽的拖布把整个场地拖一次至少要走多长路程的问题,并用化归法原理把所走的路程(长度)转化成了场地面积来计算,这是一般人很少注意或不屑一顾的事,却是数学家运用数学的良好机会。足见一个高素质的数学工作者具备的不失时机地应用数学的意识。

　　(一)从一个数学问题的简解看见识

　　案例:$A_1,A_2,\cdots\cdots,A_n(n\geqslant3)$,$n$ 个人相互传球,由 A_1 开始发球,这称为第一次传球,经过 $k(k\geqslant2)$ 次传球后,球仍然回到 A_1 手中,有多少种不同的传球方式?

　　设经过 $k(k=1,2,3\cdots)$ 次传球后回到 A_1 手中的所有不同路径(方式)数为 a_k,显然 $a_1=0$,$a_2=n-1$。

　　由于每个持球人不可以传给自己,而可以传给其他 $n-1$ 个人中任何一人,所以球每一次被传出,总有 $n-1$ 个不同的可能的去向。根据乘法原理,第 $k-1$ 次传球后,不论球落到谁手中,不同的路径共有 $(n-1)^{k-1}$ 种。其中回到 A_1 手中的有 a_{k-1} 种,落入其他人手中的为 $(n-1)^{k-1} \cdot a_{k-1}$ 种。

注意下一次传球(第 k 次),A_1 不能传给自己,而其他任何一人都可以传给 A_1。可知,此次能传到 A_1 的路径种数 a_k 恰好等于上一次传到 $A_2,A_3,\cdots,A_n$,这 $n-1$ 个手中的路径总数,即 $a_k=(n-1)^{k-1} \cdot a_{k-1}(k \geqslant 2)$。

这是一个求 a_k 的递推式。设待定常数为 p,将上式化为

$a_k+p(n-1)k=-[a_{k-1}+p(n-1)k-1]$。

易解得 $p=-\dfrac{1}{n}$。

所以 $a_k-\dfrac{1}{n}(n-1)k=-[a_{k-1}-\dfrac{1}{n}(n-1)k-1]$。

所以数列 $\{a_k-\dfrac{1}{n}(n-1)k\}$ 是公比为 -1 的等比数列,$k \geqslant 2$。

所以 $a_k-\dfrac{1}{n}(n-1)k=(-1)^{n-2}[a_2-\dfrac{1}{n}(n-1)2]=(-1)n-2[n-1-\dfrac{(n-1)^2}{n}]$。

所以 $N=a_k=\dfrac{(n-1)^k+(n-1)(-1)^{k-2}}{n}(k \geqslant 2)$。

(二)数学行动研究创造数学

行动研究是近几年才创造并流行的一种新的研究模式,在科学研究尤其是数学研究中已经广泛使用,它不仅解决了诸多数学现实问题和历史问题,而且创造和发展了数学新的分支。

案例:"哥尼斯堡七桥问题"。

18世纪的哥尼斯堡城的普雷干尔河有7座桥连接河的两岸与河中的1个岛和1个半岛(图1-22),当时的哥尼斯堡人经常到岛上散步,突然有一天有人提出想一次性地走完7座桥,即每座只能走一次并且走遍所有的桥。这个问题一经提出,几乎所有的哥尼斯堡城的人都去走,但始终未能成功。

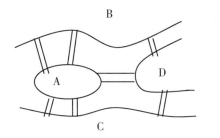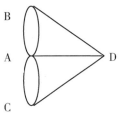

图 1-22

后来这个问题反映到大数学家欧拉那里,他想用数学来解决这一问题,苦于当时的所有数学分支都不能解释这一现象,于是,他把 4 块陆地抽象为 4 点、7 座桥抽象为 7 条线,所述问题即经过 4 点一次性画 7 条线——笔画问题。他研究得出结论:要想一笔画成,除起点和终点外,其他各点有进线必有出线,这就是说,一笔画中除起点和终点外经过各点线段的条数必为偶数,因此七桥问题无解。后来他在此基础上创造了一个新的数学分支——图论,使之成为计算机产生与发展的基础原理,这就是行动研究的最好例证。

(三)哥德巴赫猜想 260 年——行动研究跨越时空

21 世纪初,全国各大媒体争相报道哥德巴赫猜想的有关信息,有的说一个青年农民经过八年奋斗攻克了哥德巴赫猜想的最后证明,有的说具有来自《易经》灵感的人仅用 100 多字就证明了"1 + 1",也有的说一高级工程师证明哥德巴赫猜想和费尔马大定理;有昨天说证明了,而今天又说没证明;有批评甚至鄙视这些行为盲动的,也有请求科学家和社会宽容的……笔者通过从 sina、yahoo 等大型网站搜索,涉及哥德巴赫猜想的词条都在 5000 个以上,这无疑是进入新世纪后使用频率最高的数学词汇,在我国成为继 20 世纪 70 年代之后掀起的哥德巴赫猜想"第三次浪潮"。人们似乎在想,是什么神奇的力量驱使成千上万的人们去研究这个小学三年级学生都能看懂的问题? 或许大家从以下诸多方面能得到一些启示。

1. 哥德巴赫猜想的提出以及 158 年的遗憾

哥德巴赫(Goldbach,C.,1690.3.18—1764.11.20)是德国数学家,出生于格奥尼格斯别尔格(现名加里宁城),曾在英国牛津大学学习,原学法学,由于在欧洲各国访问期间结识了伯努利(Bernoulli)家族,所以对数学研究产生了兴趣,曾担任中学教师。1725 年到俄国,同年被选为彼得堡科学院院士,1725—1740 年担任彼得堡科学院会议秘书,1742 年移居莫斯科,并在俄国外交部任职。1729—1764 年间,哥德巴赫与欧拉(Euler,瑞士数学家及自然科学家。1707 年 4 月 15 日出生于瑞士的巴塞尔,1783 年 9 月 18 日于俄国彼得堡去世)保持了长达 35 年的书信往来。

在 1742 年 6 月 7 日给欧拉的信中,哥德巴赫提出了一个命题。他写道:

"我的问题是这样的:

随便取某一个奇数,比如 77,可以把它写成三个素数之和:

77 = 53 + 17 + 7;

再任取一个奇数,比如 461,

461 = 449 + 7 + 5,

也是三个素数之和,461 还可以写成 257 + 199 + 5,仍然是三个素数之和。这样,我发现:任何大于 5 的奇数都是三个素数之和。

但这怎样证明呢? 虽然做过的每一次试验都得到了上述结果,但是不可能把所有的奇数都拿来检验,需要的是一般的证明,而不是个别的检验。"

欧拉回信说,这个命题看来是正确的,但是他也给不出严格的证明。同时欧拉又提出了另一个命题:任何一个大于 2 的偶数都是两个素数之和。但是这个命题他也没能给予证明。

不难看出,哥德巴赫的命题是欧拉命题的推论。事实上,任何一个大于 5 的奇数都可以写成如下形式:

$2N + 1 = 3 + 2(N - 1)$,其中 $2(N - 1) \geq 4$。

若欧拉的命题成立,则偶数 $2(N - 1)$ 可以写成两个素数之和,于是奇数 $2N + 1$ 可以写成三个素数之和,从而,对于大于 5 的奇数,哥德巴赫的猜想成立。

但是哥德巴赫的命题成立并不能保证欧拉命题的成立。所以欧拉的命题比哥德巴赫的命题要求更高。

现在通常把这两个命题统称为哥德巴赫猜想。在此后的一百多年时间里,尽管许许多多的数学家为解决这个猜想付出了艰辛的劳动,迄今为止它仍然是一个既没有得到正面证明也没有被推翻的命题。19 世纪数学家康托(Cantor, G. F. L. P.,1845.3.3—1918.1.6)耐心地试验了 1000 以内所有的偶数,奥培利又试验了 1000 ~ 2000 的全部偶数,他们都肯定了在所试验的范围内猜想是正确的。遗憾的是,这些解决过无数数学难题并且创立了许多新的数学分支的迄今为止世界公认的最伟大的数学家们,在他们的有生之年终究未能解决这一问题的证明,不仅如此,以后的 158 年里这一问题困扰着无数为之奋斗者的灵魂。

2.20 世纪第八大问题与 66 年欣喜

人类进入 20 世纪,数学留给人们的遗憾太多了,因而,许多数学家开阔视野,在世界范围内展开数学"猎脑"运动。因此哥德巴赫猜想的第二部分,这个被称为"1 + 1"的命题,成为 1900 年德国数学家希尔伯特(Hilbert, D., 1862.1.23—1943.2.14)提出的 20 世纪第八大问题。也就是 1900 年,德国数学家希尔伯特在巴黎国际数学家大会上提出了 23 个最重要的问题,供 20 世纪的数学家来研究,其中第八问题为素数问题,在提到哥德巴赫猜想时,希尔伯特说这是以往遗留的最重要的问题之一,用以唤起数学界对这一难题的攻坚行动。功夫不负有心人,接下来的 66 年中其局部的研究成果不断呈现。

1911 年梅利指出,从 4 到 9000000 之间绝大多数偶数都是两个素数之和,仅有 14 个数情况不明。后来甚至有人一直验算到三亿三千万这个数,都肯定了猜想是正确的。

1921 年,英国数学家哈代(Hardy G. H., 1877.2.7—1947.12.1)在哥本哈根召开的数学会议上说过,哥德巴赫猜想的困难程度可以和任何没有解决的数学问题相比。

近 100 年来,哥德巴赫猜想吸引着世界上许多著名的数学家,并在证明上取得了很大的进展。在对一切偶数的研究方面,苏联人什尼列尔曼(1905—1938)第一个取得了成果,他指出任何整数都可以用一些素数的和来表示,而加数的个数不超过 800000。1937 年,苏联数学家维诺格拉夫(1891.9.14—1983.3.20)取得了进一步的成果,他证明了任何一个相当大的奇数都可以用三个素数的和来表示。中国数学家陈景润(1933.5.22—1996.3.19,福建福州人,1953 年毕业于厦门大学数学系,中国科学院数学研究所研究员)于 1966 年取得了更大的进展,他证明了每一个充分大的偶数都可以表示为一个素数与另一个自然数之和,而这另一个自然数可以表示为至多两个素数的乘积。通常简称此结果为大偶数可表为"1 + 2"。在陈景润之前,关于大偶数可表示为 s 个素数之积与 t 个素数之积的和的"s + t"问题的研究进展情况如下:

1920 年,挪威的布朗证明了"9 + 9"(即每个充分大的偶数,都是两个素因子个数不超过 9 的正整数之和,以下类似);

1924 年,德国的拉代马哈证明了"7 + 7";

1932 年,英国的埃里特曼证明了"6 + 6";

1937 年,意大利的蕾西先后证明了"5 + 7""4 + 9""3 + 15"和"2 + 366";

1938 年,苏联的布赫文塔布证明了"5 + 5",1940 年他又证明了"4 + 4";

1948 年,匈牙利的兰恩尼证明了"1 + b",其中 b 很大;

1956 年,中国的王元(1930—,著名数学家,中国科学院院士,1952 年毕业于浙江大学数学系,经陈建功、苏步青推荐到中国科学院数学研究所工作,在华罗庚指导下研究数论,曾任数学所所长与中国数学会理事长)证明了"3 + 4",1957 年,他又先后证明了"3 + 3"和"2 + 3";

1962 年,中国的潘承洞(1934.4.14—1997.12.27,数学家,江苏苏州人,1956 年毕业于北京大学数学力学系,1961 年于该系研究生毕业,山东大学教授、校长兼数学研究所所长)和苏联的巴尔巴恩证明了"1 + 5";

1962 年,中国的王元证明了"1 + 4";

1963 年,中国的潘承洞和苏联的巴尔巴恩也证明了"1 + 4";

1965 年,苏联的布赫文塔布和依·维诺格拉朵夫及意大利的波波里证明了"1 + 3";

1966 后,中国的陈景润证明的"1 + 2"被称为陈氏定理。迄今为止仍为世界上关于"猜想"最好的成果,以后又有了王元、丁夏畦、潘承洞的简化证明。这是几代数学家孜孜不倦为之努力的结果。

最终将由哪个国家的哪位数学家攻克大偶数表为两个素数之和("1 + 1")的问题,现在还无法预测。

3. 群众运动带给人类的启示

20 世纪 70 年代初期,著名文学家徐迟(1914—1996)介绍陈景润事迹的报告文学《哥德巴赫猜想》的发表,给华夏大地数学科学带来了春风,使得这个数学名题家喻户晓,攻克这道难题一时成为中国大地上工人、农民、知识分子梦寐以求的期盼,不同文化层次的人们废寝忘食,纷纷将自己所做的证明结果寄往科研机构或专家学者,可惜无一人成功。

事隔 30 年,人类进入信息时代,一是网络普及使人们的信息传播有了自由的空间,二是我国重奖杰出科学家体现了人们对知识经济的价值趋向,一些急于求成的人把 260 年来多少代科学家处心积虑的问题当作玩笑在网上随便发表,这就不免会出现文章开始列举的种种现象。但是无论如何,它将是我国研究哥德巴赫猜想,与 20 世纪 50 年代第一次浪潮、20 世纪 70 年代第二次浪潮相连的第三次浪潮。现在的问题是既要有冲天的热情,更要有科学的态度,哥德巴赫猜想已达到 260 岁的高龄,使它寿终正寝的唯一出路恐怕只有等待新的数学理论了。

二、数学教学评价

目前,我国数学基础教育教学评价主要是结果的评价,即通过一学期或一学年的教学,用学生考试的数学分数来评价数学教师的教育教学水平。这样评价的结果就导致了教师的急功近利,产生了"掐头去尾烧中段"的不良后果。这种违背数学教育教学规律的现象显然是由不全面的教学评价造成的。

为此,我们在关注教学结果评价的同时,更加关注教学过程的评价。显然,教学的过程评价主要体现在课堂教学、数学活动、教学模式的"前沿"探索中。

(一)课堂教学

在课堂教学中,关注学生在课堂上的表现,这是评价课堂教学的基本出发点和归宿。观察学生在课堂上是否认真参与数学活动,能否做到行为参与、认知参与、情感参与,也就是人在心也在,认真思考,积极主动。认真倾听师生的意见,勇于发表自己的意见,善于反思自己的想法。具体体现出学生由不知到知,由知之不多到知之较多的过程,同时也是学生情感丰富、个性发展的外部表现形式。

案例:(1)当学生编完9的乘法口诀以后,我要求学生仔细观察、思考:相乘的两个数和它们的乘积之间有什么关系? 乘数的变化会引起积怎样的变化? 这个变化有什么规律? 过了一会儿,甲生说:"每句口诀中被乘数都是9,后一句口诀中乘数比前一句多1,积就比前一句多1个9。"乙说:"每句口诀中积的十位上的数和个位上的数相加都是9。"我肯定了甲、乙的发现,并鼓励学生继续找规律。过了一会儿,丙说:"9和几相乘的积,就是几十减几的得数。"我问:"你是怎么发现的?"丙说:"1个9比10少1,2个9比20少2,3个9比30少3……几个9就比几十少几,所以……"大家对丙的发现报以热烈的掌声。

[分析]在传统的教学中,编完乘法口诀之后,就是读与算。本例却安排了一个观察与思考的环节,培养学生的观察力和初步的分析综合能力,并让学生感受到数量之间的相互联系,以激发学生探索规律的热情。

观察客体所得的各种事实和材料是科学研究的基础,是一切科学发明创造的出发点。所以在数学中培养学生的观察力至为重要。本例中对如何观察做了指导:看被乘数、乘数和积三个数之间的关系,什么不变,什么变了;在不同变化中找它们共同的东西。在这个"异中见同"的过程中,必须对观察对象进行分析,然后抽取出共同的东西加以综合,得出变化的规律。这种观察能力的培养和思维方法的训练,是数学课中创新教育的基本途径。

从本例中还可以看到,除了采用乘法表这样的传统教学内容,采用新的教学法,也能收到较好的教学效果。

(2)在复习一般应用题时,出示一道题:某修路队修一条公路,计划每天修60米,7天修完。若需提前1天修完,平均每天比计划多修几米?

甲解:$60 \times 7 \div (7-1) - 60 = 420 \div 6 - 60 = 70 - 60 = 10$(米)

乙解:$60 \div (7-1) = 60 \div 6 = 10$(米),这条公路计划7天修完,若提前1天修完,只能用6天。在6天里平均每天比计划多修的米数加起来等于计划1天修的米数,所以只要把60除以6即可。

大家对乙另辟蹊径的最简解法十分赞赏,但是又说不清为什么要这样解。

这时,丙质疑,他说:"用乙的算法,若需提前6天修完,$60 \div (7-6) = 60$(米),$60 + 60 = 120$(米),即1天只能修120米,而公路全程有420米,是不可能提前6天修完的。"

我表扬丙敢于质疑,并启发学生画草图。

在第1种思路中,提前1天用6天修完,只要把1天的工作量分成6份,平均分配到6天的工作时间中去,就是说若要提前1天修完,每天就要比原来多修"$60 \div 6 = 10$"米。乙的解法实际上是 $60 \times 1 \div (7-1)$,这里把"$\times 1$"省略了是可以的。

在第2种思路中,提前6天用1天修完,那么就要把6天的工作量 $60 \times 6 = 360$(米)都加到1天的工作量中去,即 $60 \times 6 + 60 = 420$(米)。

最后,引导学生反思和评价这一段学习过程,得出三种看法:①两种解法都是正确的,甲是一般解法,乙的解法更为简便;②同学们在解题过程中有说不清楚,或者有怀疑的地方要敢于提问,提出问题是进步的开始;③根据题意做出草图,可以帮助我们理清思路。

[分析]本例通过一题多解培养发散思维。所谓发散思维,是指多角度、多方向、多层次的一种思维方式。创新是对旧的突破。没有发散思维,墨守成规,就谈不上创新。通过发散思维获得多种解法之后,还要运用聚合思维,通过比较,选取最优解。在本例中,学生赞赏了乙的最简解法,丙未真正理解,持怀疑态度,言语中有反唇相讥之味。我若以此加以否定或让他当众出丑,那对丙的学习激情将是一种残酷打击。实质上乙的解法只是"提前1天"的特例,而丙要寻求的却是"提前N天"的通解,这也是丙的思维中创新的火花。我在鼓励的同时启发他们用线段图辅助思考,列出算式,这样丙可以理直气壮地说出解题思路,获得认知与情感

上的满足。在创新教育中,老师的宽容态度很重要,没有宽容心,就没有学生的自信心,没有自信心也就失去创新的内驱力,无法培养学生的批判性思维和创新精神。

(二)数学活动

在数学活动中,评价学生时要做到因人而异,既要注重对学生的统一要求,也要关注个体差异以及发展的不同需要,为学生在原有水平上得到有个性、有特色的发展提供一定的空间。除了对他们的知识、能力提出不同要求外,对他们的评价也需要区别对待,以达到不同的学生得到不同发展的目的。

案例:(1)在一次数学活动中,学生探索出"两因数十位上数相同,个位上数之和为10",即俗称"首同末合十"的速算法;用两因数个位上数的乘积作积的末两位,用十位上的数乘以比它大1的数,作积的前两位(如 $24 \times 26 = 624$,$33 \times 37 = 1221$,$48 \times 42 = 2016$)。接着,我鼓励学生根据已知的数学事实,猜想一下:类似的三位数乘三位数有没有速算法?学生猜想后,用计算器验算。甲提出了活动教材中没有的内容:三位数乘三位数,若两因数百位上数相同,其余数位上数之和为100时,有类似的速算法;乙猜想:若两因数千位、百位上数相同,其余数位上数之和为100,也有类似的速算法;丙提出:能否倒过来考虑,两位数乘两位数,若十位上数之和为10,个位上数相同,有没有速算法?三位数乘三位数……这样,学生自己提出问题,自己验证。课堂气氛十分活跃。

[分析]数学创新活动可以拓宽创新教育的渠道,训练学生综合运用各种创新思维方法,经历和体验完整的创新过程,产生和扩大创新成果,基于以上考虑,中央教科所曹裕添研究员和我主编了一套12册的《小学数学活动》教材(由苏州大学出版社出版)。本例即是该教材中的一次创新思维训练。在教学活动中,我启发学生说出最初的两位数乘两位数的速算法是由归纳思维得出的,类比推理到三位数乘三位数,在验证时又用了归纳思维。再指出由不完全归纳法与类比得到的结论不一定正确,需要证明或找反例推翻。这就是实事求是的科学精神。

(2)利用《小学数学教师》上介绍的教案:用章从群的《"222倍"之谜》(见1993年第1期,第74~76页)开展数学活动。经过一番探索,学生找到一般规律:如用 a、b、c 表示不同的数字(不包括0),有 $abc + acb + \cdots + cba = 222(a + b + c)$。出乎意料,甲提出:两位数、四位数的情况会怎样?学生很快找到两位数的规律:$ab + ba = 11(a + b)$。师生又共同总结出四位数的规律:$abcd + abdc + \cdots + dcba = 6666(a + b + c + d)$。可五位数、六位数等情况呢?这时,乙猜想:多位数时,它的规律必是某一个常数与其数字之和的乘积。丙猜想:这个常数分别与 11、111、1111……有关。我建议可用电脑探索验证。次日,有学生说:在因特网上,一位中学老师为他解决了编程问题,电脑证实了乙、丙的猜想;另有学生在家长的帮助下,用排列组合的方法也做出了证明。

[分析]《"222 倍"之谜》其实是一个开放题。开放题具有足够的灵活性,被认为是最富有创造教育价值的一种数学问题的题型,它的出现是知识经济时代呼唤的结果。又由于在数学活动中使用了计算器,使学生"有了(头脑、双手、嘴、空间、时间、眼睛)六大解放,创造力才可能尽量发挥出来"。这在本例中得到充分体现。甲的思维主要涉及潜意识过程,与"灵感"有关,若不加捕捉则稍纵即逝,当代的创造力研究者"都把杰出的创造性成就归因于情感,非理性因素的作用",他们认为"只有在这种意识状态中才会产生重大的发明、发现和创造性的工作"。正是甲的提问才推动了探索活动的深入,引发了乙、丙的猜想。乙、丙的猜想是在归纳与类比的基础上提出,随着联想、顿悟的。数学教育家波利亚把教会学生猜想作为培养独创能力的得力手段。他指出教猜想比教证明更重要。首先是猜想,然后才是证实。然而普通教科书不提供给他们机会。由于学生受所学知识局限,而且有些开放题不容易靠个人力量或在有限时间内完成,所以最后学生凭借电脑、网络、成人的帮助得出结论,这也是未来数学教育的发展趋向。

(三)教学模式

数学创新教育需要构建反映学科特点的,反映学生创新精神、创新能力培养的教学模式。据此我设计了一个"开放性问题解决"的教学模式。

纠正一道初中入学考试试题原"标准答案"的失误。

案例:(1)创设问题情景:15 年前某省一重点中学初中招生试题有一道填充题:比 $\frac{6}{7}$ 大,比 $\frac{7}{8}$ 小的分母最小的最简分数,它是(　　)。"因为 $\frac{6}{7} = \frac{96}{112}$,$\frac{7}{8} = \frac{98}{112}$。所以标准答案至今取 $\frac{97}{112}$,其实这个答案错了,为什么?

(2)引导探索解决:甲化成小数,因为 $\frac{6}{7} = 0.857142$,$\frac{7}{8} = 0.875$,可取0.86 $= \frac{43}{50}$;乙说:因 $\frac{6}{7} = \frac{12}{14}$;$\frac{7}{8} = \frac{14}{16}$,所以取 $\frac{13}{15}$。

(3)给予积极评价:这才是正确的标准答案。我们将 15 年前的"错案"改正了!

（4）呈现新问题：$\dfrac{7}{8} < (\qquad) < \dfrac{8}{9}$，$\dfrac{8}{9} < (\qquad) < \dfrac{9}{10}$……

学生得出：$\dfrac{7}{8} < \left(\dfrac{15}{17}\right) < \dfrac{8}{9}$，$\dfrac{8}{9} < \left(\dfrac{17}{19}\right) < \dfrac{9}{10}$……

（5）问题解决：丙猜想有这样的规律：$\dfrac{n-1}{n} < \left(\dfrac{2n-1}{2n+1}\right) < \dfrac{n}{n+1}$（$n$ 为自然数），并将证明的要求放到课外去。在课外有兴趣有能力的学生相互研讨，得如下证法：

$$\dfrac{n-1}{n} = \dfrac{n}{n} - \dfrac{1}{n} = 1 - \dfrac{1}{n},$$

$$\dfrac{2n-1}{2n+1} = \dfrac{2n+1-2}{2n+1} = \dfrac{2n+1}{2n+1} - \dfrac{2}{2n+1} = 1 - \dfrac{1}{n+\dfrac{1}{2}},$$

$$\dfrac{n}{n+1} = \dfrac{n+1-1}{n+1} = 1 - \dfrac{1}{n+1},$$

$$\because \dfrac{1}{n} > \dfrac{1}{n+\dfrac{1}{2}} > \dfrac{1}{n+1},\therefore 1 - \dfrac{1}{n} < 1 - \dfrac{1}{n+\dfrac{1}{2}} < 1 - \dfrac{1}{n+1},$$

$$\therefore \dfrac{n-1}{n} < \dfrac{2n-1}{2n+1} < \dfrac{n}{n+1}.$$

（6）回顾：肯定成功，找出取得成功的原因，对学生给予鼓励。

［分析］"开放性问题解决"教学模式，旨在打破传统教学的封闭体系，实现以问题为导向的"课内向课外""封闭题向开放题""低位能力向高位能力"的开放；在问题解决中，培养学生的创新意识、创新精神与创新能力。数学教育家波利亚认为，问题解决包括四个环节：弄清问题—拟订计划—实现计划—回顾。在此基础上，我将"开放性问题解决"教学模式的主要环节设定为：创设问题情景—引导探索解决—给予积极评价—呈现新问题—解决（或循环）—回顾。具体做了两点改造：其一增加了评价环节（分两次进行，一次在中途，一次在末了）。注意对学生在解决问题时采用的思维方式及表现出的创新个性给予积极的评价，使学生体验到创造成功的喜悦。在问题解决中，情感因素的参与起着十分重要的作用。从某种意义上讲，学生的创新精神、创新能力不是学出来的，而是激发、弘扬出来的。其二引进开放题。由于开放题的灵活性，所以容易出现问题的创新。这种教学模式也适用于常规教学，如增加问题的灵活性、探索性，不断解疑生疑，或有意留下回味思考余地，或布置孕伏题等。

（四）"前沿"的探索

案例：（1）任选一个正整数，按"逢双数除以2，逢单数乘以3加1"的规则重复进行运算，最终结果必定是1。这是著名的"角谷猜想"，已有人用电脑试验了7000亿以内的数，无一例外，但至今无人能证明它。例如，你选的数是13，则有13×3+1=40，40÷2=20，20÷2=10，10÷2=5，5×3+1=16，16÷2=8，8÷2=4，4÷2=2，2÷2=1。

我在数学活动中向学生介绍上述情况后，大家用计算器进行了验证，但觉得运算步骤实在太多。甲提出：若逢单数加1，其他规则不变，结果会不会是1？学生发现甲的"猜想"正确，而且运算步骤大大减少。乙称可证明：因为任意一个够大的单数加1后再除以2，其结果总比原单数小，反复进行这样的运算，最后必定得到正整数中最小的单数1。大家为甲的"重大发现"感到兴奋不已。丙提出：为什么"角谷猜想"要逢单数乘以3，若逢单数乘以5加1，结果会不会也是1？学生用计算器验证，很快否定了答案。以5为例，按丙的规则算结果是13，而不是1。经过讨论，提高了对"世界难题"的认识。

［分析］学贵知疑，大疑则大进，小疑则小进，不疑则不进。创新往往从怀疑开始，怀疑是思维批判性的表现。培养创新能力，关键在于培养学生智能结构中的批判性思维和发散性思维能力。甲对著名的"角谷猜想"提出质疑，并能提出合理的简化的运算步骤，其批判性思维和发散性思维极其难得；乙的分析推理简捷巧妙，结论符合逻辑性；丙的猜想虽被一个反例加以推翻，但他的猜想使大家重新认识了"角谷猜想"的数学研究价值。创新过程，"这是一种由已知向新的未知进行质的转变的独特形式。这个转变，是儿童在各种各样的解决新颖任务的探究活动中实现的。儿童的尝试形式越是五花八门，探究活动越是新颖灵活，那么，他们也就越有可能得到异乎寻常的结果"。

案例：（2）在一次数学活动中，学生正在用计算器找规律：任取一个三位数或四位数，把它各个数位上的数按从大到小和从小到大的两种顺序排列，求出它们的差，并如此反复进行。师问学生发现了什么？学生异口同声地说三位数运算的结果必是495。例如，"288"→882−288=594→954−459=495。四位数运算的结果必是6174。例如，"1989"→9981−1899=8820−0288=8532→8532−2358=6174。我指出：这样的运算是美国数学家卡布列克发现的，因此把它叫作"卡布列克运算"，而495与6174分别叫作三位数、四位数的卡布列克常数。许多数学家的研究表明：只有三位数、四位数才存在卡布列克常数。甲表示要用电脑验证数学家的发现;乙提出如果修改运算规则:假如0不放在最高位,会有怎样的规律?丙发现经过一次卡布列克运算,其结果必能被9整除,因此凡能找到卡布列克常数必是9的倍数。大家对他们的奇异想法很感兴趣,纷纷开始新的探索和验证,结果发现:在乙的规则下得到两位数必是9,三位数分别是9、99、495;四位数分别是99、999、495、6174。同时,证明丙的发现是正确的。甲与家长借助电脑研究,撰写了《五位数以上的卡布列克运算中的有趣现象》的论文,获市科技小论文一等奖。

[分析]我对学生标新立异的想法一贯给予鼓励和分析性指导。例如,在乙的规则下,两位数时将得到一个常数:63→27→45→"9"。三位数时,除495外,还将得到:880→880−808=72→45→"9"或201→201−102="99"。四位数时的情况与三位数基本相同。五位数时出现两个循环圈:①82962→75933→63954→61974→82962;②74943→62964→71973→83952→74943。六位数时将得到549945与631764两个常数,以及一个循环圈:①在卡列布克运算下出现:840852→860832→862632→642654→420876→8517427→50843→840852;②在乙的规则下出现:671742→651744→620874→671742。以上运算,学生用计算器就可以轻易得到验证,是难得的好创意。学生人人皆有创新潜能,通过正确的教育,都能获得不同层次的创新成果。马格丽特·米德认为:"儿童通过本能重新发现一个原理,即使他的发现对人类文化传统的贡献等于'零'也是相当有价值的。"实践表明学生并非不能首次提出一个猜想或发现某种规律等,其成果更具有特殊意义。没有某种创新成果,学生无法体验到探索成功的愉快,也不能巩固和发展学生的创新个性。因此,没有创新成果,至少是不完全的创新教育。

以上的案例与分析,仅是对小学数学创新教育的初步认识和实践。虽然探索才刚刚起步,但小学生锐意创新的能力的习惯已露端倪,也产生了创新成果。我任教班级的学生就公开发表数学研究小论文20多篇,并出现了小学生借助电脑探索复杂的数学问题,利用互联网与专家、学者"合作研究",小学生敢于向著名的数学研究成果挑战等前所未有的现象。体现了小学生在创新精神、创新能力和创新个性方面的巨大潜能,也从一个侧面显示出创新教育的无限生命力。

三、数学教育创新

数学与数学教学的行动研究方面,我国许多现代数学家都进行过身体力行的尝试并卓有成效,著名数学家华罗庚教学一生的卓越实践就是光辉典范,他先是在数论领域孜孜不倦地耕耘,组织他的弟子们在长期的学习与研究中不仅发展了基础数论(整数论)的理论体系,而且创造了现代解析数论的科学体系,由此涌现出了诸如陈景润、王元等一批善于攻克世界难题的数学巨匠,使我国数学王国的地位更加璀璨夺目。即使到了晚年,他仍然以其特有的方式在全国各地推广优选法,形成当时数学普及与应用的面向大众的数学教育实践活动,为数学教育家的数学研究树立了榜样。这成了能载入史册的举世闻名的数学行动。

初见端倪的知识经济预示着人类社会进入 21 世纪将发生新的变化,国家为迎接未来科技革命的挑战,提出科技创新口号,开展系统创新工程,一批批杰出科学家走进工程殿堂。其中国家新近成立的数学与系统科学研究院首批 60 名高精尖的数学科学家被选入创新基地。随着国家一系列创新工程的全面启动,创新人才的培养会显得越来越重要,教育创新被提到了议事日程。数学教育创新是教育系统创新工程的前沿阵地,也是一项基础性战役,如何筹划好这一工程,这是数学教育者所必须思考的课题。为迎接 21 世纪知识经济挑战,我国数学教育家们构建了面向 21 世纪的数学教育创新系统工程,这个工程由人才目标系统、素质目标系统、课程目标系统、教学目标系统等方面构成,成为世纪之交数学教育家的重大数学教育行动研究。

(一)数学教育创新人才目标系统

1. 数字化社会正向我们走来

美国微软公司总裁比尔·盖茨曾访问我国南方发表演讲时用的题目是《感受数字生活》,警示人类即将到来的 21 世纪要进入数字化社会,数字化社会是一个知识创新、传播和应用的社会,对于未来人来说,"创新爱你没商量",这是瞬息万变的大势所趋。他说,收音机经历了 38 年才拥有 5000 万个用户,电视机经历了 13 年才达到同样的用户,个人计算机也用了 16 年,而互联网只用了 4 年,到 2002 年全球的互联网用户将超过 3 亿,电子商务将达 2 万亿元,中国将成为仅次于美日的第二大计算机市场,互联网用户将突破 900 万户。由此表明,数字化社会的知识更新速度之快,是以往任何时期都不能比拟的。知识创新成为人才价值观的体现,社会对创新人才的需求成为时代的重要特征。

2. 知识经济时代的人才观

知识经济时代的特征反映了对人才的多层次需求,从而决定教育目标的导向。首先,知识经济是全球性经济,教育要有全球视野,培养具有全球眼光和国际竞争能力的战略性人才。其次,知识经济是创新型经济,教育要有创新性观念,培养具有创新攻坚学科和技术领域的拔尖人才。最后,知识经济是科技、教育与经济一体化发展的经济,教育要实行产、学、研结合,造就具有经营能力的科学家和企业家。

3. 数学教育创新人才观

知识经济的科学技术主要是信息技术,而信息技术的龙头是计算机产业以及它的广泛应用。计算机科学说到底就是数学与系统科学,可见数学创新人才在知识经济时代的教育创新人才中占有显要地位,数学教育创新人才的培养是 21 世纪数学教育目标的客观要求,根据知识经济时代人才观的要求,我们对数学教育创新人才目标确定为培养数学专门家和一般人的数学素质,其系统概括如图 1 - 23 所示。

图 1 - 23　数学教育创新人才目标

从以上数学教育创新的人才目标系统来看,数学专门家中的数学科学家和数学教育家已被我们所认识,所谓数学思想家指的是不断产生数学思想的人,也包括用数学思想认识世界的人,这类人才过去被自然科学家和社会科学家所隐没,如绝大多数计算机软件开发人才都是数学思想家,不然的话,作为新型的计算机科学技术就不会发展如此迅速,也不可能产生如此众多的电脑专家。因此,我们把数学思想家的造就列入 21 世纪数学教育创新人才目标系统是符合时代特征的。关于一般公民的数学素养,我们在过去的十年中进行了深入的研究,并且针对数学教育创新素质目标的特点进行了阐述。

(二)数学教育创新课程目标系统

数学教育发展到今天,数学课程以很强的数学知识体系将数学格式化(或称形式化),可以这么说,数学往往与课程等同起来,设想有朝一日没有了课程,也就没有了数学,反之亦然。因此我们应当如何构建数学课程系统,是数学教育创新目标体系的一个实质性课题。

百年来的数学课程系统是专一的知识系统,由数学知识的各个分支机构组成,我们称这样的数学课程目标系统为数学知识目标系统。这样的知识目标系统具有很强的独立性与排斥性,使其在发挥积极功能的同时也产生与其他学科格格不入的消极影响。人类进入信息时代以后,数学、基础科学与技术科学很难分离,数学与生活息息相关,数学单一的知识体系再也不能适应数学教育改革的需要,近十年来,数学思想与数学方法愈来愈受重视,其研究越来越深入,这就为数学教育创新的课程目标系统的建立奠定了理论基础,为此我们提出以数学思想论和数学方法论两种数学教育创新课程目标系统的初步设想。

1. 数学思想论课程目标

数学思想是数学思维方法的导向,数学思想是贯穿数学知识的红线。数学专门家在对数学的创新、传播与应用过程中都是受数学思想支配的。因而以数学思想为目标来构建数学教育创新课程系统是切实可行的。

数学思想即数学的基本观点,是数学知识最为本质、高层次的成分,它具有主导地位,是分析问题和解决问题的指导原则。过去以知识为目标系统的课程,都直接地或者间接地涉及数学思想,如化归思想、映射思想、极限思想、数形结合思想、方程思想、不等思想、类比思想等,但它们都不是课程的主体。我们建立数学教育创新课程思想目标系统,是以数学思想为主线,把数学知识与方法串联起来,打破原有数学分支结构所形成的直线式或螺旋式知识联系,组构数学思想链状或块状的数学课程系统。

这里以映射思想为例做些粗略说明。从最初自然数的产生——原始人将猎物及工具与手指(脚趾)形成对等关系,到后来的算术原理,再到函数关系,直到任何新的数学问题都是通过建立与原有问题之间映射关系而解决的,而往往在寻找像的集合以及对应法则的过程中又发展了数学。映射思想的课程框架如图1-24所示。

图1-24　映射思想的课程框架

构建数学思想课程系统的基本原理是数学教育哲学,形成的方式是思维科学方式,特别是辩证思维方式。

2. 数学方法论课程目标

数学方法论是 20 世纪 80 年代以来数学教育家们研究的一个重点课题,研究的成果逐步为广大数学教育工作者所推崇,代表了数学教育创新的一种途径。我们以此为线索,吸取 20 世纪 60 年代以来数学教育课程改革的经验与教训,用以构建数学方法论课程系统。这一系统的大致思路是以数学方法,也包括数学学习方法和教学方法为线索组成的数学课程目标系统。总体上可以从数学模型化方法、数学活动论方法、数学文化论方法等大的方向去思考。

(1)以数学模型化方法为课程的核心

在科学方法论中所指的"数学方法",主要指应用数学去解决实际问题,其关键在于构造出相应的数学模型,因而这种方法可称为"数学模型方法",我国 1994年发布的《中华人民共和国国家标准·物理科学和技术中使用的数学符号》规定的自然数集 $N=0,1,2,\cdots$ 就是最简单的数学模型,将自然界物质的多少建立起与 N 的映射关系,就是数学模型化方法。

数学模型化方法的课程系统是以问题解决为中心,以数学建模为特征,革除原有的概念系统,由问题引出数学模型,在数学建模过程中贯穿数学思想与方法,直接显示数学的综合性与应用性,从而体现数学科学的价值观。

(2)以数学活动论为课程的指导思想

著名数学教育家 Freudenthal 认为,人们在观察、认识和改造客观世界的过程中运用数学的思想和方法,来分析和研究客观世界的种种现象,并加以整理和组织的过程就是数学活动化。如果我们离开数学活动论的观点来谈数学课程体系,那将使其变成无源之水,无本之木。数学教育是数学活动的教学,打乱原有的数学分支结构后,如何使数学课程系统和谐地出现,这是数学教育创新体系成败的关键,新课程结构仍要有逻辑结构,只不过这种逻辑结构由过去广义的形式逻辑系统变成了辩证逻辑系统,以数学活动使数学"动"感能突现出来,为数学教学创新系统打下良好的基础。

数学活动论把数学活动的各种成分归结为"数学活动的客体成分"与"数学活动的主体成分",即有问题、语言、方法等数学知识及核心思想、规范性、启示性等数学传统。这两方面是构成课程系统的支撑点,以此来构成数学课程。

(3)以数学文化论方法为课程构建原则

数学文化论把数学看成是一个由于其内在力量与外部力量共同协作而处于不断发展和进化之中的文化系统。从这一观点出发,按照数学发展史展现其环境因素和遗传因素,提示数学发展的动力和规律,同时突出数学发展的基本形成,以此构建一套数学课程系统。

(三)数学教育创新教学目标系统

数学教育创新的人才和课程目标确立后,数学教学系统应与之相适应,数学教学创新目标系统可分为基础教育和专业教育两个阶段,针对这两个阶段的要求围绕教学原则、教学方式、教育评价等环节制定相应的创新目标。

1. 数学教学创新原则

(1)独创性原则

数学教学培养学生独立获取知识、创造性运用知识的能力,是知识经济时代知识快速更新的迫切要求,人的一生中对知识的需求有80% ~90%要在实践中得到,即从工作、书本、网上独立获取,教学只能教会学生学会10% ~20%的知识,因而会学、创造性学才是数学教学的根本。

(2)实践性原则

勇于实践与动手动脑是克服过去数学教学弊端的切入点。过去的数学教学实践表明,我国学生数学解题能力高于所有国家的学生,而动手操作能力则低于绝大多数国家的学生。因此数学教学要在数学活动中"做"数学,在实践活动中"用"数学。

(3)特长性原则

数学教学在面向全体学生的同时应充分激发有特长的学生,无论是基础教育还是专业教育都要造就数学人才脱颖而出的环境,培养和选拔较多地立足于数学科学领域的专门家。

2. 数学教学创新方式

(1)基础教育的数学教学方法与方式

普通中小学的数学教学采取多种形式,可以按照创新课程系统单独开设数学课,也可以开设融自然科学与数学于一体的科学课,无论哪一种形式都要突出学生的数学活动,改变原有的知识传授方法,尽量使学生在思维中"做"与在"做"中思维。综合书本、课堂、网络、实践等诸多优势,合理经过上述途径组织教学结构,完善教学系统。

(2)专业教育的数学教学方式与方法

通过创办数学科学学院(校)培养数学专门人才和供非专业人员选修课程,为进入数学科学创新基础和数学教育职业的人员奠定基础。数学专门院校的教学以研习为主,同时从事数学的创新、传播与应用,促进数学向其他学科的辐射与转化。同时,还应当设立数学网上学校,供社会各界人士随时学习。此外,适当组建一些数学训练中心,负责选拔和训练数学竞技人才,组团参加数学竞赛。

3. 数学教学创新评价

据预测,21 世纪将有 40% 的从业人员进入信息产业,这必然会给我国以考试为主要手段的教育评价方式带来很大冲击,考试改革是教育创新的必然趋势,就业观念的转变使得人们对待考试这种评价形式像对待历史一样,绝不再是一种谋生的手段。数学教育的评价是对整个数学学习与实践过程的评价,以记录的形式或输入计算机管理进行宏观和微观的控制,以个人和团体的教学效益做综合评价,进行统计分析后得出等第的结构。

21 世纪的数学教育创新系统工程的创立是数学教育史上的一个里程碑,数学教师的专业见识的发展与完善将能够使我们这一代数学教育者完成光荣而艰巨的使命。

第二章

数学教师的专业特质

　　教师专业化发展理论认为,教师职业正在由技术熟练者模式向反思性实践者模式转变,继而发展成研究探索者模式。判断教师专业化程度的标准主要就是看教师具有的专业的核心特质、衍生特质及其专业成长能力。教师由一名新手到"专家"型教师要经过漫长的道路,这个漫长的过程就是教师专业化发展的过程。教师的专业成长需要根据专门职业的要求来培养,教师从走上教育岗位的第一天起,就要瞄准专家型教师的方向。一般而言,"专家"是专门职业中的突出者,一个教师是否是一名"专家",判断的标准之一是看他是否具备了作为教育专门职业的核心特质,这种特质主要有:①一套有学术地位的教育理论系统;②一套与教育理论系统相适应的教育专业技术;③教育理论与技术的效能获得证实与认可;④教育专业知识具有不可或缺的社会功能;⑤教育专业人员须具备忘我主义;⑥教育专业人员须具备客观的服务态度;⑦教育专业人员服务须公正不偏。判断的标准之二是看他是否具有作为教育专门职业的衍生特质,主要有:①受过长期的教育专业训练;②教育专业知识是大学中的学科;③形成了垄断的教育专业知识系统;④有管理控制职业群体的自主权;⑤有制裁成员权力的教育专业组织;⑥教育专业人员对当事人有极高权威;⑦对与其合作的群体有支配权;⑧教育专业人员对职业投入感强;⑨有一套制度化的教师道德守则;⑩获得社会及当事人的信任。判断的标准之三是看他是否具备教学自我诊断能力。教学自我诊断能力是教师专业化的重要成分,它是教师以预定的职责、素质和效能标准进行内省,检查自己的实际表现和行为,并判定自身问题症结所在及其发展情况的自我控制、自我管理的能力。自我诊断实质上是一种内滋激励,教师如果具有较强的自我诊断能力,能自觉地进行自我诊断,将有助于其专业发展,提高其成熟度和内驱力,提升自己的魅力素质和专业形象。

　　教师自我诊断能力的养成,要求教师根据自我诊断指标系列的构成要素进行,这些要素概括起来主要包括职责、素质、效能三大部分。职责部分主要是指教师应承担的责任和完成的任务及其达成的目标和标准;素质部分主要是指教师要努力履得各种职责或完成各项任务,最终达成学校整体工作目标所应具备的思想品格、专业知识、业务能力、文化知识水平以及心理品质等;效能部分主要包括工作效率诊断和育人效果诊断标准两类指标体系。这三大要素之间,是相互联系、相互作用、相互制约的,其中教师素质标准,反映着从一个合格教师向一个优秀教师发展过程中不同时期和不同阶段的基本素质要求,而教师素质水平对于创新教学的开展及教学方案的选取和确定起决定性作用;教师职责标准,反映着在创新教学活动中不同时期、不同环节的职能和责任要求,对促进教师采取有效措施培养人才的职责有着最优化的作用;教师工作效能标准,反映着教师按照学校指挥系统、执行系统、反馈系统、监督保证系统而进行运转的效果和效率要求,对专业化发展效果有着极端重要的作用。

现代教师职业是一种要求从业者具有较高的专业知识、技能和修养的专业性很强的职业。从专业职业的特征来看,教师职业离成熟专业的标准还有一定差距,教师职业是一个"形成中的专业",教师专业化是一个不断深化的历程。教师职业所依据的专业知识具有双重的学科基础,即教师任教科目的学科知识和教育的学科知识。许多国外教师专业是由学生在综合性大学获得学士学位后,再进入教育学院学习并在获得教育硕士学位后才能从事教师职业的一个专业。我国的教师培养是通过师范院校一步到位来完成的,这些教师的职前教育模式仅仅解决了教师职业所需的部分理论知识问题,而教师职业所面临的对象是人,而且是青少年,对于这些青少年对象的教育要求教师把教授知识、传授思想、介绍方法融为一体,这就决定了教师职业对教育实践能力与理论知识的要求具有同等的重要性。

教师专业化的进程经过了主要从追求教师职业的专业地位和权利再到重心转向教师的专业发展这一历程。20 世纪 80 年代以来,教师的专业发展成为教师专业化的方向和主题。人们越来越认识到,提高教师专业地位的有效途径是不断改善教师的专业教育水准,从而促进教师的专业发展。只有不断提高教师的专业水平,才能使教学工作成为受人尊重的一种专业,成为具有较高的社会地位的一种专业。

关于教师职业能力有很多学者做过论述,我们认为,无论何种观点,都不可否认教师职业的专业性特点,那就是:①教师职业能力具有专门性,教师职业能力的专业化需要专门的培养和培训,教师职业能力的专业化发展需要专门的知识教育和专门的技能训练。②教师职业能力具有动态性,教师职业能力的动态性发展需要现实的教育内容、现代化的教育方法和多元化的教育评价。③教师职业能力具有层次性,即教师基本能力的差异,教师职业技能的差异,教师专业知识的差异等。个性化的培训模式是针对教师的个性差异、学科差异及教学风格的差异,采取不同层次、不同内容的培训方式。运用个性化的培训模式需要教师自我反思其能力的层次和发展水平,并据此提出自己所需要的培训内容和方法,同时师范院校要有针对性地设置特色培训项目,此外教师所在的学校也要有针对性地组织不同类型的校本培训。

教师专业化的实践表明,教师专业内涵丰富,具有多样性、多类性,各种各样教师对专业的发展有不同的要求。我国现有 1000 多万中小学教师,是国内最大的一个专业团体,承担着世界上最大规模的中小学教育。尽管我国教师的教育教学活动已经在一定程度上达到了专业化标准的要求,但是与发达国家相比,教师专业化尚有不小差距。部分教师职业道德意识淡漠,教育观念陈旧落后,创新意识和研究能力不强,教学方法和手段滞后,知识面狭窄等,都是不能忽视的重要问题。随着教育整体水平的提高,特别是随着基础教育改革的不断深化,我国的教师质量与全面实施素质教育要求的差距明显表现出来。改革与发展教师教育,推进我国中小学教师的专业化势在必行。教师教育一体化、建立开放的教师教育体系、改革教师教育课程和走向专业发展的教师继续教育,是世界教师教育改革的趋势。教师校本培训就是教师继续教育的最重要的方式,也是我国提高教师专业化水平、教师教育改革与发展的方向。

从学科来说,各个学科教师的专业化发展的最根本问题是一个范畴很大而且相当基础的命题。研究其中的一般规律显然具有较为普遍的意义,但就某一门学科来说,由于各门学科本身所具有的无法回避的学科特殊性,这就自然地决定了研究某一门学科的教师专业化问题更具有指导意义,更具有现实的迫切需求。其中,数学教师的专业化问题是整个系统中极为重要的一部分。因为数学是基础教育环节中一门极其重要的学科,单科数学的成败对于学生在整个中小学阶段学业的成败具有至关重要的影响。故而专注于数学教师的专业化发展问题的研究具要相当重要的意义。正是基于学科本身的特点并束缚于学科的本性,对此问题展开的最好方式就是从这门学科的本身出发,从这门学科的本身的特性出发,去找寻一条较为合理而可行的途径。

先来看看数学这门学科的特点。

数学是一门比较特殊的学科,它具有高度的抽象性、准确性和应用的广泛性等特点。作为数学知识的传承者、数学学习的促进者,数学教师扮演着重要的角色。每一种角色的诠释必定是由确定角色不同的分类标准而引起的,数学教师的多重角色正是反映了浓厚的时代特征,凸显着课程变革的特点。

什么是数学?在人类历史的发展过程中,人们对数学的认识是不断变化和深入的。在19世纪以前,人们普遍认为数学是一门自然学科、经验学科,因为那时的数学与现实之间的联系非常密切。随着研究的不断深入,从19世纪中叶以后,数学是一门演绎科学的观点逐渐占据主导地位。因此对数学本质的认识,长期以来还存在着数学是"经验科学"、数学是"演绎科学"或者是"经验科学与演绎科学的辩证统一"的不同认识。历代数学家、数学哲学家对数学本质的认识从来没有一个统一的结论,但他们各自从不同的视角揭示了数学的内在规律,推动了数学的不断向前发展。

有人从数学的内容、表现形式和作用等方面来理解数学的特点,认为数学具有三个比较明显的特点:第一个特点是具有高度的抽象性。数学的抽象性表现在暂时撇开事物的具体内容,仅仅从抽象的数的方面去进行研究。第二个特点是准确性,或者说是逻辑的严密性、结论的确定性。数学的推理和它的结论是无可争辩、毋庸置疑的。数学证明的精确性、确定性从中学课本中就充分显示出来了。第三个特点是应用的广泛性。我们几乎每时每刻都要在生产和日常生活中用到数学,丈量土地、计算产量、制订计划、设计建筑都离不开数学。没有数学,现代科学技术的进步也是不可能的,从简单的技术革新到复杂的人造卫星的发射都离不开数学。还有人从数学研究的过程方面,数学与其他学科之间的关系方面来看数学,它还有形象性、似真性、拟经验性、可证伪性的特点。关于数学的严谨性,在各个数学历史发展时期有不同的标准,从欧氏几何到罗巴切夫斯基几何再到希尔伯特公理体系,关于严谨性的评价标准有很大差异。尤其是哥德尔提出并证明了"不完备性定理"以后,人们发现即使是公理化这一曾经被极度推崇的严谨的科学方法也是有缺陷的。因此,数学的严谨性是在数学发展历史中表现出来的,具有相对性。关于数学的似真性,波利亚在他的《数学与猜想》中指出:"数学被人看作是一门论证科学。然而这仅仅是它的一个方面。以最后确定的形式出现的定型的数学,好像是仅含证明的纯论证性的材料,然而,数学的创造过程是与任何其他知识的创造过程一样的。在证明一个数学定理之前,你先得猜测这个定理的内容,在你完全做出详细证明之前,你先得推测证明的思路。你先得把观察到的结果加以综合然后加以类比。你得一次又一次地进行尝试。数学家的创造性工作成果是论证推理,即证明;但是这个证明是通过合情推理,通过猜想而发现的。只要数学的学习过程稍能反映出数学的发明过程的话,那么就应当让猜测、合情推理占有适当的位置。"正是基于这个角度,我们说数学的确定性是相对的,有条件的。对数学的形象性、似真性、拟经验性、可证伪性特点的强调,实际上是突出了数学研究中观察、实验、分析、比较、类比、归纳、联想等思维过程的重要性。

美国著名数学家可朗(R・Courant)在《数学是什么》一书中指出:"数学作为人类智慧的一种表达形式,反映了人们积极进取的意志、缜密周详的推理以及对完美境界的追求。它的基本要素是逻辑和直观、分析和概括、一般性和个别性。虽然强调不同的侧面,然而正是这些互相对立的力量的相互作用以及它们综合起来的努力才构成了数学科学的生命、用途和它的崇高价值。"一方面,数学以严谨的演绎思维、逻辑推理充分发挥了对人的"心智训练"的功能;另一方面,由数学的经验性和实践性衍生来的数学应用的广泛性,直接决定了数学的应用价值。

基于数学的上述特点,在过去由于中学数学的教学内容基本上是由概念、定理、命题、公式和法则等构成的知识体系,具有较强的抽象性、严谨性等。因此,数学在人们的眼里等同于逻辑,数学就是"言必有据"。人们过分强调了数学的严谨性,从而造成了社会公众对数学教师的角色期望就是典型的"传道者""授业者"和"解惑者"。从"传""授""解"这些行为动词即可看出,数学教师就是知识的拥有者和输出者、知识对错的评判者、数学课堂的主宰者,学生只是接受知识的"器",只能被动地接受考试和评价。

但是,随着社会的发展,人们对于教师角色的整体性认识已发生了较大的变化。在 D. John Mclntyre 与 Mary John O'Hair 所著的《教师角色》一书中,对教师扮演的组织者角色、交流者角色、激发者角色、管理者角色、革新者角色、咨询者角色、伦理者角色、职业者角色、政治角色、法律角色进行了全面的诠释。这些角色之间并不是孤立的,而是共同存在于一个动态的关系架构中,而这种整体性的关系是由教育教学的过程的复杂性而引起的。教师不仅要考虑怎样学会教育教学的专业技能,用最优化的方法达到所预期的目标;还应该批判性地分析实践教育过程中一切行为的合理性;更要将课堂与更广阔的生态结构联系起来,如社区道德、伦理和政治原则等,这些都会影响课堂。叶澜教授等人也对教师角色进行了诠释:"在教育系统中,要求教师灵活多变并富有创造力,教师是人类社会文化科学发展中承前启后的中介和纽带,并以对受教育者的心灵施加特定影响为其职责的人。因而社会期望教师成为理性的典范、道德准则的楷模(如身正为范、德高为师)、文化科学的权威、特定社会价值的维护者。"——"这就是教师的地位、职责和社会角色。"

当今对于教师角色和特质的研究很多很多,但是各种研究都表明,所有的教师都在扮演着多种角色,且扮演得成功与否关系重大。因而,如何在新时代新视野下更好地探究与理解教师角色,促进教师的专业成长,推动教师角色的发展是值得每一个教育者深思的课题。数学教师作为社会群体中数学文化的传播者,随着社会文明的进步,其称谓和内涵也发生了革命性的转变。同时,随着教育学、心理学等方面研究新成果的出现和对数学本质认识的转变,人们对数学教师这种经典的角色行为有了全新的认识。特别是在新课程背景下,数学教学被认为是一个丰富的、复杂的、交互动态的过程,参与者不但在认知活动中,而且在情感活动、人际活动中实现着自己的多种需要。无论是《全日制义务教育数学课程标准(2011)》,还是《普通高中数学课程标准(2017)》中都指出:教师不仅是知识的传授者,而且也是数学学习的引导者、组织者与合作者。每一堂数学课的教学,都凝聚着数学教师高度的使命感和责任感,都是数学教师的专业成长程度和生命价值的直接体现;每一堂数学课的教学质量,都会直接影响数学教师本人以及学生、家长对数学教师职业的感受和态度。数学教师角色的认识应是从一个特定的社会关系中的身份以及由此规定的行为模式,在社会的客观条件与主观条件中扮演着多重角色,都在履行多重的职能扮演者的具体统一。纵观有关的研究文章,除了新课标中对数学教师角色的这种新的表述之外,研究者们对数学教师的角色还有着各种新的称谓,如"指挥""导演""教练""设计者""开发者""创造者"等。《基础教育课程改革纲要(试行)》中强调,教师要对自己的教学行为进行分析与反思。数学教师对这些不同的称谓,如何定位自己的角色,应从身份内涵的理论基础上进行深刻的反思。总的来说,现在的数学教师应把自己的角色积极转变为使学生自我建构的指导者和促进者;具有创新人格和创新能力的"情境创造型"教师;具有研究意识和研究能力的"学者型"教师;作为数学多元文化的诠释者;作为自我探究的学习者;具有能对教师本身和学生主体做出公正、全面评价的评估者;具有把握教育发展能力的真正的领路人。

第一节 数学教师的专业素养

《中国教育改革和发展纲要》中指出："发展教育事业,提高民族素质,把沉重的人口负担转化为人才资源优势,这是我国实现现代化的一条必由之路。"同时明确要求"中小学要由应试教育转向全面提高国民素质的轨道"。普通教育是培养劳动者素质的教育,也是提高劳动者素质的教育,数学教育是普通教育的基础学科教育,应当在素质教育中发挥突出的作用,使学生的数学素质乃至整个公民的综合素质得到应有的提高。

素质是指人的自身所存在的内在的、相对稳定的身心特征及其结构,是决定其主体活动功能、状况及质量的基本因素,它与人的生命及其活动联系在一起,因而人的素质包括以人的生理、心理结构为特征的自然素质和以品德、专业、审美、技能、劳动等表现形式为特征的社会素质。数学作为一种客观抽象出来的自然科学属于社会素质的范畴,人的数学素质是人的数学素养和专业素质的双重体现,按照当前数学教育界一致的公论,数学素质的涵义大致有以下 4 个表现特征。

一、数学意识

数学意识即用数学的眼光去观察、分析和表示各种事物的数量关系、空间关系和数学信息,以形成量化意识和良好的数感,进而达到用数理逻辑的观点来科学地看待世界。一般来说,一个人的数学意识的高低强弱会无时无刻不反应在他的日常生活的方方面面。数学特级教师马明在观看电视转播的世界杯排球比赛时,就从场地工作人员擦地一事想到,如果用一米宽的拖布把整个场地拖一次至少要走多少路程的问题,并用化归法原理把所走的路程(长度)转化成了场地面积来计算,这是一般人不屑一顾的事,却是数学家运用数学的良好机会。

数学意识是数学知识观念层面的概念,作为数学教师的数学意识主要有数学对象意识、数学价值意识、数学问题意识、数学学习意识、数学辩证意识。

(一)数学对象意识

数学的对象是现实世界的空间形式和数量关系,所谓空间形式包括平面图形与空间图形的有关动态和静态的性质;所谓数,包括数的概念和性质;所谓量,包括常量和变量、连续变量和离散变量、已知量和未知量,以及表示数量关系的函数、方程、不等式等。运算和推理是数学的主要学习内容,抽象和严谨是数学的基本特点,实践是数学的来源与归宿。

(二)数学价值意识

我国的中小学数学教学目的是:要培养学生对数学的兴趣,激励学生为祖国现代化建设学好数学的积极性,培养学生的科学态度和辩证唯物主义观点。由此可见,数学价值意识的正确与否,是数学课程的重要目标,数学的思维训练、数学的交流、数学的审美、数学应用等对学生优秀科学素质的形成具有重大的意义。

(三)数学问题意识

数学问题具有多样性和层次性,它的形成和解决是由数学内外的联系而决定的。数学由多个分支组成,各分支的概念之间、定理之间、概念和定理之间的各种纵横联系,使问题可以顺利解决,数学与物理、化学、生物以及其他学科联系,使数学在科学技术和经济生活中发挥作用,数学在解决实际应用问题时,可以打破时空界限,成为综合与创造性活动。

数学新课程实施后,教师在教学中普遍注意到了实际情境的设计,在拉近数学与生活、数学与科学的距离方面起到了好作用,但由于课改理念把握不够准确,教师数学应用意识先天不足,教学中对问题缺乏深入挖掘,没有形成真正意义上的问题意识,其结果是既有违课改倡导者初衷,又影响了数学教学者课堂教学效率,造成情境与数学问题"两张皮",真可谓得不偿失。如何改变这种现象,我们试图从某些案例中提供一些可以借鉴的经验,以寻求情境中更多的数学问题空间。

(四)数学"数感"意识

理解数学相当于"观察"数学现象。"观察"不是指"用眼观看",而是通过一定感觉所形成的感知。虽然很难用言语去描述这种感觉,不过这是一种明显不同于逻辑推理能力的纯粹感觉,或许这种感知几乎接近于视觉。发现有价值的数学问题需要数感。发现一个有价值的数学问题就像哥伦布发现美洲大陆一样。哥伦布先是预感到一种"存在",然后跟随着直觉引导的方向展开旅程。同样,数学研究也需要凭借自己的"数感"开拓新的数学研究方向。解决数学问题需要数感,特别是初中构造许多平面几何问题的辅助线,或是高等数学中构造性定理的证明。在画辅助线时需要观察图形的整体特征并做出综合判断,稍有不慎,便会钻进证明的死胡同,这或许也是有的初中生逐渐认为数学复杂晦涩的原因了吧。至于要把数感培养至怎样的高度,我认为也并没有明确的界定,毕竟有人天生视力敏锐,有人天生高度近视。我们只需要在现实情境与数学情境中多观察、多实践、多思考、多积累,在浮躁的社会中沉住气静下心来,留给自己思考数学问题的时间,有时那种感觉它便会不请自来。

(五)数学辩证意识

辩证意识是数学思维中最高级、最富有活力的思维形式,过去我们总认为只有到了高中阶段才能进行辩证思维能力的培养,因而在小学乃至初中数学教学中几乎不提辩证思维,其实这是一种误解。思维发展虽然与人的生理和心理有关,存在一定的阶段性,但它是以长期思维实践活动的积累作基础的。这就是说,在人的直觉思维、形象思维、逻辑思维等思维形式形成发展和完善的过程之中,辩证思维也在悄悄萌芽和生长。因此中小学数学教师教学中辩证思维训练不应成为数学教育不可逾越的鸿沟,学生辩证意识的培养不仅不可忽视,而且对于数学教育创新是当务之急。

中小学数学辩证思维存在于数学科学知识、数学思想及数学方法各个系统之中,其训练的方式是在教与学的过程中,通过教师引导,有意识地进行联系、运动、变化、发展等观念的渗透,使学生在发现问题(矛盾)、分析问题(矛盾)、解决问题(矛盾)的进程中,形成应有的辩证意识。数学知识存在着丰富的辩证关系,师生在共同活动中,通过揭示知识之间的内在联系,将知识串成链组成块,形成学生良好的数学认知结构和整体意识。

数学运算是中小学数学的主要内容,运算相互形成一个整体,各级运算内互为逆运算,低级运算是高级运算的来源与基础,高级运算是低级运算的发展与升华,混合运算构成运算整合,这就是运算的辩证关系。抓住了这种关系,就能形成运算链和运算块。例如,学习除法时,将整除的、带余的、整数分类等统统放在一起,可以通过从实际问题引出数学运算模型,由一般(带余的)到特殊(整除的),即 $a = bq + r$(或 $a - r = bq$)到 $a = bq$,其间把加减乘运算全部都带出来,在此基础上,渗入整除、带余除法、剩余类等数论基础的实例。

案例:让学生用 1 元钱去买蜡烛,蜡烛有 2 角、3 角、4 角的,问可以买几根蜡烛?

对于小学二年级的学生来说,是一个极好的开放型问题,不仅涉及除法运算,包括整除、有余数的,而且还涉及分类讨论、决策等重要方法,教学中首先要让学生去实践"做",如果通过学生独立思考与实践圆满地解决了,那么,老师对除法这个单元的课就不须多讲,只需要清理一下算理算法就够了,同时,如果学生有了分类的意识,对日后的数学思想方法的形成和发展会起到意想不到的效果。这样一来,把数学知识与方法连成一体,学生的数学认知结构是会良性循环的。

教师处理数学新旧知识、学生学习新旧知识都应当建立在联系与发展的观点之上,在理解数学知识结构的同时,掌握处理局部与整体关系的辩证观念。

综上所述,数学辩证思想是数学教学的超前教育,辩证意识的早期形成,对数学教育创新起着开拓性作用,更重要的是对青少年进行唯物辩证法教育,正确抵制各种歪理邪说,养成科学人生观和世界观有着极其重大的现实意义及深远的历史意义。

二、数学思维

数学思维就是对数学对象的本质属性的反映。所以,数学思维就是人脑和数学对象的相互作用,并按普通的思维规律认识数学对象的本质属性的过程。这就是说,数学思维是以认识数学对象为任务、以数学语言为载体、以认识和发现数学规律(本质属性)为目的的一种思维。可见,学习数学的过程,解决问题的过程,就表现为一种思维活动过程。有了问题,就要解决它,解决就有思维。所以苏联教育家奥加涅相认为数学思维是具有自己的特有的特征和特点,它们是由所研究的对象的特点,同时也是研究方法所决定的。他还认为:"数学思维常表现为所谓数学能力""思维就是做出判断"。所以,抽象、概括、归纳与推理等形式化的思维以及直觉、猜想与想象等非形式化的思维,都是数学思维方法、方式与策略的重要体现,数学直觉思维、数学逻辑思维及数学辩证思维都是人的高级思维形式。

(一)数学思维及特性

思维"指的是人们的理性认识活动"。思维"作为对客观存在、物质及其规律性的反映",它是"以概念、判断、推理、(假说和理论)等形式,反映客观世界的能动的过程"。因此,从哲学认识论的角度来看,数学思维应该是指人们借助数学概念、数学判断或数学命题、数学推理、数学假说和数学理论等形式,对客观世界的量的这一侧面及其规律性的理性的和能动的认识过程与活动。作为一种特殊的思维,数学思维具有它不同于其他思维的一些特质。

1. 数学思维的抽象性

数学概念是数学思维的细胞(也即基本对象),是其他数学思维形式的基础与构件。但是,从另一个角度来看,数学概念的形成与发展则是数学抽象活动的结果。因此,数学抽象的特性就从本质上反映了数学思维的特殊性。与自然科学和社会科学(乃至人文学科)的研究对象不同,数学的研究对象并非经验世界中的真实存在,即使就最简单的数学对象(比如,"具体的"数 1、2、3 等和"具体的"形正方形、长方体等)而言,它们都是数学抽象的产物。而且这种抽象又具有它自身所固有的一些特性:①数学抽象结果的多样性。由同一个原型出发,人们可能抽象出不同的数学对象。关于数学的本质,我们的观点可以这样提出:"数学研究现实世界和人类经验各方面的各种形式模型的构造。一方面,这意味着数学不是关于某些作为基础的柏拉图式现实的直接理论,而是关于现实世界(或实在,如果存在的话)的形式方面的间接理论。另一方面,我们的观点强调数学涉及大量各种各样的模型,同一个经验事实可以用多种方法在数学中被模型化。"②数学抽象的间接性。数学抽象未必是以真实事物或以现象为原型的直接抽象,也可以是以先期已经得到建构的数学对象为"原型"的间接抽象。③数学抽象的"任意性"。在一定程度上,我们可以通过思维的"自由想象"去建构出各种"可能的"数学对象。其中,形式公理化方法就是"自由创造"的一个重要方法。事实上,形式系统就是一种"假设—演绎系统",而我们却可以通过这样的方法"自由地"去创造各种可能的数学对象,即"自由地"去从事各种"可能"对象的研究。

2. 数学思维的建构性

由于数学抽象相对于可能的现实原型而言是一个"重新建构"的过程,也即在一定程度上与"真实"相分离,因此,这也就为数学的自由创造提供了极大的可能性。首先,数学对象是借助于明确的定义得到建构的。具体地说,所谓的"派生概念"是明显地借助于已有的数学概念得到定义的。所谓的"原始概念"则是"隐蔽地"借助于相应的"公理集"得到定义的。其次,在纯粹数学研究中,无论所涉及的对象是否具有明显的直观意义,我们都只能依据其相应的定义和推理规则去进行推理,而不能求助于直观。从而,数学就并非是对于真实事物或现象的直接研究,而是以抽象思维的产物为其直接的研究对象。正因为如此,我们甚至可以说,数学对象的建构活动是一种"逻辑建构"。但是,当代数学基础研究则表明:明确的定义和推理规则也不是某种先验的、绝对的东西,所以,在纯形式的研究中,我们应当同时去从事数学和逻辑的建构,也即应当把明确的定义和推理规则作为一个部分,同时包含在数学的建构活动当中。由此可见,与"逻辑建构"相比,"形式建构"更能反映数学抽象的特性。再次,正是上述数学抽象活动的"形式建构"特征保证了数学对象由"心智建构"(Mental Construction)向相对独立的"心智对象"(Mental Entity)的转化。由于数学对象是借助于明确的定义得到建构的,而且在纯粹数学研究中,我们又只能依据所做的定义和相应的推理规则去进行推理,而不能求助于直观,因此,尽管某些数学概念在最初很可能只是少数人的"发明创造",但是,一旦这些对象得到了"建构",它们就立即获得了某种确定的"客观内容"——主观的客观性,对此,人们只能客观地加以研究,而不能再任意地加以改变。

3. 数学思维过程的二重性:形式与非形式

"形式建构"是数学思维的本质特征。但是,就实际的数学思维活动而言,这又并非只是一种单项的活动,即唯一地由"非形式"过渡到"形式"的学习或研究。恰恰相反,与此同时也存在着"具体化"的过程:由"形式"到"非形式"的运动,也就是数学认识主体把自己的(数学)知识与经验,同高度抽象的数学知识(包括数学概念等)联系起来,从而使之成为"直观明了"的东西。因此,针对数学学习活动,学生的数学思维之发展,应该通过对"形式"与"非形式"的不断整合与协调才能真正得以实现。

此外,"形式"与"非形式"的相对性还是数学抽象层次性的一个具体表现:"在代数中,思想上限于特定数的限制取消了。我们写 $x + y = y + x$,在这里 x 和 y 是任意两个数。这样,对模式的强调(不同于模式所涉及的特殊实体)增强了。因此,代数式在其创始之时,就涉及模式研究的巨大进展之中"[①];"具体""抽象""个别"和"一般","这些词描述的不是静止的情况或者最终的结果,而是从某些具体层次带向更高层次的动态活动"。

4. 数学思维结果的双重性:过程与对象

20世纪80年代以来,认知心理学研究表明:人的知识可以区分为:"陈述性知识"和"过程性知识"两类,陈述性知识是关于"是什么"的知识,包括概念、定理、法则等;而过程性知识则是关于"如何做"的知识,如操作的步骤、解决问题的方法等,与传统意义上将知识理解为"陈述性的、系统化的概念和规则体系"相比,这是一种广义的和动态的知识观。从这一角度来看,数学知识不仅包括确定的数学事实,而且还包括完成数学活动的程序(解题方法)、数学观念、数学思想等。其中,数学概念、定理、法则等,可以视为陈述性的知识;数学解题方法、数学观念、数学思想方法等,则可以视为过程性知识。

但是,陈述性知识和过程性知识的区分,并不是绝对的。任何具体的知识,不

---

① 怀特海. 数学与善[G]//林夏水. 数学哲学译文集. 北京:知识出版社,1986.

管它是陈述性知识,还是过程性知识,都是既具有陈述性的特点,又同时具有过程性的特点。数学知识尤其是数学概念,更具有过程与对象(或陈述与结果)的双重性。数学概念特别是代数概念,通常具有两个侧面:过程的侧面和对象的侧面。也就是说,根据实际情况的不同,一个概念有时可以看成是一种或者多种算法、过程或者操作,有时又可以看作是被另一个概念所操作的对象。

过程与对象虽然有差别,但是二者也存在着密切的联系。对数学概念的掌握,通常要从过程入手,然后再转变为对象,最终,这两个方面构成一个整体,并且与其他概念一起,形成相互关联的"概念网络"。在过程状态下,数学概念表现为一系列的步骤,具有可操作性,易于仿效。但是由于步骤的前后顺序,以及每一步骤中包含的大量细节,概念的本质特征就可能被隐藏起来,难以准确地把握。而在对象状态下(即陈述性知识),概念的本质特征被提炼了出来,并且能够用语言、符号清楚地加以陈述,从而转变成可以被其他过程所操作的对象,只有在此时(以过程为前提),对一个数学概念的完整理解才算得以形成。

从系统的知识结构或者认知结构来看,一个数学概念,实际上是一种或者多种概念网络中的一个接点。对于某个具体的数学概念来说,一方面,它可以作为对象被更高层次的数学概念所操作;另一方面,它也可以作为过程,操作已经成为对象的、较低层次的数学概念。因此,就有学者认为,在具体的、相对独立的数学概念网络中,必然存在着两类特殊的数学概念:第一类是位于网络中最低层次的数学概念,它们只是以对象的形态存在,本身没有过程特征,它们是该网络中其他概念的操作基点(如公理所定义的"原始概念");第二类则是位于网络中最高层次的数学概念(如形式系统中的"元定理"),人类或者学生个体还没有把握这些概念的本质特征,它们只是以过程的形态存在,没有进入对象状态。我们可以将第一类数学概念称为"基点概念",第二类数学概念视为"顶层概念"。而其他概念则可以叫作"中间概念"。

数学定理、法则和解题方法等不同类型的数学知识,也都具有过程与对象的双重性,并且在此基础上,形成了具有层次性的知识结构体系或者认知结构体系。例如,数学定理和法则本身,都有描述数学对象特征的陈述性知识对象的特征,但是,又在解决问题的过程中表现为具体的操作,表现出过程性特征。而数学解题方法、数学观念和数学思想等,它们本身就是表示操作或特性的过程性知识,具有过程性特征,但是,它们又可以被理解为数学的基本学科特征,表现出对象性的特征,为数学或者其他学科的过程性知识所操作。因此,数学思维的结果(即数学知识)具有以下 3 个方面特点：

（1）数学知识可以分为陈述性知识和过程性知识，前者包括数学概念、定理和法则等内容；后者则包括数学解题方法、数学观念和数学思想等内容。

（2）每种类型的数学知识，既可以表现为过程的形态，又可以表现出对象的形态，从这一点来看，两类数学知识的区分不是绝对的，而是相对的。

（3）数学知识形成了一个有层次性的知识结构体系，或者认知结构体系。根据所在位置的不同，可以将数学知识分为三类：基点知识、中间知识和顶层知识。其中，基点知识只以对象的形态存在，没有过程的特征；顶层知识只以过程的形态存在，没有进入对象形态；中间知识既具有过程性特征，又具有对象性特征，对于任何数学中间知识，它既可以作为对象，被某些高层次的数学概念的过程所操作，又可以作为过程，操作某些已经成为对象的、较低层次的数学概念。

（二）数学思维品质

数学思维品质是在数学思维活动中形成和发展的，它的教学模式一般分为三个阶段：第一个阶段是经验材料的数学组织化阶段，即借助于观察、实验、归纳、类比、概括而积累的事实材料；第二个阶段是数学事实材料的逻辑组织化阶段，即从积累的材料中抽象出原始概念和公理体系，并在这些概念和体系的基础上演绎地建立理论；第三个阶段是数学理论的应用阶段，数学思维活动区别于以往一般教学活动的根本之处在于，教给学生的不是死记硬背现成的材料，而是发现数学真理，把逻辑地组织用经验方法得到的数学材料变成自己的东西。

学生在数学思维活动中，并不是一环扣一环按部就班进行的，总是力求以简略的，即"压缩"的结构来思维。思维能力强的学生反映出了其思维过程短、思维链少的特点，能力弱的学生就显得思维过程较长、思维链多。这就是学生的思维品质和思维能力在这方面显示出的个体差异。

数学思维能力就是在数学思维活动中，直接影响着该活动的效率，使活动得以顺利完成需要个体有稳定的心理特征。它是数学能力的核心，数学能力的培养与提高直接依赖于数学思维能力的培养与提高，数学思维能力的强弱在很大程度上反映了数学能力的强弱。

数学思维品质是数学思维能力的外显特征，反映着思维能力的强弱，是在思维能力的基础上"再生的"，它可以反作用于思维能力。主要表现在深刻性、批判性、灵活性、独创性和完备性等方面。教学实践中我们体会到，学生具有了良好的思维品质，逐步掌握了科学的思维方法，就能对感性材料进行合理的加工整理，形成严谨的理论系统,从总体上把握事物的本质联系,开思维之窍,入解题之门。

1. 数学思维的深刻性

思维深刻性是指思维活动的抽象程度和逻辑水平,以及思维活动的广度、深度和难度。思维深刻性集中表现在善于透过表面现象和外部联系,揭露事物的本质和规律,深入地思考问题,系统地一般化地理解问题,预见事物发展的进程。

案例:在概念教学中,由于概念是理性认识的一种最基本的形式,正确认识概念是一切科学思维的基础,因此,深化概念教学,深刻揭示概念的内涵和外延的过程就是培养思维深刻性的过程。

在奇偶函数教学中,给出定义后,应及时揭示其本质属性,即函数定义域必须关于原点对称,且有 $f(-x) = -f(x)$ [或 $f(-x) = f(x)$] 成立,这样就不会将函数 $f(x) = x^3 + x, x \in [0,1]$ 误认为是奇函数。

数学思维深刻性的培养必须和其他思维品质的培养有机地结合起来才能形成良好的思维品质。

思维的深刻性重点是思维的深度,是发现和辨别事物本质的能力。数学思维的深刻性表现为:善于洞察数学对象的本质属性与相互联系,能捕捉矛盾的特殊性,从研究问题中发现最有价值的因素,并能迅速确定解题方法。教师要善于引导学生找出隐藏在各个习题中的一般规律和方法,加以归纳总结,并推广为一类问题的解法。

2. 数学思维的广阔性

思维的广阔性即思维的广度,是探索问题的一种能力。数学思维的广阔性表现为:思路宽广,善于多方位、多角度地思考问题,既能抓住问题的细节,又能纵观它的整体。

在例题教学中,我们不应仅局限于书本上的现有解法,而应引导学生探讨其他的解法,即一题多解。在习题的解答中也要注意引导学生一题多解。这样,既能充分挖掘学生的潜能,又能发展学生思维的广阔性。

案例:已知圆的方程是 $x^2 + y^2 = r^2$,求经过圆上一点 $M(x_0, y_0)$ 的切线方程。

在讲解本例题时,先由学生分组探讨其解法,看哪一组的解法既快又多,在探讨的过程中教师可以给予引导启发,最后归结出如下 7 种解法。

(1)设切线上动点为 $P(x,y)$,利用 OM 是切线的法向量,$\overrightarrow{OM} \cdot \overrightarrow{MP} = 0$。

(2)求出切线的法向 $\overrightarrow{OM}$,利用点法式方程。

(3)求出切线的法向量 $\overrightarrow{OM}$,利用待定系数法设切线的方程为一般式方程求解。

（4）由 OM 的斜率，求出切线的斜率，再由点斜式求切线方程。

（5）设切线方程为点斜式，由圆心到切线的距离为半径求出斜率。

（6）设切线方程为点斜式，代入圆的方程，由一元二次方程的根判别式为零求出斜率。

（7）设切线方程为截距式，利用斜率与截距关系及斜率与切点坐标关系列出方程，再由切线过点 M 求出截距。

3. 数学思维的批判性

思维的批判性是指思考问题时不受别人暗示的影响，能严格而客观地评价、检查思维的结果，冷静地分析一种思想、一种决定的是非利弊。具有这种思维品质的人，不仅关注事物的结论，更注重得出这种结论的缘由、根据。

学习数学，谁也不希望在解题中出现错误。但事实上，谁也很难避免出错，特别是考试时，命题者常常刻意设置陷阱，以考查学生数学思维的批判性。每逢这样的题目，那些思维批判性不足的学生，就难免犯这样或那样的错误。

思维的批判性也叫思维的独立性。数学思维的批判性表现为：善于发现问题和提出问题，对已知结论敢于质疑，善于根据实际情况展开思考并提出独立的见解。因此，思维的批判性是实现数学创造的前提。在数学教学中，教师要鼓励学生不要盲从教师和教材，要敢于提出自己的观点，教师应通过辨析质疑，培养学生思维的批判性。

案例：一对夫妇为了给孩子支付将来上大学的费用，从婴儿出生，每年孩子的生日都要到银行储蓄一笔钱，设上大学 4 年费用共需用 10 万元，银行储蓄利息为年息 2.25%，每年按复利计算，为使孩子到 18 岁上大学时，本利和共有 10 万元，问他们每年需存多少钱？

在分析此题时，有学生提出如下问题：

（1）过生日都是满周岁时过的，因此，"这对夫妇从孩子出生到 17 岁，共存了 18 笔钱，它们的本利和为 $x(1+2.25\%)+\cdots+x(1+2.25\%)$" 是错的。因为若从出生日开始算起，满 17 岁时过生日存入的第 18 笔钱是没有利息的。

（2）财经专业学生提出：现在银行计算利息是按单利计算而不是按复利计算。

针对学生提出的质疑，首先对提出问题的学生给予表扬，并鼓励学生在学习中要积极思考，善于发现问题，并敢于提出自己的观点。通过讨论、辨析，对于问题 1，大家认为题目不够严密，应改为"到满 18 岁上大学时"就更为准确；对于问题

2,作为应用题,应符合实际,应建议改成按单利计算。此时要求学生按单利计算时求解以上问题。通过本例题的质疑、辨析、求解,学生对有关利息问题有了深刻的认识,而学生思维的批判性也得到了很好的展现。

4. 数学思维的独创性

思维的独创性表现在思考问题时不"墨守成规",追求"标新立异",能突破固有的解题模式,寻求最新、最优的解法。

案例:数学家丢番图被誉为"代数学鼻祖",他一生对数学的贡献很大。他死后,其墓志铭很特别:"过路人请注意,数学家丢番图就葬在这里。他生命的六分之一是幸福的童年,再过生命的十二分之一,脸上长出了细细的胡须,又过了生命的七分之一,他才结婚,再过五年,他喜得贵子,感到很幸福,可这孩子的生命只有他父亲一生的一半;儿子死后,老人在悲痛中活了四年,结束了尘世生涯。"

你能从这个奇特的墓志铭中推算出丢番图的年龄吗?

这是一道脍炙人口的历史名题,我们见过的许多资料给出的都是利用方程来解的,这也是许多人的思维定式。而对于该题有位好动脑筋的学生给出了一个令人耳目一新、出奇制胜的妙解:注意到年龄总是整数这一"信息",可知丢番图的年龄是 6 和 12 的倍数,也是 7 和 2 的倍数。故知他的年龄是 6、12、7、2 的倍数,也即是 12 与 7 的公倍数。因为 12 与 7 互质,所以它们的最小公倍数应:$12 \times 7 = 84$,其他大于 84 公倍数是不合乎常规的,如 $84 \times 2 = 168$,而 168 的 1/6 是 28,28 岁就不再是童年,所以也不合题意,其他更大的公倍数就更不可能了。故知丢番图的年龄为 84 岁。

要经常启迪学生,离开常走的大道另辟蹊径,往往可以得到出人意料的新解来。本题的解法也开辟了解决"整数问题"的一个新路径。

思维的创新性是指能够重新组织已有的知识经验,提出解决问题的新方案。数学思维的创新性表现为:能够主动地、独创地发现新的关系,提出新见解和解决问题的新方法。对于学生来说,主要是在学习过程中,善于独立思考和分析,用新的思想和方法发现问题、解决问题,获得他未曾有过的结论。在数学教学中,教师可通过拓宽引申例题和习题,把问题引入一个更深的层次,以培养学生思维的创新性,从而提高学生的创新能力。

5. 数学思维的灵活性

思维的灵活性表现在思维活泼多变,富有想象力,能随机应变,灵活运用所学知识并加以引申,发展想象力,改变原来的思维定式。

对于某些含字母的代数选择题,若根据普遍成立的结论在特殊情况下也成立的道理,巧妙地运用满足题设条件的特殊值,往往能收到事半功倍的效果。

案例:设 $a>b>c>d$,且 $x=\sqrt{ab}+\sqrt{cd}$,$y=\sqrt{ac}+\sqrt{bd}$,$z=\sqrt{ad}+\sqrt{bc}$,则 x、y、z 大小关系是( )

A. $x<z<y$; B. $y<z<x$; C. $x<y<z$; D. $z<y<x$

分析:此题可用特殊值法来解,但是如果取值不巧,出现二次根式,仍然不方便。注意到每个二次根式的被开方数都是两两乘积,又考虑到题目条件,试设 $a=2^7$,$b=2^5$,$c=2^3$,$d=2$,则 $x=2^6+2^2=68$,$y=40$,$z=32$。答案选 D。

例子是一个比较繁难的选择题,我们灵活地运用了特殊值法,迅速开通思路,使问题的解法简捷明快。

思维的灵活性是指能依据客观条件的变化及时调整思维的方向。数学思维的灵活性表现为不受思维定式和固定模式的束缚,善于发现新的条件和新的因素,在思维受阻时能及时改变原来的思考路线,寻找新的方法。教师要注意引导学生从不同角度去思考问题,要给学生提供各种机会,展开自由联想的翅膀,并注意向学生展现思维受阻时的突破过程。

因此,教学时既要基于课本,又要高于课本。鼓励学生对课本的问题适当变形,既能巩固基础知识,又新颖别致,还能避免"题海战术",减轻学生负担,达到启发、训练、优化学生思维的目的。

6. 数学思维的完备性

思维的完备性表现在解题时思考的周密,讨论的全面,稍有疏忽,就会功亏一篑。如"零"在数学中有着特殊的地位,但有些学生解题时常因忽视"零"的存在而造成解题失误。

案例:解关于 x、y、z 的方程组

$$\begin{cases}\dfrac{4x^2}{1+4x^2}=y,\\[2mm]\dfrac{4y^2}{1+4y^2}=z,\\[2mm]\dfrac{4z^2}{1+4z^2}=x.\end{cases}\qquad(\text{I})$$

有的同学解法如下:原方程组可化为

$$\begin{cases} \dfrac{1}{4}\left(\dfrac{1}{x^2}+4\right)=\dfrac{1}{y}, \\[2mm] \dfrac{1}{4}\left(\dfrac{1}{y^2}+4\right)=\dfrac{1}{z}, \\[2mm] \dfrac{1}{4}\left(\dfrac{1}{z^2}+4\right)=\dfrac{1}{x}, \end{cases} \quad (\text{II})$$

$\therefore x=y=z=12$

此题解法可谓精巧,独具匠心!然而从Ⅰ到Ⅱ的变形中,进行了方程两边取倒数,却忽视了 $x=y=z=0$ 的情况,结果功亏一篑!因此,教学中要引导学生善于将问题进行全面讨论、合理分类,做到不重不漏,养成周密思考问题的良好习惯。

要达到思维的完备必须做到有目的思维,即思维的方向总集中在思维任务上,不偏离目标。数学思维的目的性表现为:根据要解决的问题,思维总是围绕如何达到问题目标而展开,寻求各种决策并选择最佳途径。在例题和习题的教学中首先要引导学生把好审题关,注意明辨已知、条件和结论各是什么,它们之间的内在联系如何。

总之,几种思维品质是相辅相成的,数学思维能力的提高是构成因素协调发展的结果,思维能力提高了,思维品质也就逐步养成了,又可以反作用于思维能力。思维能力的提高和思维品质的培养是在相应的思维活动中进行的,教师应注意了解学生的思维水平,从而科学、有效地引导学生的思维活动。

(三)数学思维形式

1. 直觉思维

在日常的数学教学中,我们常常会遇到这样的情形:在课堂上题目刚刚写完,老师还没来得及解释题意,有的同学立刻报出了答案。若进一步问他为什么？他说不出思维过程,此时其他同学会笑他瞎猜。这种现象就是数学直觉思维。那么,直觉思维究竟是什么？直觉思维首先是一种特殊的思维活动,是指人们对事物或问题不经过反复思考的一种直接洞察,它不同于感官所提供的一般"感觉",而是一种思维活动。其次这种思维活动又不同于一般的逻辑思维推理,这种觉察往往是"知其然而不知其所以然",尽管判断的结论往往是正确的,却不能马上说出理由和依据。我们把这种具有意识的人脑对数学对象(结构及其关系)的敏锐的想象和迅速的判断称之为数学直觉思维。

(1)数学直觉思维具有以下基本特征:

①思维对象的总体性。这是指思维主体运用直觉思维,总是从总体上观察、

认识事物后,便对它做出某种断定。而不像一般运用逻辑思维那样,先分析认识事物的各个局部,然后再综合认识事物的全局、整体。

②思维速度的瞬间性。直觉思维进行的速度极快。所思考问题在头脑中的出现和解决,令人感到几乎是同时发生的。这样的高速度,远非一般运用逻辑思维的速度可比。

③思维主体的顿悟性。思维主体运用直觉思维获得成果,表现为思想上的一种"顿时领悟",一种"豁然开朗"。而不像一般运用逻辑思维那样层层深入,逐步明确地认识事物。

④思维环节的间断性。直觉思维不存在逻辑思维那样的环环相扣、循序渐进的一连串思维环节。它在一瞬间由观察事物的总体就认识到事物的本质,从而呈现出思维环节的间断性、跳跃性。

⑤思维过程的潜意识参与性。运用直觉思考问题,特别是思考复杂问题,究竟是怎样在一瞬间看出问题的实质而做出断定的,思考者自身并不明确。思考者头脑中可能有潜意识参与了思维过程,直觉思维的成果可能实际上是潜思维与显思维共同起作用的产物。而不像一般运用逻辑思维那样,整个过程思考者本人都能明确地意识到,自始至终在显意识领域里进行。

⑥思维结果的猜测性。直觉思维不像逻辑演绎思维那样,只要思维的根据真实,思维形式正确,思维的结果就必然真实。运用直觉做出的断定并非必然真实,而是具有猜测性、试探性。

徐利治教授指出:"数学直觉是可以后天培养的,实际上每个人的数学直觉也是不断提高的。"数学直觉思维能力的培养包括教学中的培养和鼓励、指导学生自我锻炼两个方面。还要注意直觉思维具有不可靠性,避免被错误的直觉所误导。

(2)数学直觉思维能力的养成。

①夯实基础,丰富直觉思维源泉。任何数学直觉的产生和发展都离不开该领域的基础知识。没有一定的知识情景、知识结构、认知策略,单凭机遇是不能产生数学直觉的。有扎实而宽厚的知识与经验,以及熟练的基本技能,经过同化(顺应)重构等加工手段储存在大脑信息网络里的知识结构,是直觉思维产生的基础。在教学过程中,应引导学生认真学习基础知识、基本技能,加强思想方法的积累,储存经过处理的知识精华。如对数学概念、定理的本质理解,对数学公式变换的多种形式,解决数学问题的思路,特殊的解题技巧等。以便学生在解决问题时,能运用已有的数学知识与经验,通过对数学问题的观察、分析,迅速而准确地做出直

觉判断。

案例:已知 $(a-b)^2-4(b-c)(c-a)=0$,求证: $b-c=c-a$。

直觉1:观察条件,它很像一元二次方程的根的判别式。

直觉2:由结论直观感受到两数相等,联想到一元二次方程判别式为零时,两根相等,所以视 $b-c$、$c-a$ 为一元二次方程 $[x-(b-c)][x-(c-a)]=0$ 即 $x^2+(a-b)x+(b-c)(c-a)=0$ 的两个根。该方程的判别式为 $\triangle=(a-b)^2-4(b-c)(c-a)$,由题设知 $\triangle=0$,因此一元二次方程有两个相等的实数根,故 $b-c=c-a$。

量的积累是质的飞跃的前提,没有对一元二次方程相关知识的正确把握,则不可能有对此题的直觉判断。没有深厚的功底是不会迸发出思维的火花的,丰富的数学知识的积累是产生直觉思维的源泉。

②感受数学美,激发直觉思维动力。伟大的科学家庞加莱指出:"能够做出数学发现的人,是具有感受数学中的秩序、和谐、对称、整齐和神秘之美能力的人,而且只限于这种人。"数学美充满了整个数学领域,而这些数学美是引起数学直觉的动力,是产生数学直觉的重要条件。我们在教学实践中应充分展现数学美,挖掘数学美和创造数学美,激发学生对数学美的追求,提高他们对数学美的鉴赏能力,引导学生按照美的规律去想象、去判断。

案例:解关于 x 的方程 $x+\dfrac{1}{x}=c+\dfrac{1}{c}$。

直觉:由方程的结构特征,感受到数学的和谐与对称美。

猜想方程的解为 $x_1=c$,$x_2=\dfrac{1}{c}$。进而再利用"方程的解"的概念进行验证,可使问题迅速求解,此题若用一般方法解答则比较烦琐。

③设置情境,创造直觉思维环境。任何直觉只有在一定的情境下才能触发产生。因此我们在教学中应有意选择一些能引发学生产生直觉思维的数学材料让学生思考,启发学生善于抓住事物的本质及其内在联系,进行直觉思维。

案例:根据方程 $\dfrac{1}{2-\dfrac{x}{x-1}}=\dfrac{1}{2}$,求 $\dfrac{1}{x+1}$ 的值。

直觉:根据方程的特点 $\dfrac{x}{x-1}=0$,所以 $x=0$,从而求得 $\dfrac{1}{x+1}=1$。如此,简洁迅速地解决了问题。

另外,教师应该在课堂教学中明确为直觉思维正名,肯定其作用和地位。对于学生的大胆猜想给予充分肯定,对其合理成分及时给予鼓励,爱护、扶植学生的自发性直觉思维,为学生创造一个良好的直觉思维环境,随着时间的推移,一定会产生群体效应,这样对渗透直觉观念与思维能力的发展大有裨益。

④数形结合,诱导直觉思维动机。著名数学家华罗庚曾经说过:"数缺形时少直觉,形少数时难入微。数形结合百般好,割裂分家万事非。"这说明数离不开形。在解题时,若能构造出恰当的几何图形常常能找到令人拍案称奇的巧妙解法,而且数形结合也是诱导学生数学直觉思维动机的一个极好的切入点。

案例:计算 $\frac{1}{2}+\frac{1}{4}+\frac{1}{8}+\frac{1}{16}+\frac{1}{32}+\frac{1}{64}+\frac{1}{128}$。

直觉:由算式的结构特征感受到后一个数总是前一个数的一半。若构造图2-1来解此题,令人叫绝。

由图的规律可知原式为 $1-\frac{1}{128}=\frac{127}{128}$。

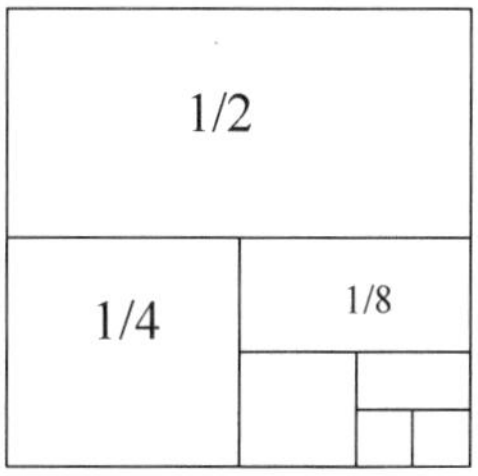

图2-1

因此对于一些数学知识和问题,如能将它们直观化、形象化,不仅有利于学生对知识的理解和问题的解决,而且还能使学生感受、体验直觉思维的功能,进而训练和培养学生的直觉思维能力。

⑤鼓励猜想,培养直觉思维信心。著名科学家牛顿说:"没有大胆的猜想,就做不出伟大的发现。"合理、科学的猜想是直觉思维的重要形式,也是科学发现的重要途径。我们在数学教学中,要根据教材编写的特点和学生的认识规律,引导学生开动脑筋,培养学生直觉猜想的习惯。对于标新立异者,他们虽不能对问题给出明确的思维过程,但仍要给以支持,激发他们去寻求完善的结果,使他们获得发现新事物的信心,强化他们的自信力。

直觉思维是人类自古以来就一直存在的一种思维方式,是一种人们普遍运用的认识事物、思索问题的思考方法。它曾在人类的科技发展史、艺术发展史上"屡建奇功"。笛卡儿创立解析几何,牛顿发明微积分,阿基米德在浴室里找到了辨别王冠真假的方法,哈密顿在散步的路上迸发了构造四元数的火花,这无一不是直觉思维的杰作。

2. 形象思维

数学形象思维是以数学的表象、直观、想象为基本形式,以观察、比较、类比、联想、(不完全)归纳、猜想为主要方法并主要通过对形象材料的意识加工而得到领会的思维方式。它以形象性和想象性为主要特征,其思维过程带有整体思考、模糊判别的合情推理的倾向。

(1)观察与联想

观察是人们对客观事物和现象在其自然条件下,通过感官来认识对象的方法。观察是感知的特殊形式,也是有目的、有计划的主动知觉,但它不同于知觉,因为它包括积极的思维活动,这种思维首先是"比较"这个心理活动的参与。在观察过程中,随时比较观察对象间的相同点、相似点和相异点,从而了解和发现对象的本质属性和内在联系。观察具有目的性、选择性和倾向性。

(2)比较与类比

比较就是确定两类事物对象之间的相同点和不同点,从而把握事物对象的本质特性的一种逻辑方法。在数学中,只有通过比较来确定事物对象间的质的异同,才能撇开事物的一切非数学性质,从而发现数学的对象和规律。

类比是根据两个对象之间在某些方面的相似或相同,从而推出它们在其他方面也可能相似或相同的一种逻辑推理方法。类比以比较为基础,通过对两类不同的对象进行比较,找出它们的相似点和相同点,然后以此为根据,把其中某一对象的有关知识或结论推移到另一对象中去。

案例:在球面上有四个点:P,A,B,C,如果 PA,PB,PC 两两互相垂直,且 $PA = PB = PC = a$,那么,这个球面的面积是多少?

解答本题时,注意到球面与圆有相似的定义,故应有相似的性质,球面上过同一点的两条互相垂直的弦与圆上过同一点的两条相垂直的弦类比,圆上以这两条互相垂直的弦为直角边的直角三角形的斜边是圆的直径,那么球面的以这三条两两垂直弦为三度的长方体是球面的内接长方体,于是解题思路形成。

应当指出的是,由类比得到的结论未必是真命题,只有通过证明才能肯定结论的真实性。例如,平面几何中"如果一个角的两边分别垂直于另一个角的两边,那么这两个角相等或互补",类比到空间"如果一个二面角的两个半平面分别垂直于另一个二面角的两个半平面,那么这两个二面角相等或互补"是错误的,尽管如此,类比仍不失为好的推理方法,数学中通过类比,可以发现许多命题或结论,它是创造性思维的一种形式。

(3)不完全归纳与猜想

如果归纳条件所涉及的对象只是被考察的对象的一部分,这样的归纳法叫不完全归纳法。不完全归纳法是通过简单列举某类事物中的一部分对象都具有某种属性并且无一反例,进而推及全体,概括出这类事物一切对象都具有这种属性的思维方法。

不完全归纳法运用起来十分方便,它可以根据少数知识推导出一般结论。不完全归纳的结论虽然有一定根据,但根据是不足的,不足的部分是靠想象来补充和完成的。不完全归纳的结果只具有猜想的性质,故称为归纳猜想。例如,当我们实际测量了若干直角三角形的直角边与斜边之间的度量关系后,发现"两直角边平方之和等于斜边的平方",于是就猜想:是否任何直角三角形都有这样的关系呢? 这一归纳猜想是肯定的。

猜想是对研究的对象或问题进行观察、实验、分析、比较、联想、类比、归纳等,依据已有的材料和知识做出符合一定经验与事实的推测性想象的思维方法。

不完全归纳与猜想具有相似的成分,即想象和猜测,因此经过不完全归纳和猜想得到的结论需要经过严格论证才能确认其正确性,但这些方法的主要意义在于其猜测和发现性,是数学创造性思维的一种基本方法。

3. 逻辑思维

数学逻辑思维是以数学的概念、判断和推理为基本形式,以分析、综合、抽象、概括、(完全)归纳、演绎为主要方法,用词语或符号加以逻辑地表达的思维方式。它以抽象性和演绎性为主要特征,其思维过程是呈线型或枝杈型地一步步推下去的,并且每一步都有充分的依据,具有论证推理的特点。用数学家阿达玛的话来说,"逻辑"思维是以较少无意识"成分",定向比较严密,一致性和清楚划分的思维过程为特征的。

(1)分析与综合

分析与综合作为哲学思维方法之一,是客观世界最一般关系的反映,是抽象思维的基本方法,也是其他许多思维方法的基础。

分析就是将被研究对象的整体分解为部分、方面,把复杂的事物分解为简单要素,分别加以研究的一种思维方法。分析的目的在于透过现象把握本质。

综合则是将研究对象的各个部分、各个方面或各种因素联结起来考察,形成一个整体认识的思维方法。综合不是各种因素的简单堆砌,而是按照对象各部分间的有机联系从总体上把握事物。

分析和综合是人脑活动的主要机能和属性之一。在数学研究中,它们都是常用的思维方法,是揭示事物的本质属性、形成概念、明确定义所不可缺少的,同时它们又是发现的方法,创造性思维的要素高考试题对分析与综合能力的考查比较普遍,就一道试题来说,对已知条件的分析,数学概念的应用,解题方法、解题过程及结论的形成等均离不开分析与综合。

(2)抽象与概括

抽象就是把研究的事物的本质属性抽离出来加以考察的方法。从广义上讲，就是从本质上去看待对象，而舍弃其他的方面的过程。为了进行抽象，又必须首先进行分析，把事物的各种属性分离出来，进而从中选取某种本质属性，而舍弃那些非本质或次要的方面。

概括就是把若干事物共同的属性联合起来考察的方法。例如，我们从日出日落，潮涨潮退，一年四季及正弦曲线、余弦曲线的图像等，观察到这样的共同属性：当函数的自变量增加一定数值时，函数值可以重复出现。我们把这些个别事物的各自的属性联合起来考察，发现它们的共同性质：变化的周期性。

由此可知，抽象和概括都必须从分离对象的属性开始，这就是分析；又必须把有关的属性结合起来，这就是综合。抽象所结合的是"本质的属性"，概括所结合的则是"共同的属性"。抽象可以仅涉及一个对象，而概括则涉及多个对象。

科学的抽象与概括的方法，在数学研究中起着重要的作用，它们对于数学概念的形成、发展和推广都有重要的意义。数学对象、概念、方法、符号等，都是经过科学抽象得来的，许多概念、性质的推广，都用到了概括的方法。

(3)完全归纳与演绎

归纳与演绎是自然科学中重要的逻辑推理方法，其推理正好相反，是统一体的两个侧面。

什么是归纳？简单说来，归纳就是从个别事实中概括出一般原理的一种思维方法。它是把个别事物的特征上升到一类事物的特征，是从特殊到一般的过程，是依据一些特殊事例来建立一般原理的逻辑方法。归纳既是发现的方法，也是推理的方法，有的还可以用作证明。归纳法一般分为完全归纳法与不完全归纳法。

演绎是指从一般原理推出个别结论的逻辑方法。在数学中，演绎法主要用于证明，其推理模式就是形式逻辑中的分段论。数学命题的证明过程就是一连串的分段论的有序组合。演绎法在中学数学中的应用非常普遍，不管是教科书内容的编排，还是教师的课堂教学，乃至学生的解题过程，都贯穿了演绎法。

例如，在高中教材中，首先利用描述的方法给出了集合的概念，再利用已讲过的对应，加上集合得到了映射的概念，又用集合和映射定义了函数概念，然后又由函数概念定义了幂函数、指数函数和对数函数，这就是不断地从一般到特殊的演绎过程，最后成为一个演绎体系。

由于当今的科学、技术以及经济和生产的发展,已经不存在不需要数学训练的人类活动的领域。实践证明,任何人类活动均表现为一定的智力活动。在活动过程中,要求人类能进行连续的思维,必须对复杂的活动过程做出精确的分析、合理的判断、正确的推理。所以,数学思维已成了对人才素质要求的组成部分,成为评价能力的标准之一。

综上所述,数学意识是数学素质的基本表象,数学技能是数学知识和数学方法的综合应用,数学思维与数学语言存在于数学学习和运用的过程之中。数学素质的个体功能与社会功能常常是潜在的,而不是急功近利的,数学素质具有社会性、独特性和发展性。时至今日,数学的知识和技术已逐步发展成为人们日常生活和工作中所需要的一种通用技术的趋势,这是因为现代社会生活是高度社会化的,而高度社会化的一个基本特点和发展趋势就是定量化和定量思维,定量化和定量思维的基本语言和工具就是数学。由此可见,未来人的数学素质将与人的生存息息相关。

三、数学认知结构

(一)认知结构的相关理论

1. 奥苏贝尔的有意义学习理论

奥苏贝尔认为,有意义学习的根本要素是新知识与学习者原有知识建立非人为的和本质的联系。有意义学习理论强调以理解学习作为出发点,这种合理和本质的联系指的是新知识与学习者认知结构中的某些特殊相关的方面有关联,如一个图象、一个符号或一个概念和例题。教师教学的重点应放在如何帮助学生建立和巩固这种联系以及如何判断学生是否真正建立了这种联系上。现象图式学认为学习是一种个体与世界的内在关系,学校的教学目的是为学生如何面对不断复杂化的未来社会做准备,数学学习本身即意味着发现一种看待数学对象的方式,而这种方式是建立在对数学学习对象关键特点的分辨,以及对这些特点的聚焦上,因此,数学学习的最重要形式就是通过"变式"这样一种教学策略,使学生能够以不同的方式去看待某个数学学习对象,通过比较变异与不变的方面,使学生认识到数学学习对象的不同方面。因此这种建立在有意义学习基础之上的理解学习便发生了,学生的数学认知结构便在认知的过程中得到了完善。

2. 建构主义学习理论

建构主义理论的奠基人皮亚杰坚持认为,只有在学习者仔细思考时,才会导致有意义的学习。学习的结果,不只是知道对某种特定刺激做出某种特定反应,而是头脑中的认知图式的重组。在他看来,学习的目的并不是个体获得越来越多外部信息的过程,而关键因素是个体与环境的交互作用,通过这种方式,个体掌握了越来越多的有关认识事物的程序,即建构了新的认知图式。数学建构主义是在皮亚杰的理论基础上发展起来的,特别关注在数学学习过程中学生主动的心理建构活动并将其比喻为"在主体的心理上建造一个认识对象的'建筑物'"。其实质是主体通过对客体的思维构造,在心理上建构客体的意义。数学建构主义观认为"学习并非是学生对于教师所授予的知识的被动接受,而是一个以其已有的知识和经验为基础的主动建构过程"。"满堂灌"的结果只能是一种简单的外部结构的强行嵌入,只会让学生学会模仿、复制,缺少迁移,强调"自主活动""智力参与"和"个人体验",强调只有经过主体通过内部心理上的思维创造过程体原有认知网络之中。

采用思维导图式的教学设计就是建立在用建构主义理论指导数学课堂教学的这样一种数学学习观和数学教学观的基础之上的,数学知识一般以感知觉、表象、概念、命题或图示等主要表征存在于人脑之中。因此数学教学的功能在于使学生超越自己的知识,教师通过组织、引导、合作和共同研究,充分发挥学生主动性,教师应帮助学生搭起建构知识的桥梁,借助学生已有的知识和经验,创造问题情境,经过学生主体感知、消化、构造,即基于个人对经验的操作、交流,通过反省来主动建构。通过教师示范、引导,教会学生通过构建数学知识网络图式的方法,使学生在自己的头脑中建构与发展适合他们自己的数学认知结构。

3. 问题性思维理论

"问题是数学的心脏"。《全日制普通高中数学课程标准》(2017 年)中明确指出:"数学教育使学生学会用数学的思考方式解决问题、认识世界",积极倡导用"数学方式思维",努力使数学理念得以更广泛地传播。马赫穆托夫认为,传统教学的心理学依据是"联想"理论,而"问题性思维"理论又称"创造性思维"或"能产性思维"理论,它是问题教学心理学的理论依据。根据现代认知心理学的观点,"问题"一般解释为不能及时达到的目的。而"思维"是人脑反映事物的一般特性和事物之间的规律性联系,以及以已有知识为中介进行推断和解决问题的过程。传统心理学中将问题解决过程分为"提出问题,明确问题,提出假设,验证假设"的过程,并明确指出思维的目的性是指向问题的。现代认知心理学认为问题解决是受目标指引的认知性操作序列,即把问题解决看成是对问题空间的搜索,在"思维的目的性是指向问题的"这一观点上传统理论与现代理论是一致的。数学思维能力的培养主要体现在数学问题的解决过程之中,概念、判断、推理是数学思维的三种基本形式,在数学课堂教学过程中,教师可通过精心设计一系列问题链不失为一种有效的教学策略,问题链方法是一种以适应客观世界的运动变化和数学严谨逻辑性之需要为目的的辩证的动态思维方法。根据"问题链"产生的方式,"问题链"可分为性质链、推广链、引申链、综合链、判定链、等价链或方法链等,由于寻找问题链需要运用推广、引申、综合、深化等方法,又离不开观察、实验、类比、归纳和猜想等,而同时寻找问题链本身就是数学发现的一种基本方法,它的目的是希望所寻找到的问题尽量多地转化为真命题(定理)。因此,对逐步寻找到的问题做阶段性的论证是很有必要的,问题链方法是以数学问题为主线,以提出问题—解决问题—再发现问题为全过程的,兼具收敛性和发散性的数学思维方法。在教学中,教师应根据所授内容的需要,结合个体学习心理的特点,在教学过程中设置一系列有层次、有深度、学生需要主观努力才能解答的问题,使学生在发现问题—解决问题—再发现问题的不断往复循环的过程中发展和前进,已形成的数学知识体系在不断地发现矛盾和解决问题,寻找缺陷和补证不足中逐步完善,使学生的数学认知结构不断得到优化。

4. 数学解题学习中的元认知理论

元认知是"为完成某一具体目标或任务,认知主体依据认知对象对认知过程进行主动的监测,以及连续的调节和协调",是"个人对认知领域的认知和控制",是"个人关于自己的认知过程及结果或其他相关事情的知识",简言之是"关于认知的认知"。实验研究表明,元认知和认知虽然可以分离,与一般能力倾向存在独立性,但元认知可以弥补一般能力倾向的不足。数学学习离不开解题,数学的解题认知结构包括解题知识结构、思维结构和解题结构。

在数学教育研究领域,波利亚提出解题的元认知思想,并集中体现在他的解题理论——怎样解题表。他对解题过程给出的"提示语"是典型的元认知知识。特别是对于"解题回顾",要力求达到"能一下子看出问题的解"的程度,他认为"货源充足和组织良好的知识仓库是一个解题者的重要资本,良好的组织使得所提供的知识易于用上,这可能比知识广泛更为重要"。"在任何主题中,都会有一些关键事实(关键问题、关键定理),你应当把它们放在你记忆库的最前面。"他所强调的"解题回顾"实际上就是培养解题的"题感",它属于解题元认知体验的范畴。这种伴随并从属于智力活动的有意识的认知体验或情感体验有利于学生的数学的解题认知结构的完善。

在教学中教师应当有意识地结合教学内容,积极运用波利亚的"提示语",创造不同的问题情境,让学生以各种不同的方式反复用同一个提示语诘问自己,通过不断强化引起条件反射,从而产生同样的思维活动,改善学生的认知方法、策略、思想及观念,因为这样概括的"提示语"已经超越了具体形象并广泛适用,久而久之,学生的思维能力必然会大大提高。此外,教师还应创造性地开展教学,善于总结提炼自己的"提示语",形成有自己特色的元认知的"提示语",由于自我监控都具有很广泛的迁移性,因此受到训练的学生不仅在数学学习中受益,对于他所面对的任何其他领域来说都能有效发挥作用。提高数学解题元认知能力,就是使解题的元认知监控上升到自我意识的境界。

(二)数学认知结构及 CPFS 结构

由以上理论可知,数学认知结构是数学知识结构与个体心理结构相互作用的产物,是个体通过感知、记忆、表象、思维、想象等认知操作,在元认知的监控调节下把数学知识内化到头脑中所形成的一个具有内部规律的整体结构。

数学学习心理的相关研究也表明,数学认知结构图式主要有四种形式:层次网络式、锁链连接式、散射分布式以及语言描述式。中学生的数学学习成绩与他们的认知结构有显著的相关性,学习优秀的学生,其认知结构多呈现层次网络式,较为合理地建立起知识间的联系,充分反映出学生在分析、整理数学知识的过程的逻辑性、条理性、层次性,认知结构所涵盖的内容比较丰富、全面,从基础知识到知识的应用,从数学内部到数学外部,知识间建立了广泛的联系,并且表现出思维具有跳跃性。而成绩较低的学生,其认知结构的呈现形式多为语言描述式或散射分布式,对于知识内容呈现得较为零乱,不能抓住问题的关键,也没能体现出他们对知识间逻辑关系的认识。因此,众多的研究表明良好的数学认知结构应是层次网络形式。

数学知识在学生头脑中何以呈现出这种有层次的网络式结构? 为说明这个问题,我们引进一个概念——"CPFS"结构。

"CPFS"结构这一概念,源自南京师范大学喻平教授等建构的"CPFS"结构理论,是对数学认知结构的具体化。CPFS 结构即是由概念域、概念系、命题域、命题系形成的数学心理认知网络结构。

概念域、概念系、命题域、命题系则用图式加以定义。概念域(Concept Field)与概念系(Concept System)是根据数学概念的特征,用以描述数学概念的表征提出的两个概念。

概念 C 的所有等价定义的图式,叫概念 C 的概念域。具体地说,概念域的涵义是:①一个概念的一组等价定义在个体头脑中形成的知识网络,是个体数学认知结构的组成部分;②对同一概念的等价描述均属知识点,它们之间存在逻辑等价(或称为等值抽象)关系。

如果一组概念满足 $C_1R_1,C_2R_2,C_3R_3,\cdots,R_{n-1}C_n$,表达式中 $R_i(i=1,2,\cdots,n-1)$表示弱抽象、强抽象或广义抽象三种数学抽象关系中的一种,则称 C_1R_1,$C_2R_2,C_3R_3,\cdots,R_{n-1}C_n$ 为一条概念链;如果两条概念链的交集非空,则称这两条链相交。如果 m 条概念链中的每一条都至少与其余的一条链相交,则称 m 条链所组成的概念网络的图式为概念系。简单地说,概念系就是存在某种关系的概念在个体头脑中形成的网络。概念域、概念系强调多个数学概念之间的关系,是数学概念与认知主体相互作用而形成的心理结构。

命题域(Proposition Field)与命题系(Proposition System)的提出是作为概念域(系)的自然推广:典型命题 A 的等价命题,连同这些命题之间的(互推)关系所形成的结构叫作等价命题网络,一个等价命题网络的图式称为典型命题 A 的命题域。其涵义是:①命题域是个体头脑中的命题网络,是个体数学认知结构的组成部分;②命题网络中的所有命题在逻辑意义上是等价的;③命题域是命题网络在个体头脑中的贮存方式,因而与命题网络的组织形式有关;④命题域中的典型命题往往构成命题域的核心,是个体在应用命题时最容易提取的因素。

对命题域的广义理解是指在两个数学结构中去考察,如果两个结构之间存在同构关系,则一个结构中的问题在另一个结构中必有对应的等价形式,这时两个结构之间的问题转化是等价化归。则称具有同构关系的命题网络的图式为广义命题域。

如果一组命题 $A_1,A_2,A_3,\cdots,A_n$ 存在推出关系(广义抽象),则 $A_1,A_2,A_3,\cdots,A_n$ 称为一条命题链。如果 n 条链中的每一条都至少与其余一条链相交(交集非空),那么称这条链组成的系统为半等价命题网络,一个半等价命题网络的图式称为命题系。有些命题,它们之间没有直接的推出关系,但具有某些相似或类似的潜在联系,则把这种具有潜在关系的命题网络的图式称为广义命题系。命题系是命题域的推广,命题域往往是某个命题系的子图式。

由概念域、概念系、命题域、命题系形成的结构称为 CPFS 结构。其涵义包括两个方面:CPFS 结构是个体头脑中内化的数学知识网络。各知识点(概念、命题)

在这个网络中处于一定位置,知识点之间具有等值抽象关系、或强抽象关系、或弱抽象关系、或广义抽象关系;网络中知识点之间具有某种抽象关系,而这些抽象关系本身就蕴涵着思维方法,因而网络中各知识点之间的联结包含着数学方法,即CPFS结构的"连线集"为一个"思想方法系统"。

CPFS结构是数学学习中特有的认知结构。由于是对知识结构的更深层次的刻画,因而CPFS结构更能从本质上反映数学理解的本质。

CPFS结构有优劣之分,它影响学生的数学学习成绩与学习能力,是数学学习的基础。CPFS结构通过后天的学习逐步形成,并随着学习进程的进展而不断地发展变化,而且可以通过采用适当的教学方法使之逐步得到完善。因此,数学教学的根本任务就是通过创设教学情境,完善学生个体良好的CPFS结构,搭建其数学学习的基础,促进学生的数学学习。

(三)完善CPFS结构

丰富的CPFS结构理论为我们进行科学的教学和科学课堂教学设计提供了广阔的理论空间。根据这些理论我们可以总结出在进行教学设计时要遵循的科学原则。

1. 以良好的CPFS结构作为价值取向和目标定向

基于CPFS结构的广泛内涵和重要作用,教师在进行各方面的设计时要以激发和形成学生良好的认知结构为目标。这些设计包括环境设计、课程内容设计、学生活动设计等,它们的总体目标是为学生提供条件,让其自主地进行认知结构的建构。这不仅是学习知识的需要,更是培养学生的主体性和创造性的需要,是基于学生主体思想所做出的必然选择。只有这样才能贴近实际地教学,并且能更有长远目标地教学。

案例:以一元二次方程的单元教学为例。首先需要激活整式运算的技能。然后逐步形成以方程概念、求根公式、韦达定理等为主的知识链;接着通过变式,求解各种各样的一元二次方程,包括对含参数的 $x^2 + mx + 3 = 0$ 方程,讨论其实根分布的状况与 m 的关联等。于是,构成一元二次方程的知识网络,与此同时,在变式教学过程中,逐步渗透"化归""判别式""图像识别""根与系数的联系"等思想方法,从而形成了有关一元二次方程CPFS结构。

2. 重视环境的设计

环境可以促发学生的CPFS结构,使其处于激活状态,为新旧知识提供接触点。在环境的设计上,以布兰斯福特为代表的"抛锚式教学"的理论和实践为我们提供了生动的例子。他们主张把学生引入模拟的故事情境中以解决故事中的问题的方式进行学习,实验证明这种方法使学生的学习效率大为提高。

环境设计的原则是,尽量把学习情境并入真实的生活情境中去,让学习与生活接壤,尽量用先进的技术设备模拟问题情境,使学生在情境中感知,加强语义知识和形象知识的连接,尽量创造和谐、民主的人际环境,加强师生之间的交流,促进师生、生生之间的互动。

3. 条理化、结构化和整合化

这一原理并不是要求教学必须从基本的概念和原理教起,而是要以形成有结构化、层次化的 CPFS 结构为最终目标。根据 CPFS 结构理论所揭示的原理,教学内容的设计可采取两条互逆的途径:由一般到特殊和由特殊到一般的设计顺序,即遵循逐步分化和逐步统合的原则(奥苏贝尔的观点)。运用这两条途径的共同前提是,教师对学科的基本结构和各部分的相互关系能详细了解并且始终以形成学生优质的认知结构为目标。苏联在 20 世纪 60—70 年代出现的"单元教学法"使用的是从一般到具体的设计方案。在实际的教学设计中,两条途径一般进行交叉使用。在奥苏贝尔的多种学习分类中,在他的逐渐分化和统整协调的内容设计原则中,明显地体现了交叉使用的原则。

这种条理、结构化和整合化的设计促进了学生大脑 CPFS 结构完善,如数轴这个知识的网络图(见图 2 - 2),这种直观形象的知识层次非常接近人的自然思维过程。

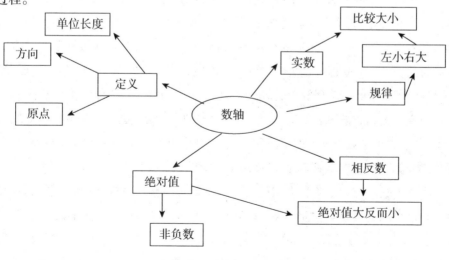

图 2 - 2　数轴的网络图

4. 体现学生主体和自主的原则

这也是由 CPFS 结构的特性决定的。教学设计要为学生的自主活动留有余地,以学生的现有认知结构为起点,以学生自主建构的良好 CPFS 结构为终点。在空间设计上注重广延性、开放性;时间设计上要求有弹性,少讲多练,为学生的自学和思考留下足够的时间;方法设计上注意以教法促学法,教会学生学的方法和策略;内容设计上要循序渐进,以旧知促新知,以新知带旧知,让学生能够自主吸纳,自主建构。总之,要学生做到建构性的学,积累式的学,目标指引式的学,反思性的学。

第二节　数学教师的专业职责

《学会生存》一书中指出:"教师的职责现在已经越来越少地传递知识,而越来越多地激励思考。"这就要求教师由"教书匠"式的技术型教师向研究型教师转型,做教育行动的研究者。当代教育学把它概括为:①由行动者研究;②为行动而研究;③对行动的研究;④在行动中研究。课堂教学行动研究使教师成为研究者,形成教师专业化格局。英国建立"课堂教学行动研究网络"引导了教师教学行动研究的潮流。

我国历来重视以课堂为中心的教学改革行动,有比较浓厚的课堂教学研究的氛围,无论是传统的课堂教学理念,还是现代的教学改革行动,都把教学行动与教学研究融为一体,创造了无数的行动研究的案例,并使成千上万的教育工作者成为教育研究专家。陕西师范大学的罗增儒教授,在 20 世纪 80 年代初就在自己的中学数学课堂教学行动研究中,提出了中小学数学教师要在教学研究中成为数学教学研究专家和数学解题专家。事实上,我国的数学教师通过 20 年的课堂教学行动研究,无论是数学大幅度提高质量行动,数学课堂教学目标评价实验教学,还是思维与数学课堂教学研究,都锻炼出了一批批数学教育研究专家。

我国的数学教学是使学生掌握数学基础知识与基本技能,形成数学能力,发展个性品质和形成科学的世界观,这与普通教育培养和提高学生的思想道德素质、科学文化素质及身体心理素质教育内容是相吻合的。但从教育的现状来看,由于长期受应试教育的影响,数学教育与整个普通教育一样或多或少地偏离了素质教育的轨道,往往是重视数学知识的传授,轻视学生能力的形成;重视智力因素的培养,忽视非智力因素的培养;看重书本理论,缺乏社会实践。因而使学生的数学素质停留在低层次上,削弱了数学素质在人的综合素质中所占的地位。因此,在确定数学素质教育内容时,要从整体教育观上,挖掘专业素质教育的内涵与外延,使其既有理论指导意义,又具实际操作意义。

一、思想道德教育

由于数学是人类实践活动的结晶,是无数劳动者所创造的精神财富,所以数学教师在学生接受科学家特别是我国科学家在数学领域的杰出成就的过程中,弘扬其科学献身精神,增强爱国主义意识和民族气节。要利用数字美、图形美、符号美、科学美、奇异美以培养学生的心灵美、行为美、语言美。要使学生在学习解题时,学会冷静、沉着、严谨的处事品格,形成独立创新意识。从数学的发展史观上领会辩证唯物主义和历史唯物主义观点。

(一)数学中的爱国主义

我国作为一个古老的数学王国,古代数学家的巨大成就遍及整个数学领域,祖冲之的圆周率、杨辉三角、贾宪数这些成果都早于欧洲数百年,立体几何中的祖暅原理、刘徽的割圆术等一系列古代数学思想与现代数学观点(莱布尼茨的微积分)似乎同出一处,这些事实足以使青少年对自己的祖国产生自豪感。

为激发学生的爱国热情和奋发精神,在数的概念中介绍我国当代著名数学家华罗庚、陈景润刻苦攻关精神和在数论领域的不朽贡献;在学习复数时简要介绍数学家杨乐、张广厚在复变函数理论上的重要突破;在讲授排列组合二项式定理后,指出中学教师陈家羲攻克的在组合数学中的寇克曼系列和斯坦纳系列是一百多年来的两大数学难题。这样,学生的求知欲望将油然而生。

(二)数学教学中的国情了解

在数学教学中适当而不牵强地引用国情知识有关的实例是切实可行的。例如,在讲椭圆方程时,以我国发射的卫星运行轨道为原型使学生了解我国当前科技成就;在等比数列中,结合我国计划生育政策介绍马尔萨斯人口理论的数学模型。尤其是市场经济的理论及实际问题转化成数学模型来解决。

(三)数学教学促进辩证唯物主义世界观的形成

理论联系实际,坚持实践第一的观点,大力提倡问题解决,着眼于已经发生,正在发生以及将要发生的社会生活、生产、流通、科技的材料,恰当地运用数学的解释、判断、预见功能,加强学生的数学应用观念,进行唯物辩证法教育。

二、科学文化教育

数学素质教育要把文化素质与专业素质教育结合起来,构成数学素质教育的核心。数学基础知识、数学思想方法及数学综合能力是数学素质教育最本质的要求,是课堂教学的中心内容。

(一)要改革数学基础知识的教学

过去题海战术的教学模式,强调学生的机械识记,忽视了知识的形成过程和学生的认知结构,素质教育应加强数学概念和数学命题的教学,注重概念形成过程和定理、公式的推理过程,重视数学知识的形成、发展与问题解决的过程,教师力求讲精、讲透、讲活,使学生在掌握数学知识结构的过程中形成良好的数学认知结构。

数学认知结构是学习者通过被教师所激发起来的心理结构作用于外界的数学知识结构而形成的学科特定的心理结构。发展和完善学生的数学认知结构是完成数学教学由应试教育向素质教育转轨的内在因素,是数学教师在教学中把素质教育的口号变成实际行动的根本所在。因此在数学教学中要认真贯穿始终。

1. 运用数学教学过程构建良好的认知心理过程

首先,要把教材的基本观念和基本原理、基本概念和基本原理的结构作为教学的中心,重视数学概念(知识)的形成、发展和联系,对知识应用的层次与功能进行分析,以增强数学知识的动感。

其次,要把思维过程贯穿数学教学的始终,以推迟判断为特征的数学课堂教学改革,给学生以自由想象的时间和空间。现行的考试题型对学生的思维方法提出了更高的要求,许多问题的解答过程不再反映在纸上而是反映在人脑的空间,因而在数学教学中暴露思维过程教学显得尤为重要。

最后,精造习题,组织良好的知识结构促进学生的认知结构全面发展,使学生形成再学习的能力。数学题海无涯,教学中必须精选,要从知识结构的横向上把知识织成知识网(或习题网),再进一步将知识链和知识网组成知识块(或思维块),使学生的迁移能力得以充分展示,为新知识的学习打好基础。

2. 发挥学科优势形成良好的认知方式

匈牙利数学家 P. 罗莎曾经描述:"假设在你面前有煤气灶、水龙头、水壶和火柴,现在的任务就是要烧水,你应该怎样做?"问题很简单,谁都知道"先把水壶放上水,点燃煤气,再把水壶放在煤气灶上"。接着罗莎又提出了这样的问题:假设所有的条件都和原来一样,只是水壶中已经有了足够的水,这时你又怎样去做?对于这个问题人们往往会回答:点燃煤气,再把水壶放在煤气灶上。而罗莎指出,这不是最好的回答,因为"只有物理学家才会这样做,而数学家则会倒去壶中的水,并且声称:我已把后一个问题化成先前的问题了"。

上述例子中,罗莎的比喻固然有点夸张,但并不牵强,它道出了化归法的根本特征,反映出数学家与其他人处理问题的差别。化归法思想遍及整个数学教材教学之中,是一种最优化的数学认知方法与方式。数学教学中只有自觉或不自觉地运用好化归法思想,才能真正体现数学素质教育的精髓,使数学认知结构得以正常发展。

(二)加强数学思想方法的教学

1. 要重视数学思想的教学

数学思想即数学的基本观点,就是数学知识最为本质的、高层次的成分,它具有主导地位,是分析问题和解决问题的指导原则。着重要领会的数学思想是化归思想、函数与方程思想、符号思想、数形结合思想、集合与对应思想、分类与讨论思想、运动与变化思想等。下面就一些重要的数学思想做些阐述。

(1)转换与化归的思想:转换的思想是指在解题过程中有意识地把问题转换为简单的、基本的问题求解的思维方法,通过已知条件的转换、问题结论的转换、命题形式的转换、高维向低维的转换,各学科间的转换等转换途径化高次为低次、化难为易、促使未知向已知转换。化归的思想是指解题过程中把不规则(新的)问题划归为规则的或者典型的(熟悉的)问题来解决。

(2)分割与组合的思想:分割的思想是把一个整体分割成几个相对独立的部分,通过解决各个相对独立部分的问题达到解决整体问题的思想。组合的思想是把几个可独立的部分结合为一个整体,通过利用整体性质达到解决具体问题的思想。

(3)联想与类比的思想:联想是由一事物想到另一事物的思维过程。类比是由特殊到特殊的推理方法。

(4)函数与方程的思想:函数是数学的重要内容之一,方程是由常量数学向变量数学过渡的桥梁。而函数作为研究现实世界变量之间的依存关系的主要工具,又是由初等数学向高等数学过渡的枢纽。函数的思想就是要用变化的观点去观察、认识问题,方程的思想就是用方程的观点来解决客观世界和数学自身的问题。

(5)分类与讨论的思想:分类的思想是近代数学重要的思想之一,分类讨论是一种重要的解题策略,是为适应数学问题的各种限制条件的制约及变动因素的影响而采取的化整为零、各个击破的解题手段。

(6)数形结合的思想:数形结合是寻求解题途径的简捷的思维方法,解几何问题时,利用数量特征化为代数问题;相反,解决与数量有关的问题时,考察其结构的特点化为几何图形问题,从而利用数与形的辩证统一和各自的优势尽快找到解题途径。

2. 要加强数学基本方法的教学

数学思想方法是数学思想的具体化,也是解决问题的工具,如配方法、待定系数法、分解与合成法等恒等变换方法以及换元法、对称法、判别式法、伸缩法等映射反演方法。

3. 要加强数学思维方法和数学逻辑方法的教学

要使学生学会学习,形成再学习的能力,它是思考问题的方法,也是解决问题的手段,在数学中要运用的主要思维方法有分析法、综合法、比较法、类比法、归纳法和演绎法等。

(三)培养数学能力

现在公认的数学能力主要是运算能力、分析问题与解决问题的判断推理论证能力、抽象与概括能力、数学学习与再创造能力四种能力。其中,小学生的数学能力是计算能力、列算式解应用题的能力及简单的识图能力;初中学生的数学能力主要是数式的运算能力、几何直觉思维和形式逻辑推理能力以及列方程解应用题的能力;高中学生的数学能力是变量分析构造数学模型的能力及辩证思维能力。根据现代科学需要,各阶段学生都要有学习使用和应用计算机等信息科学的技能。

传统的数学能力已在前面论述,数学思维能力培养将列入心理素质教育内容之中。对于数学教学中构造数学模型的能力反映了数学的教学目的,因为数学概念的发展,命题的论证,常常是把一个新的问题转化为过去已有的模型。从某种意义上讲,数学教学过程实质上就是引导学生构造数学模型的过程。在教学中首先要使学生从数学概念模型化入手,在学习过程中掌握其直观、形象、具体、和谐的原则。其次是在数学解题中运用模型化思维方法和步骤,数学解题中模型化的基本步骤如图 2-3 所示。

图 2 - 3

构造数学模型的主要方法是观察、实验、类比、联想、转换、化归等。造出的模型举不胜举：几何模型(距离、面积、体积)、集合模型、函数模型、方程模型、三角模型、组合模型、数列模型、参数模型等。

三、生理心理教育

（一）智力素质是心理素质的主体

人的心理素质是由人的心理活动所反映的,它包括了智力因素和非智力因素两个方面,心理素质的发展必须与生理发展相适应。

数学教育教学,着重培养的是学生的观察力、注意力、记忆力、思维力与想象力,其中思维力是数学素质教育的核心所在,在数学教学的各阶段,都应把发展学生的思维能力放在重要位置,随着学生的生理和心理不断发展,逐步形成良好的思维品质,在培养思维的广阔性与深刻性、独创性与批判性、灵活性与敏捷性、逻辑性与形象性等诸方面下功夫,完善从直觉思维、形象思维到逻辑思维、辩证思维的思维方式,学会思维策略的辩证应用。

由于数学思维常常表现为数学能力,而这种能力,作为一种智力素质,又表现思维的品质。思维的智力品质是衡量主体的思维发展水平的重要标志,它主要表现于思维的广阔性、深刻性、灵活性、敏捷性、独创性和批判性六个方面。这六个方面既有各自的特点,又互相联系、互相补充。

(1)思维的广阔性是指思维活动作用范围的广泛和全面的程度。它表现为思路开阔,能全面地分析问题,多方向地思考问题,多角度地研究问题。善于对数学问题的特征、差异和隐含关系等进行具体分析,做出广泛的联想,因而能用各种不同的方法去处理和解决问题,并将它推广应用于解决类似问题,因此在解题时常表现为一题多解或一法多用。善于运用各种形式的发散思维来思考问题是思维开阔的一种重要表现。

(2)思维的深刻性是指思维活动的抽象程度和逻辑水平。它表现为善于使用抽象的概括,理解透彻深刻,推理严密,逻辑性强,并能解决难度较大的问题。对于数学问题的思考,能够抓住问题的本质和规律深入细致地加以分析和解决,而不被一些表面现象所迷惑。解题以后能够总结规律和方法,把获得的知识和方法迁移应用于解决其他问题。善于运用集中思维和分析思维是思维深刻性的主要特征。

(3)思维的灵活性是指思维活动的灵活程度。它表现为对知识的运用自如,流畅变通,善于自我调节。思维不囿于固定的程序或模式,能够根据具体情况及时换向,灵活调整思路以克服思维定式的束缚。在解决数学问题时,善于运用辩证思维对具体问题做具体分析是思维灵活性的重要特征。

(4)思维的敏捷性是指思维活动的反应速度和熟练程度。它表现为思考问题时的敏锐快速反应。敏捷是以准确为前提的,只有掌握扎实的基础知识和熟练的基本技能,正确地领会知识、把握问题的实质,达到融会贯通,才能有真正的敏捷性。善于运用直觉思维,善于把问题转换化归,善于使用数学模式等都是思维敏捷性的重要表现。

(5)思维的独创性是指思维活动的创新程度。它表现为思考问题和解决问题时的方式方法或结果的新颖、独特,别出心裁。善于发现问题、解决并引申问题是思维创造性的表现之一。独创性思维还具有思维舒展、活跃,多谋善变的特点,较多地寓于发散思维和直觉思维之中,辩证地处理问题也是其不可或缺的思想成分。

(6)思维的批判性是指思维活动中独立分析和批判的程度。它表现为善于独立思考,善于提出疑问,能够及时发现错误、纠正错误。能够在解决数学问题的过程中不断总结经验教训,进行回顾和反思,自觉调控思维进程,自我评价解题思路方式,辨别正误,排除障碍,寻求最佳答案。

明确上述数学思维品质的智力特征有利于数学教学中由教师启发诱导,结合基础知识的学习及解题训练,有机地渗透有关思想,逐步地、有意识地培养学生的各项思维品质。当然,思维品质的发展是与数学中的知识教学、技能训练、能力培养及思想教育各方面都密切联系的,必须要从整体原理出发,引导学生自觉掌握数学思维的基本方法和辩证策略,善于辩证地运用各种数学思维方法去分析具体问题、解决实际问题,才能达到数学的教学和教养的目的。

(二)非智力素质是数学素质教育不可缺少的

非智力素质主要是指学生学习的动机、兴趣、情感、意志和性格等。由于多数学生的智力因素差异并无明显悬殊,而导致学生两极分化的重要原因就是非智力素质差异,因而在数学教学中要从培养兴趣、激发动机、建立情感及增强意志四个方面进行非智力素质的培养。

1. 培养兴趣

爱因斯坦说过"兴趣是最好的教师"。实践证明，没有兴趣的强制性学习无疑是一种苦役，也是很难学好的。只有产生了兴趣才能全力以赴投入学习之中，而兴趣的形成则是较为复杂的心理过程，它是在充满情趣、富有魅力的教学活动中逐渐培养起来的，因此数学教学中要着重做到如下两点。

第一，精心设计教学情境，培养兴趣主动性。

设计悬念，引起好奇。在课堂，悬念可设在课头，也可设在课尾。设于课头必须是整个课堂的中心，其目的是尽快集中学生注意力，激发求知欲望。如讲"一一映射"之前，可设问"半圆周上的点与直径上的点哪一个多"，必定会引起学生思考并产生浓厚的兴趣。若设于课尾则是下次课的中心（埋下伏笔）。

设置惊诧，产生热心。数学教育学家 P. 玻利亚指出："引入问题要活泼新鲜，有时可诙谐些，或说些似是而非、自相矛盾的见解让学生去猜。因为一旦表示出某种猜想就会追求猜想的正确与否，从而热心起来。"例如，我们用古例"一尺之棰，日取其半，万世不竭"来引导学生从疑惑中把数的概念从有限过渡到无限。

第二，揭示教材中知识蕴含的美学因素，提高学生的审美情趣。

一个学生的学习兴趣常和输入材料的美感联系在一起，审美观的形成乃是学习的最佳刺激。数学美无处不在，数式的和谐、图形的对称、方法的独特、技巧的奇妙无一不表现数学美。教学中利用奇异美激发好奇心，打破和谐美增强求知欲；一题多解一题多变追求简单美；按照对称美解题求捷径；用相似美异中求同。这些活生生的活动都带来美的愉悦和情趣。

2. 激发动机

学习动机直接影响着学习效果，由于数学是重要基础学科，与其他学科关联密切。教学中要有意识地突出教材中与其他学科关联的内容，如讲正弦函数，可引导学生研究无线电波、弹性物体振动和交流电等形成的曲线，讲圆的渐开线、摆线和螺旋线指导学生观察零部件等。同时要结合有关内容把国情教育知识渗透进去，如利用指数对数函数计算新中国成立前后以及改革开放以来国民经济增长率等，把反映我国发展成就的实例引到数学中来，介绍日益发展的现实世界对数学的迫切需要情形，使学生把数学近期目标与远大理想紧紧联系在一起，形成最佳的学习动机。

3. 建立情感

情感是人类对客观事物和对象所持态度的体验,它对学习起着激励或阻抑作用。我国的教育制度不仅从客观上保证了学生情感的正常发展,而且在学科教学中也历来提倡师生间的情感交流,中小学数学教学应注意的是:

因材施教,以"材"动情。教学要面向大多数学生,强调知识间的衔接,不忽视尖子生的培养。

组织活动,以"行"动情。适当组织课外活动小组,辅导数学竞赛(如高三参加全国数学联赛,高一、高二参加希望杯、祖冲之杯赛等),举办数学问题讨论会,开展小论文写作,自编数学小报或向报刊投稿,开拓学生视野。

言传身教,以"情"动情。俗话说:"爱屋及乌。"教师要用严谨性来约束自己的备课、讲课、批辅、信息反馈各个环节,处处做学生的楷模,要更新观念,不断汲取别人经验,研究和改革教材教法,用自己的科研成果来赢得学生的尊重因而喜欢你的课。

4. 增强意志

主要是用我国青少年近几年在国际奥林匹克数学竞赛中取得优异成绩的事实现身说法,教育学生锐意进取,勇攀高峰。还可以尝试一下学生挫折教育问题,引导学生尝试战胜挫折,学会自控,以适应未来发展的需要。

非智力因素的诸因素不是互斥的,而是相容的。情感作为学生的动因能直接转化为学习动机、唤起兴趣,有了良好动机和兴趣就会具备坚强的意志,非智力因素的培养是力求通过不同途径使它的诸方面同步发展,达到和谐程度。

第三节　数学教师的专业效能

教师专业效能是指教师对自己专业能力的认知,以及在教学过程中,建立并维持良好的师生关系、有效地执行教学工作、激励学生上进意志,促使学生获得学习的成功,并树立完美的身教榜样,影响学生在行为上有良好表现,以达成学校教育目标的信念。

教师专业效能,即教师在执行教学活动的行为中所产生效率、效应和效果的综合,它是教师专业角色的关键要素。教师的教学行为应当包括对教材的分析行为、对学生学习特点及认知水平的分析行为、设计教学的行为、知识传授的行为、语言表达行为、课堂组织管理行为等，以及由教师自我效能观点衍生而来的，教师相信自己能够有效达成教学工作目标的信念。评价教师效能除了教师信念的层面外，还必须以学生学习效果来衡量。

教师能力所指的是教师的知识、技能和专业特质等内容，而教师的表现则是指教师在工作岗位上所做的，而不是教师能做的。教师效能是指教师的表现对学生所产生的影响。此三者无论是教师能力、教师表现还是教师效能都不能彼此推论，即教师能力的测验并不能用来推估教师的表现，而教师的表现也同样无法预测教师效能。

教师的教学效能感是指教师对自己在教学活动中是否有能力去完成好教学活动的判断。教学效果具体体现在对教材、备课、课堂教学等问题上，其程度的高低，直接决定了教师的教育教学工作的成败，提高教学效果感，要从教育预见能力、传导能力及教育过程的控制能力三方面努力。

一、教师群体互动场效应

王建军的《课程变革与教师专业发展》一书中，在讨论学校层面教师发展途径时，提出了建构教师专业社群的概念，他认为我国中小学以集体形式活动的如学科教研、年级组、备课组等教师群组就是教师专业社群。

（一）群体互动场的内涵

"场"理论是德国心理学家勒温借用物理学中"场"的概念提出的。引力是场能，和电场、磁场一样，是虚物能存在形式。世界上没有电场子，没有磁场子，一样也没有引力子。引力、磁力作用都是虚物流动现象，但场效应实实在在发挥着作用。引力不是靠引力子物质传播的，与光的传播完全不同。德国心理学家勒温借用物理学中"场"的概念，用于人类的个体行为研究，后来扩大到群体行为的研究，提出"群体动力"的概念。所谓"群体动力"就是指群体活动的方向和对其构成诸要素相互作用的合力。人的过去和现在综合形成的内心需要就是内在的心理力场，环境因素就是外在的心理力场。人的心理活动是现实生活情景影响下内在的心理力场与外在的心理力场相互作用的结果。事实上，个体内在心理力场中存在着积极因素，也存在着消极因素。如果我们将同一个消极或积极因素投射到不同的群体中进行观察，就会发现产生的效应是不同的。这就是群体互动心理力场在发挥作用。

所以，我们只有在充分理解把握个体内在的心理力场的基础上，通过良性的群体互动建构外在的心理力场,才能使群体场效应发挥积极的作用。良好的教师群体互动关系会产生积极向上的能量,促进学校各项工作积极有序开展,并取得理想的效果。

(二)群体互动场的几种效应

1. 群体互动场的共振效应

群体互动场的共振效应,是指群体有了共同的目标要求,采取协调一致的集体行动,而且这种积极的行动又形成互相鼓励促进的氛围,使个体的行动更加积极有效。

一所学校如果能够集中教师的积极要求,并根据这种要求积极开展和部署工作,就能产生积极的共振效应,极好地推进工作的完成。例如,在学校的课题研究中,首先根据学校的实际情况,面向全校教师,特别是中青年教师征求课题的立项意见,几下几上之后,一所学校的课题就出来了,由于这个课题研究来自全校的大部分教师,于是很自然地得到全体教师特别是青年教师的认同,再加上学校领导的积极支持,教师在教育科研和教师培训中的群体互动就比较顺畅,步调一致,互相促进,形成一种积极的互动场共振效应。

2. 群体互动场的极光效应

极光,一般产生于地球两极,往往发生于地球 90 ~ 130 千米的高空。产生极光的原因是太阳风的一部分带电粒子在到达地球附近时,撞击高层大气中的原子,被地球磁场俘获,并使其朝向磁极下落。它们轰击氧、氮、氩原子,击走电子,使之成为激发态的离子,这些离子产生不同波长的辐射,就形成了红、绿或蓝等色的极光。有时殷红灿烂的霞光突然升腾起来,一瞬间变成了一条弧形的光带,绚丽多姿,变幻无穷;有时延绵数千千米,极其宏伟壮观。简单地说,极光是太阳风与地球磁场互相作用的产物。因此,也可以被看成一种场效应。

在现实生活中,我们面对一个集体或其中的各个个体可能觉得都比较平常,如果我们着眼于他们的特长,并使他们的特长加以发挥,相互激发,交相辉映,那么这个集体以及这个集体的每一个人都会变得异常灿烂。我们就把这种发挥个人特长和展现集体风采所产生的效应称为群体互动场极光效应。

3. 群体互动场的互补效应

在解决校本培训师资匮乏问题时,启用本校原有师资力量,采用的是教师群体互动方式,所发挥的是群体互动场中的互补效应。"同伴互助""互相交流"式的培训机制,实际上就是在学校内部实施的"学高为师,身正为范"的做法。

曾经有人把教师与教师的互动关系比作"萝卜"煮"萝卜",因此无论怎样互动,结果"萝卜"还是"萝卜"。但我们认为,这种认识有失偏颇。首先,以"萝卜"煮"萝卜"比喻教师与教师之间的互动,具有很大局限性,只说明他们共处于同一个层级,同一种职业,他们在很多方面是有差异的,并非像"萝卜"一样基本上是完全同质的,全无互相补充提携的作用。且不说"百步之内必有芳草",就连我们的至圣先师孔子还说:"三人行,必有我师焉,择其善者而从之,其不善者而改之。"何况我们作为芸芸众生的普通人呢?

另外,还有人把专家对教师的指导关系,比作"猪肉"烧"萝卜",味道就好多了。对于这一点,需要多做一点分析。我们认为,从立竿见影的效果看情况的确是这样,这充分体现了专家学者的价值。如果讲得好,确实能够起到俗话所说的"听君一席话,胜读十年书"的作用。其最突出的优势在于具有较高的培训效率。

但从事态发展的过程看,就会给我们一些新的启发。从本质上说,专家就是对某些(甚至仅限于某个)问题特别有研究的人。换句话说,专家之所以成为专家,就在于他就某个领域先于或精于我们进行了更多的学习和研究,并取得了显著的成果。但教师与专家的差异也不是绝对的,而是相对的。一个普通的教师通过努力也可以达到或逐步接近专家的水平。关键在于你做出的努力有多少。即使事与愿违,我们通过努力仍然没有达到专家的高度,但是我们的努力可以使我们在教师专业成长的道路上取得长足的进步。

就拿听讲座来说,有人听讲座,就得有人准备讲座、做讲座,这就构成了一个群体互动场。那么准备讲座、做讲座的过程与听讲座相比,哪一个对教师专业成长具有更强烈的推动作用呢?答案肯定是前者。究其原因,就是因为准备讲座、做讲座所付出的劳动远比听讲座多得多。那么,能不能在条件许可的情况下让更多的培训任务由我们的教师自己来完成呢?这是不是可以更大程度上提高校本培训的效益呢?在教师学历不断提高,网络搜索功能日益强大,资料日益丰富的今天,只要我们热衷学习、善于学习、精于思辨、乐于实践,许多问题是可以无师自通的。如果我们能够将"专家指导""自主探索"和"教师互动"三者有机地结合在一起,就一定能使校本培训取得更为显著的效果。发挥教师特长,展示特色亮点,达到特长互补,促进共同成长的目的。这种群体互动场互补效应主要表现在以下五方面。

(1)在听课诊断中互补

教师群体以教研组,或同教材教师在教研活动中,采用听课、说课方式,互相交流讨论,开展诊断式互动,对一位或几位教师的教学设计或课堂教学进行点评。要求肯定他们在教学中做得最好的几点,以及需要解决的一些问题。虽然听课,或听取教案介绍的老师并非专家,但一定的分析鉴别能力还是有的。而且存在旁观者清的优势,应该相信同伴的鉴赏评价能力,即使有不同意见也可以通过讨论,使大家对某个教学现象、教学方法、教学理论,或学科知识、概念形成更加正确清晰的认识。这对参与讨论的每一个人都会有所帮助。

(2)在专题研讨中互补

在研讨活动中互补也是群体互动场效应的重要方面。因为每个教师对问题的关注方向是有差异的,研究认识的深度也不一样。在一起讨论交流,就能产生积极的互补效应。比如,有一次,我们组织了关于"教育应不应包含惩罚"的讨论,大家都积极发表意见。有的认为,惩罚不是万能的,而且会对受到惩罚的孩子造成心理上的伤害,有的老师一着急可能会采用体罚的方式,这不但不能起到教育的作用,反而会造成学生更大的怨恨和抵触情绪,形成更大的教育障碍,甚至还会使一些学生从教师的体罚中受到影响,对弱小同学采取侵犯行为,因此认为体罚本身就是教育的失败。有的则提出了相反的意见,他们认为没有惩罚的教育是不完整的教育,教育中的小惩罚往往可以避免今后的大惩罚。但学校教育中的惩罚,应该不包括体罚,可以采用其他合情合理的方法,在学生理解情愿的前提下接受处分:如无故不完成作业,就不能参加他喜欢的活动;值日生工作不认真,就要补做,直到能够做好,达到一定要求为止;不守纪律就要受到批评教育,或小站一会儿;严重不守纪律、不听劝告,就要重新学习学生守则,进行严格的教育,并向全班检讨,保证认真改正;如果随便拿人家的东西则要受到严厉批评教育(初次发生可以个别教育批评),并做出赔偿,要向老师家长做出保证,不再犯同样的错误;如果不听劝告,一犯再犯,情节严重,要记过处分,直到改正;等等。

还有更多的老师则认为,惩罚只是一种迫不得已的教育手段,必须以正面教育鼓励为主,以利于学生提高认识,明理动情,规范行为,促进学生主动健康的发展。所以惩罚应该少用、慎用,即便迫不得已偶尔采用,也要做到约法在先,明理在前,尺度适当,有章可循,循章有序。讨论中,有的老师还用自己在教育中、生活中的生动案例来说明自己的观点。我们认为这样的讨论是一种互补提高,对不同意见的老师都会有一定的帮助,使其对教育惩罚有更全面的认识,从而采取更为谨慎的态度,杜绝体罚和不近人情的发泄性惩罚现象。

（3）在师徒传帮中互补

新教师来了，学校都会按年段、学科，安排师徒结对，开展学科教学和班主任工作的传帮带活动，要求师徒互相听课，由为师者给学习者讲评诊断，提出改进建议；要求新教师撰写授课心得和反思。在师徒关系中，师傅当然是主要的输出者，徒弟主要的任务是学习吸收。但师傅在听课诊断点评时也有一个自我反思检讨的过程，对自己的提高发展也是一个促进；而且徒弟也不是一无是处，还是有许多东西可以学习的。比如，一般老教师信息技术、外语、普通话水平可能相对薄弱一些，可以向新教师学习。

（4）在辩论对话中互补

辩论总有胜负，在教育问题的辩论中也是一样。胜者之所以胜，自然有过人之处，或所持观点正确，或表述中肯准确，或材料丰富贴切，或论证得法有力。但胜利和失利也是相对的，只是某些方面比较突出罢了，许多方面仍是各有千秋，可以互相学习融合的东西还很多。辩论时表面上观点针锋相对，水火不容，双方各执一词，互不相让。但一到实践就只能融合兼顾。辩论各方的任务只在于极尽所能把自己的观点讲透而已，一旦把问题的各方面都看透了，正确合理的立场就会越来越清晰。

比如，我们开展过"现在的学生难教吗？"的辩论。辩论中当然是言辞激烈，好像水火不容，但实际上大家都是以学生健康发展为根本目标的，所以最后必然要走向融合。认为难教的一方，他们的主题是"不因难教而放弃，要针对难教的因素，花费更多的精力，各个击破，才能取得良好的教育效果"；认为好教的一方，他们的主题是："不因好教而怠慢，只要积极利用好教的因素，充分发挥优势，顺势而为，就能克服困难取得更好的教育效果。"其实大方向大目标是一致的，只是着眼点不同而已，其中许多内容是可以互相借鉴学习的。作为听众，我们思考的是，辩论各方把好教难教的因素都讲得很透彻，解决的方法也很有启发性，在惊讶于他们的睿智外，已经在设想把两个反题糅合起来成为一个合题，当作教好"现在的学生"更为全面合理的解决方案了。辩论双方就像红、蓝两道并行展现于天空的极光，使周围的天地呈现出一片更加绚丽的色彩。

（5）在随机交流中互补

在教师群体中，要倡导一种开诚布公、平等交流、严谨科学、共同成长的学术思想。求学者能够"不耻下问"，传授者敢于"好为人师"，而且不怕"出乖露丑"，以求在探讨中互补共进。总的说来，培训活动总是有限的，只有把培训中所倡导的这种学术精神渗透到平时的随机交流中,教师专业成长的效果才会更好。我们感到这种氛围正在逐步形成,在课间、在办公室、在教室门口的走廊上,经常可以看到教师们在讨论一些和教育教学有关的问题。有哲学家说过,人们永远无法两次渡过同一条河。因为在时间推移的瞬间,现时的河流已不同于刚才的那条河。这种讨论也是如此,每一次讨论交流,都会使我们的教师在专业上有所进步、有所成长。

群体互动场效应有积极消极之分,其基本特性是放大和加剧,所以我们必须努力建构积极和谐的群体互动场,使群体互动场发挥积极向上的推动作用。

二、教师专业智慧

教师职业具有独特的职业要求和职业条件,教师的职业化是教师成为专业人员并在教学中逐步成熟的发展过程,教师的职业化需要专门的培养制度和管理制度。教师专业具有自身的核心特质和衍生特质,我国学者认为,教师专业化有学科专业化和职业专业化两方面:对学科知识由一般懂得,到透彻,再到出神入化;职业化是由体验经验,到体验科学,再到体验文化。教师是在教育行动中成长的,其专业发展要关注实践智慧的动态发展过程,关注明确知识与默会知识之间的互动关系,关注教育教学共识和领域专门化知识。教师职业智慧体现在心灵启迪、知识育人、理论创造等层面上,教师专业成长的深度与广度往往就反映教师的智慧水平,教师职业是实践性很强的职业,教育理论也是在教育实践中产生和发展的,教师们在专业成长中创造了智慧,发现了真知。

(一)教师智慧育人

董凤玲老师的《论"随机化"评语的几个契机》就是智慧启迪心灵的最佳案例。这是她开展教育科研取得的成果。

"随机化"评语是教师对学生进行的一种不拘一格的书面谈心的教育活动。"随机化"评语重在"随机",与期末的终结性评语相比,它在评语的内容、形式、方式上都具有更强的灵活性,它强调的是对学生学习和生活中细枝末节的关注。正是这不起眼的细节,构成了学生成长的轨迹,塑造了学生美好的心灵,使学生的思想行为沿着健康的轨道发展。"沟通从心开始。"只要我们教师拥有一颗真正爱学生的心,敏锐观察,善于寻找,用心捕捉,可以说其"机"无处不在。

马斯洛将人的需要由低到高划分为五个层次:生理、安全、社交、尊重、自我实现。而自我实现是一个人追求的最高目标。选择这一时机与学生进行沟通,正好迎合人们大都"渴望被肯定"的心理倾向。后进生尤其希望老师能及时发现和肯定他们的点滴进步。"一把钥匙开一把锁",这是教育中的一句口头禅,意在因人施教。任何一个班级都有不同层面的学生,教师写评语也要因人而异,采用不同写法,使各层面的学生都能愉快接受。董凤玲对她的实践进行了如下的归纳:

给优等生写评语应多引导,少赞美。这里,我们所说的"少赞美"并不是"不赞美"。当学生取得成绩的时候,我们教师是应该多表扬、多鼓励的,但要注意把握尺度。一般来说,优等生谁都爱,这本是无可非议的。但也正因为他们学习成绩优异,工作表现出色,群众威信较高,所以他们的缺点也往往容易被掩盖、被忽视、被原谅、被袒护,因而教师赞美的语言不宜过多或过于夸大,这不利于小学生正确认识自己,反而会对学生的长远发展产生负面影响。对这类学生,教师应该严格要求,多加引导,警钟常敲。

给中等生的评语要多鼓励,少指责。心理学家席莱说:"我们极希望获得别人的赞扬,同样我们也极害怕别人的指责。"像一些愿意听话、学习态度端正、各种任务都能完成的中等生,他们在班里沉默寡言,不愿冒尖,成绩一般,怕出错,怕丢面子,内心却又希望得到别人的肯定。对于这类学生,当他们有进步时,教师应结合他们平时的生活事例,以热情洋溢、富有挑战性的话语,消除他们的心理障碍,使他们扬起风帆,加足马力,奋勇前进。

给后进生写评语应多鼓励,少挖苦。教育家苏霍姆林斯基曾感叹:"从我手里经过的学生成千上万,奇怪的是,留给我印象最深的,并不是无可挑剔的模范生,而是别具特点、与众不同的孩子。"教育家的这种感受告诉我们,对后进生这样的一个"与众不同"的特殊群体,我们实在不应该在他们经历的"磨难"的心灵上雪上加霜。应该给予他们更多的关爱,并要学会用放大镜去捕捉他们偶尔的闪光点,哪怕无意中的一个做得好的小动作,都值得我们在评语中大写特写。所以教育者应正确认识他们,研究他们,关心他们,让这些迟开的"花朵"也沐浴爱的阳光。

(二)教师智慧授业

数学教师基于专业智慧,利用"数学日记教学",帮助学生自主掌握数学知识、方法,体悟数学思想,获得数学理性,取得了良好的教学效果,在教学行动研究中掌握了教师智慧授业的有效方法。

1."数学日记"——架起心灵沟通的桥梁

对于中小学生来说,他们的情感日益丰富,他们需要心灵的沟通、情感的交流,大多数孩子都不愿意把自己的内心世界展示给父母,而情愿向他们喜爱的老师敞开心扉。尤其是班上的后进生,老师更应该从心灵上贴近他们,通过批阅日记、写评语与学生进行交流,交换自己的想法和感受,使师生之间充满信任和理解。学生对数学老师产生了感情倾向,从而内化了学习动力。班级有一位学生,数学基础很差,又很爱面子,从而导致了学习上的不诚实现象,很多老师、同学对她都有看法,于是她形成了自卑倾向。李老师通过引导学生写数学日记,了解了她的思想状况,设法对其进行教育。下面是那个女孩的一篇日记:

　　3月22日　　　　　　　　　　　晴

　　由于我的学习成绩很差,所以同学经常看不起我。我终于明白了成绩不好的坏处。我难受极了,我越难受就越不想做作业,什么脑子也使不上。所以我只想画画,只有在画画的时候我才感到开心。我真恨自己⋯⋯我不知道怎么办。说实话,李老师,我很喜欢你,我觉得你不会歧视某个学生⋯⋯

　　评语:我相信,只要你努力,就会不断进步的。别把不顺心的事都归到学习上,你能意识到自己学习不好,这不就是进步吗?你有美术的专长可以为班级服务啊,振作起来,你会得到老师和同学的信任的!

　　过了几天,该生又写了一篇日记:

　　3月29日　　　　　　　　　　　晴

　　李老师,我出的黑板报好看吗?同学们好像也愿意和我一起玩了。说实话,现在我对自己越来越有信心了。现在我慢慢开始对数学感兴趣了,每天回到家就想完成数学作业。谢谢你的鼓励,李老师万岁!

　　教师评语:黑板报出得很漂亮,同学们都称赞你。你的进步我都看在眼里呢,别放松!一如既往地"跑"下去吧。

　　我也有很多不足的地方,让我们一起"跑"⋯⋯

　　教师反思:可见,数学日记既能让学生向老师畅谈自己的所思所想所感和心中的秘密,又能使学生得到老师及时、正确的引导;既能让老师全面了解学生的内心世界,从而使学生能健康地发展,又能缩短师生之间的距离,激发学生学习的兴趣。

　　2. "数学日记"——完善教与学的双边活动

　　教学活动是师生的双边活动,而学生是学习的主体。只有全面了解学生,教师的指导才能有的放矢,教学才能达到良好的效果。数学老师一般都是通过批改作业,反馈学生的知识掌握情况,来评价反思自身教学效果的。而统一的作业有时并不能够准确反映实情,往往只有对错之分。数学日记中学生就可以记述哪些知识易学,哪些知识难学,也可以记叙他们对某一问题的特殊思路。而阅读学生的数学日记,不仅能使我更广泛、更深刻地了解学生,而且可以根据学生日记中反映出来的"数学现实"和他们的"生活经验",及时调整自己的教学内容、改进教学方法,使课堂教学更贴近学生的生活。

例如,有位学生写了这样一篇日记:

测量角度的秘诀

今天李老师和我们一起探索了有关角度测量的多种方法,同学们在课堂上很活跃。可是我总觉得书本上的测量步骤太长,不容易让同学们记牢,所以回家以后我想了想,编了几句口诀:

中心对顶点　　　邻角对零边

要问角大小　　　就看另一边

教师评语:你写得真好!继续努力吧,你会有更多的发现和收获。把你的成果和同学们分享吧,大家都会为你而高兴的。

教师反思:当学生把观察和解决问题的实践过程用语言表达出来的时候,也展现出了他们的思维过程。当教师把学生的学习成果引入课堂的时候,学生对学习和应用数学的信心大大地增强了。

5 月 10 日　　　　　　　　晴

今天家里来了很多客人。有个叔叔给我出了一道题:学校里请的花农隔三岔五地来学校修枝剪叶、浇水施肥。他 2 天来学校浇 1 次水,15 天来给树枝剪 1 次枝,1 个月换 1 次花。今天是 5 月 10 日,花农又同时完成这三项工作,不知道他再隔多长时间又能在同一天同时浇水、剪枝、换花呢?

我想了很久可还是想不出。

教师反思:在教学最小公倍数时,我就用这篇日记来导入新课。一些学生被难住了,另一些学生积极思考,他们各抒己见,思维非常活跃。接着我便引入新课:这节课,我们要学习一种方法,使所有的同学都能很容易地解决这样的问题。这时,学生都显得非常高兴,都以积极的状态进入了新知识的学习中。

"数学日记"可以促进师生互动。互动教学模式以人的社会性和个性化相互关系的理论,探求以互动促自主,以自主推互动的客观规律,研究新的师生互动方式,推进改变学生学习方式和教师的教学方式。学生在头一天晚上先回想当天学习了哪些知识,分清哪些已经掌握,哪些还需要老师再讲;在学习过程中,哪些题目不会做;对课堂所学的内容的不同见解,以及课外习题等有关数学学习的内容,都可以写在日记中,有的学生还通过数学日记提出自己对数学课的建议。通过日记,还可以及时地捕捉教学中学生反馈的信息,同时也提高教师自身的素质。

3."数学日记"——联系生活和数学的纽带

生活本身是一个巨大的数学课堂,生活中客观存在着大量极有价值的数学现象。过去,我们没有重视指导学生用数学的思想方法去观察、去思考,学生很难把数学知识和生活经验联系起来。指导学生运用数学知识写生活日记,能促使学生主动地用数学的眼光去观察生活,去思考生活问题,让生活问题数学化。

揭开茶叶筒的秘密

3月5日　　　　　　星期三　　　　　　　晴

近来,我们正在学习有关立体图形的知识。这引起我思考这样一个问题:茶叶筒大多都是圆柱体的,这是为什么?把茶叶筒做成圆柱体,是出自礼貌,还是出自美观?还是……不,不!我百思不得其解!百思不得其解的我下决心揭开这个秘密。

今天,家里来了一位我从小就非常崇拜,人称"诸葛亮"的叔叔。我拿起茶叶筒,正准备泡茶招待他,忽然灵机一动,就问他:"叔叔,你知道茶叶筒为什么大部分都是圆柱体的吗?"叔叔反问我说:"你先说说,这是为什么啊?"我不想让叔叔小看我,真想用自己学到的知识,找到正确的答案。

时间一分一秒地过去了,急得我满头大汗,但就是找不到答案。这时,叔叔拍拍我的肩膀,对我说:"你不妨从同样周长的图形,圆形的面积比较大入手,再想想。"听了叔叔的话,我恍然大悟:原来,使用圆柱体的茶叶筒不仅可以装下更多的茶叶,还可以节省材料。

教师反思:数学日记使学生更广泛地接触了现实生活,更细致地观察了现实生活。数学日记也拓展了学生的数学视野,培养了他们运用数学的意识,增强了学生运用知识解决实际问题的能力。

4."数学日记"——完善自我教育的途径

教育作为一种手段,最终还是要提升教育者的自我教育、自我完善能力。教育家苏霍姆林斯基强调:"自我教育是学校教育的一个重要的因素。"没有自我教育的教育就不是真正的教育。在实施素质教育中开展自我教育有利于提高学生的能力和素质。一次日记就可能是一次很好的教育。在日记中,学生通过回顾、总结,及时发现自己听课方面的得失,学会找到自我前行的方向,同时教师通过评语还可以鼓励学生正确面对自己的得失,使学生不断完善自我。

9月15日　　　　　雨

这次单元考试我没有考好,我认为最主要的原因是刚开学一个礼拜,上课无精打采的,不够专心。这几天我听课很认真,觉得很有趣,同时,我也悟出一个道理:学习兴趣不会不找自来,它悄悄地躲在我的努力中。以后我一定要培养自己的学习兴趣,暂时的失败也不能灰心,要总结经验教训。这就是"吃一堑长一智"吧。

教师评语:老师为你的进步感到高兴,相信成功会伴随着你,学习贵在持之以恒。

教师反思:学生在利用"数学日记"进行自我教育的同时,教师也在利用"数学日记"进行自我提高、自我完善。在"数学日记"中,学生会记下教师讲课中哪些问题已讲清、哪些方法受欢迎,甚至对教学情绪也会做一番评价,从中教师可以看出学生对教师的要求及教学的成败得失。

10月12日　　　　　阴

李老师,你上课上得好,引人入胜,同学们都很喜欢。但是我觉得还是有一点心里话想说。有时候你情绪不太好时,若遇到有个别同学听课不专心,你就当着大家的面批评,语气严厉。接下去的课堂气氛好像没什么变化,事实上却大大影响了我们的听课情绪……我认为你可以暗示他们,提醒一下,这样其他的同学(像我这样的)就不会紧张了。

教师评语:说得好,老师是该自我检讨。谢谢你!

教师反思:从那以后,我很注意调整自己的情绪,把不良的情绪都留在教室门外,进了教室我始终保持着良好的精神状态,尽可能地给同学们积极向上的感染力,课堂上尽量把批评改提醒。借助"数学日记"我不断地总结,改进教学方法和风格,提高了自己的教学能力,真正感悟到"教学相长"。

5."数学日记"——数学教学评价的契机

数学教师的职责是要全面地掌握学生的个性特征,因材施教,提高数学教学的质量,发展学生的个性品质。而"数学日记"就是利用数学作业进行思想教育的平台之一,为教师把握学生的个性特征提供了依据。教师通过批改日记把握学生的思想动向,评语或是警醒,或是赞扬,或是勉励,或是……话虽不多,只言片语,但是它能触动学生的心灵,引起心理效应:或是奋发向上,或是信心倍增,或是勤学刻苦,或是……一旦形成习惯,就可能会产生巨大的效应,甚至影响他们一生。

因此,学生写"数学日记"有利于数学教学,有利于提升学生的素质。

教师针对学生的实际情况,在评语中给予得体、巧妙的明示或暗示。"若你能改掉粗心的毛病,相信你会更出色。""在学习方法上若有突破,相信你会有不小的收获。"……恰当、准确而富有启发性的评语能激励学生不断进取。由于学生之间的差异性,所以评语也要因人而异。对优秀生的评价尽可能公正客观,使他们向更高的目标努力,对后进生采用肯定的评语,表扬他们的进步,使他们尝到成功的快乐,从而增强信心。

12 月 8 日　　　　　　　　　阴雨

以前我的脾气暴躁,不爱帮助同学。在学习上我从不与比自己差的同学交流,有同学来问我也不爱搭理,但通过写日记,我改变了自己。您好几次的评语让我着实激动了一阵。现在我常常与同学交流学习问题,关系也改善了。谢谢您,是您让我懂得如何与同学交往,怎样在交流中取得进步。

教师评语:感谢你的信任。能用大度的胸怀去面对别人,使你收获了友谊,相信,在你需要帮助的时候别人也会伸出援助之手的。

(三)教师智慧创造

教师的智慧创造表现为各种各样的形式,在整个数学发展的历史上我们都可以看到数学教师智慧创造的一些事例。对于这些事例的解读,有利于我们自己在具体的教学过程中,自主地进行智慧的创造,促进我们的教学。例如,我们在美国数学教学的发展过程中就可以看出这一轨迹。20 世纪 80 年代,美国数学教育界在 60 年代的"新数学运动"和 70 年代的"回到基础"后,提出的主要口号是"问题解决",这一口号得到了许多国家数学教育界的认同。尽管对"问题解决"的研究是多种学科共同关注的课题,而且有悠久的研究历史,但近 10 年来又一次在数学教育中掀起"问题解决"的热潮,这一现象绝非一种偶然,而是有一定的历史必然性和内在的合理性。这一现象充分说明了教师在具体教学过程中的智慧创造。因为人们越来越觉得"问题是数学的心脏","问题解决"是数学教育的核心问题。

又如,针对我国数学教育的"烧鱼的中段"现状,即注重数学学科内部的理论框架结构及其之间的逻辑关系,过度强调训练学生的计算能力和逻辑思维能力,一味地进行"填鸭",数学课堂教学失去生机和活力,很多学生学习数学的目的就是应付高考,忽视学生头脑中的认知结构的建构,致使教学实践中出现了这样一种现象。2003 年南京师范大学喻平等在《数学教育学报》撰文,提出数学学习心理的 CPFS 结构理论。这也是一种很好的创造。

三、数学教学的有效性

每位教师都有自己的教学风格,都有对教材独特的理解,都有对教学理念的不同程度的诠释,因而教学效益也就千差万别,但是其中,最为重要的是教学的有效性,这是教书育人的核心和灵魂。而教学有效性的关键是课堂教学的有效性,这就是通常人们所说的"向四十五分钟要效益"。一般来说,"课堂教学有效性研究"的"效"是指效率、效果和效益。首先是效率和效果,有了效率和效果才能产生效益,课堂有效应该是三者兼顾的结果。

有效是一个动态的概念,不同的情景下不同的策略会导致不同的效果。例如,知识的发生发展过程该不该讲到位? 有的老师为了效率,把这一个环节一带而过,很快就进入练习,表面上效率提高了,但效果如何呢? 其效益又有多大? 有的老师觉得知识的发生发展过程是可有可无的,只要学生会算就行。只顾效率可能会影响效果,当然只顾效果也可能影响效率,我们上课应怎样取舍? 另外,题目的设计和怎样的呈现方式才能更加有效? 为什么学生一站起来就用数形结合的方法,而不用老师刚刚用的方法? 书上的例题该如何使用? 例题的使用换一个方式,让学生觉得题目跟例题有点像,但又不一样,如何对例题进行改编? 题目的设计怎样让不同层次的学生有不同的收获? 这些问题的解决,都需要数学教师采取合适的教学手段、正确的教学方式,辩证地处理好课堂教学中的效率、效果与效益关系。

下面以中学数学教师培训过程中,共同与学员探讨数学问题,来说明一下数学教学的有效性的具体操作问题:

这个案例先后在 5 个数学骨干教师班的专题讲座中用到,其中中学教师班 2 个,小学教师班 3 个,从教师的才(才能)、学(知识)、识(见识)三维体系来实际测试数学教师专业结构及其不同的专业发展层次。此外,为了区分不同学科教师的专业发展水平与方向,我们还在两期校长培训班、科学教师班、社会教师班讲述教师专业化的科学体系的专题中,进行了对比研究。虽然没用定量分析,但也明显看出不同学科教师之间,相同学科不同层次的教师之间的专业效能的差异。

(一)问题解决(案例研讨):尝试教师专业才能

案例:副食店王老板要把 18 个啤酒瓶装入横 6 孔、竖 4 孔的啤酒箱中,使得横数和竖数都是偶数,该怎么装?

给出问题后,让参加培训的学员进行 10 分钟左右的思考,大多数学员动笔运用图示试验,然后让不同思路的学员分别将自己的想法展示出来,这些思路和做法大致有以下 5 种。

第一种(分组法):先把 18 个平分成 9 组,图示摆放,没有成功;再平分成 6 组,仍然没有成功。

第二种(调整法):先把 1、2 排摆满,3、4 排前面各摆 3 个,然后把第 2 排最后两个分别调到 3、4 排。(图 2-4)

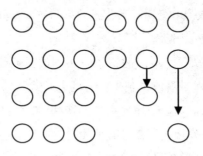

图 2-4

第三种(划去法即"减法"):先全部摆满,再逐步划去 6 个。(图 2-5)

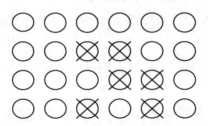

图 2-5

第四种(化归法):直接排空出来 6 个,剩余的就是要装的。(图 2-6)

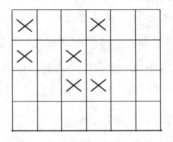

图 2-6

第五种(一笔画问题):六边形的六个顶点就是空出来的位置。(图2-7)

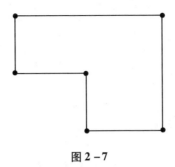

图2-7

我们认为副食店老板反复摆放可以做成这件事,也能形成一种经验。我们教师以自己不同的知识背景可以采取不同方式做这件事。但发现,数学教师的方法似乎比其他教师的方法多一些,因此,单纯完成这项任务就显示教师与副食店老板、不同学科教师的能力差异,有培训学员说,也许这就是教师才能高低所在。

除了上述不同专业人员对完成此事所具备的不同才能外,教师的专业才能还在于他们能将案例用于教学所特有的教学认知才能、教学预设才能、教学操作才能和教学监控才能,并由此而产生评估才能。

(二)追根溯源(案例分析):弄清教师专业知识

针对以上各类方法,教师一般都有他们的专业理论依据,不可能是盲目行动,这也是区别专业的又一重要区分点。一名真正的数学专业教师,他们的每一种行为或多或少会有一种或者多种知识做支撑,知识的深浅反映不同层次教师的专业素养、知识层次与他们所处专业环境(服务对象、地域)、受教育程度、固有的素质以及专业经历有关。数学教师在处理问题时,就有如下三种算理算法。

1. 算术思想

(1)整体—局部调整

解题者往往先任意在24个格子中放置18个点,通过观察,发现有些横行和竖列没有达到要求,就尝试着进行调整直至点子的放置符合要求。比如,解题者先尝试着用6+4+4+4的方式画点(图2-8),发现横行的点子数和1~4列的点子数均为偶数,只有第5列和第6列的点子数为奇数,于是进行横行调整,第3行和第4行中各移一个点分别到第5列和第6列,这样第5列和第6列的点子数也为偶数了。

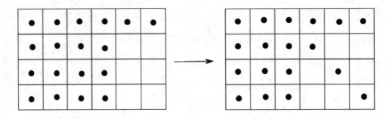

图 2 - 8

（2）做加法——合成 18

因为格子是 4×6 的，因此将 18 分解成 6 个偶数（每个偶数 ≤ 4），得到 $18 = 2 + 2 + 2 + 4 + 4 + 4$，再根据各行点子数的奇偶性进行调整，如图 2 - 9 所示。

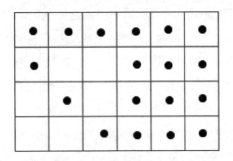

图 2 - 9

（3）做减法——分解 6

用化归的思想方法，在 24 个格子中放入 18 个点后剩下 6 个空格，既然横行和竖列中的点子都成偶数，因为每行每列的格子总数是偶数，那么剩下的 6 个空格在每行每列中也是偶数个，因此将此题转化为"在 4×6 的格子中，找出 6 个空格画上 ×，使 × 的个数在横行竖列中都是偶数"。

将题目进一步分析：首先需要把 6 进行分解，因为共有 4 个横行，且每个横行的数量必须是偶数，所以将 6 写成若干个（≤ 4）偶数之和（每个偶数表示 × 在每个横行中的数量），只有两种可能：$6 = 2 + 2 + 2$ 和 $6 = 2 + 4$。通过尝试，$6 = 2 + 4$ 的情况不能使横行竖列中 × 的个数是偶数，只有 $6 = 2 + 2 + 2$ 的情况符合题目要求。× 的个数符合要求了，只要在其余空格中画上点表示啤酒瓶就解决这个问题了。应该说，这么多种解题策略中，这种方法最为简便。（图 2 - 10）

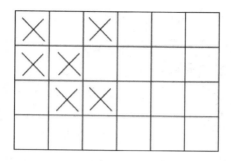

图 2－10

2. 代数思想

$x_i(i = 1,2,3,4,5,6)$ 表示每行摆的啤酒瓶数，$y_j(j = 1,2,3,4)$ 表示每列摆的啤酒瓶数。

由 $\sum_{i=1}^{4} x_i = 18(2 \leqslant x_i \leqslant 6);x_i(i = 1,2,3,4,5,6) \equiv 0(\bmod 2)$

与 $\sum_{j=1}^{6} y_j = 18(2 \leqslant y_j \leqslant 4);y_j(y = 1,2,3,4) \equiv (\bmod 2)$

确定每行或每列所摆的个数。

这里的数论方法，是解决每行或每列摆多少的代数原理。事实上，摆 18 个与划去 6 个是数学的化归思想的作用，也是组合思想的作用，即 $C_{24}^{18} = C_{24}^{6}$，有中学数学教师提出有多少种摆法，随后用组合计算出摆法数：

$C_4^1 C_6^2 C_3^1 C_2^1 C_4^1 C_2^1/A_3^3 = 2880/6 = 480$ 或 $C_4^3 C_6^2 C_2^1 C_4^1 = 480$。

至于一笔画问题就是图论的原理，这些可能是数学教师能够想到的，而其他学科教师所不能或者不需要知晓的。当然，非数学学科教师也会在培训过程中以他们的专业视角来看问题，有科学学科教师提出这样装啤酒瓶的稳定性问题，用物体重心原理，无论怎么摆也不可能重心正好落在长方体啤酒箱的中心位置上，通过数学教师与物理教师的共同讨论得出：至少要有四箱才能达到重心落在中心上。社会学科的教师则提出：由数学教师做副食店老板是不是能赚更多的钱？各自学科的教师会在自身的知识范围内产生不同的答案，这正好诠释了专业化发展知识层面的许多疑问。

3. 算法原理

本算法采用两种方法进行计算。根据预设的条件，采用 6×4 的数组进行插排，每行空瓶子的数量在满足条件的情况下，只能是 2、4 两种情况。如果有一行出现 4 个空瓶子，显然不能满足条件，因此，本算法采用每行 2 个空瓶子的插排方法。

(1)第一种方法采用类似于穷举法的抽瓶法,在任意3行按照组合的方法抽掉2个瓶子,之后判断是否满足条件。

(2)第二种方法利用符合条件的空瓶子排列规律进行插排,其规律在于空瓶子的数量横竖都是2,根据此规律,只要确定任意4个空瓶子的位置,其他2个瓶子的位置就固定下来了。

通过对装啤酒瓶这样的一个生活问题的不同解题策略的分析,我们平时的数学教学也有了很多的启示。化归法作为一种数学思想方法,是把待解决或未解决的问题,通过某种转化过程,归结到一类已经解决或者比较容易解决的问题中去,最终求得原问题之解答,这样的思维方式使学生能够顺利地解决面对的新问题,同时较好地训练了思维品质。

数形结合的实质就是将抽象的数学语言与直观的图形结合起来,使抽象思维和形象思维结合起来,在解决代数问题时,想到它的图形,从而启发思维,找到解题之路;或者在研究图形时,利用代数的性质,解决几何的问题。实现抽象概念与具体形象的联系和转化,化难为易,化抽象为直观。将学生的形象思维和抽象思维协同运用,共同发展,相互促进,既锻炼了思维,又解决了数学问题。

(三)引领反思(案例引申):增长教师专业见识

1. 就事论事——产生思维场效应

上述情境所形成的思维场有知识链(广义加减法)、方法链(排除法、调整法、转化法)、思想链(数形结合、化归)等数学认知结构。对一般教师而言,到此为止已经显现了数学能力与学问。但数学教师还要在数学情境中进一步分析、鉴别知识,在融会贯通后获得个人见解的能力。要让数学情境抽象化,并为数学研究与数学教学研究一般理论服务。

在教师专业化的过程中,教师群体与个体都可能出现场的效应,教师培训可以在短时间内出现场的互补效应、共振效应和极光效应,本案例就有这样的几种效应存在。就数学本身而言,一笔画问题—哥尼斯堡七桥问题—图论所发展的过程也是一个例证,哥尼斯堡七桥问题第一个人提出与欧拉的解决就是思维场的两极,在此问题解决中的场效应最强,而中途哥尼斯堡人都去试探这就有共振效应。

2. 旁敲侧击——利用类比搭起沟通的桥梁

有人对东西方人的行为方式做比较后认为,西方人习惯做加法,比如,他们去商店买东西需要找零时,通常是把所找零钱与所需付费加到你给的整钱为止;而东方人即使是没有上过学的人,也习惯做减法,用你给他的整钱减去应付的钱,直接找给你多余的费钱。本案例中的几种做法正好反映两种不同理念,这也是区分数学思维与非数学思维的核心价值所在。

千年之前,唐代大史家刘知几提出著名的史学三长论,认为历史学家必须具备三个条件——史才、史学、史识,认为作史三长,缺一不可,而其中又以史识为灵魂。对教师专业结构和层次的分类体系就是借鉴唐朝刘知几对史学家的分析,即史有三长——才、学、识,世罕兼之,故史才少。"夫有学无才,犹愚贾操金,不能殖货;有才无学,犹巧匠楩柟斧斤,弗能成室。"意思是说,一个仅满足于贮存知识,而不善于用探索精神和科学方法去消化、分析、创造的人,就好比一个愚蠢的商人,尽管有着满口袋的金钱,却无法赚回一个铜板。通常形容一个教师如果有学无才,就是茶壶里装汤圆——有货倒不出。有才无学,如技术高超的木匠没有木材斧锯,也不能造成房子,这就是巧妇难为无米之炊。由此而类比,产生现在教师专业结构的才、学、识之关系。

3. 借题发挥——构建教师专业发展体系

传统观念把教师看成教育体系中的传道授业解惑者,后来有了教育科学,但没有教师科学的分支。近几年教师专业化的问题摆到教育研究者面前,因为似乎很多问题在教育范畴内去解释受到种种限制,于是就有了建立教师科学体系的想法。我们从科学观和方法论出发,遵循科学必须有关联的体系和可以重复的原理,以定性和定量分析的原则,创建了教师科学的三维体系,这就是教师专业层次、教师专业角色和教师专业发展途径。

如果我们对上述过程进行专业角色分析,可以从教师的素养、职责和效能三维体系研究,其中教师的素养是教师角色的潜能(内隐因素),教师职责是教师角色的外显形式,效能是教师角色的行使结果。教师的效能与教师的素养有直接关系,也反映教师专业层次,教师能用化归法把上述案例中摆18个变成摆6个的做法,是数学教师在专业知识的支配下,提高教学效率,产生教学效应,增加教学效果的效能观的直接体现。

在教师专业化发展途径方面,美国心理学家波斯纳提出了教师成长公式:成长 = 经验 + 反思。国人衍生了一个似乎更利于操作的公式:学习 + 实践 + 反思 = 成长。这是因为经验是结果,过程是学习与实践体验,正好与我们建立的教师专业化发展三维体系相呼应。

综上所述,在培训案例教学实践与研究的基础上,经过反复的归纳推理等理性思辨,从数学专业培训教师和教师教育研究者的视角,比较完整地构建了教师专业发展的三维体系(图2-11)。这样的结构体系建立,从学术研究的视野有了借鉴教师的才、学、识三维标准诠释专业层次,从教师管理的角度可以从素养、职责、效能三维评价教师的专业角色,从教师的需要能够从学、行、思三维获取专业发展途径。这种理论系统的完善,会打破原有的教师教育研究空间,带动教师专业化科学研究向更为广阔的领域拓展。

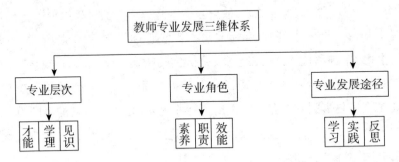

图2-11 教师专业化发展标准结构体系

第三章

数学教师专业发展方略

　　在传统的视角下,一谈及教师的专业成长,人们往往会指向教师的"教"与"学"。认为只要一个教师的教学水平提高了,学识广博了,教师自然就成长起来了。这种视角仅仅关注教师专业成长的一些技术上的问题,而较少关注教师成长的深层需要。实际上,教师的专业成长正是教师"教"与"学"的源头所在,只有教师真正实现了专业成长,"教"与"学"才能做到更好。但是在过去,由于历史的原因,政府及教育部门对教师的专业成长并不像当前这样重视,教师专业成长基本上属于自然成长的状态。虽然自然成长状态给老一辈教师的成长提供了很大的自由空间,但其成长的过程往往也是漫长而艰辛的,而且是个别现象。许多教师往往由于缺乏规划、缺少支持而达不到最好的成长状态。飞速发展的社会对人才的需求量越来越大,对人才素质的要求也越来越高。而高素质人才的培养离不开教育,更离不开教育的一个主体——高素质的教师。教育的改革和发展最终都要通过教师的实践才能实现,这已是世界各国普遍认同的观点。

　　近年来,教师如何实现专业成长的问题日益受到许多国家的重视,已成为国际教师教育改革的趋势,更是当前教育改革实践中提出的一个具有重大理论意义的课题。近十年来,教师专业成长的状况在快速地改变,"温室效应"(刘堤仿教授曾提出教师专业成长的"温室效应",即通过培训、教研等方式指导和培养新教师,通过名师工程打造骨干教师,促进教师的专业快速成长)正在形成,这为教师的专业成长提供了一个良好的条件。各级部门为教师的专业成长创设了不少路径,如各类培训、各种进修、一些"选秀"式的评比等。这些举措使教师专业成长的起点得以大大提高,成长的速度也大为加快。

　　随着时代的发展与进步,教师专业成长的视角发生了一些变化。主要表现在:由外推型转向内在自主型,从被指导、被帮助的对象转向了自我更新、自我发展的主体,从仅仅关注教师专业成长理论上的构建转向了关注教师实践的具体内容的操作方法。数学教师是专业成长的主体,外推型的教师教育能对数学教师专业成长产生一些积极效果,但根本上数学教师的成长是自我导向、自我驱动的结果。新课程改革,信息技术的发展,成人学习理论的新进展,以及后现代主义的一些思潮(崇尚差异性、开放性、文化多元性)对数学教师专业成长有着积极的借鉴意义,这些构成了数学教师专业成长的理念层面的新视野;在寻求教师专业成长的新技术层面,不少专家学者也做了大量的研究,找到了一些很好的途径和方法,如教师专业成长的档案袋记录、自我规划等;在具体的教师专业成长的策略与行动中,许多人也提出了很好的思路,如自我反思、同伴互助、专家引领等。

第一节　数学教师在学习中发展

　　数学教师的专业成长作为教师专业成长的一部分,当然不能游离于教师专业成长之外。也就是说,要研究数学教师专业成长,必定要谈及其上位概念——教师专业成长。教师专业成长是指教师作为专业人员不断完善自身专业素养的过程,专业素养包括专业知识、专业技能、专业情意以及自我反思与改进四方面,其中以教师的自我反思与改进最为重要。教师专业成长的已有认识是研究数学教师专业成长的基础。

　　在国外,对教师专业成长问题的研究中比较常用的词是"教师专业发展",而且对"教师专业发展"的理解也是多种多样的。综合分析相关的文献,研究者对教师专业发展的理解大致可以分为两类:一类是将教师专业发展看作教师职业成为专门的职业,并获得应有的专业地位的过程,强调教师群体的、外在的专业性的提升,所关注的问题包括专业的历史发展、专业资格审定、专业组织、专业守则、社会地位等,这类理解实际上接近于教师专业化发展;另一类理解关注教师个体的发展,在关注教师社会、经济地位提高和争取资源与权利分配的同时,更强调教师个体的、内在的专业性的提高,关注教师如何形成自己的专业精神、知识、技能,即教师的专业发展。后一种意义上的教师专业发展又包含了两类意思:一类将教师专业发展看成促进教师专业成长的过程,所关注的是教师专业发展的外部条件;另一类是指教师的专业成长过程,即教师在其职业生涯中不断提升自身的专业水平,持续发展,达到专业成熟的过程。这种理解关注教师专业成长的内在性——本书所要探讨的"数学教师专业成长"更愿意持这种态度。"数学教师专业成长"

是指:数学教师在其职业生涯中通过不断的学习及对数学教育教学的实践—反思—实践的螺旋式反复,不断提升自身的专业水平,持续发展,达至数学教育教学专业成熟的过程。数学教师专业成长是一个多因素的组合概念,学校是数学教师专业化成长的主要场所,数学教育共同体是影响数学教师专业成长的重要因素。

数学教师专业成长的过程是一个个性化的、动态的发展过程,其核心是数学教学专业化,其目的在于适应数学教学环境的不断变化。我国几次的课程改革,数学学科几乎都是走在改革的前列。而数学课程改革的成功与否,关键在于数学教师。因此,数学教师的专业成长无时无刻不受到人们的高度关注。高中新课改的核心理念之一便是教师与新课程共同成长,这就要求数学教师具备与新课程相适应的课程能力、教学能力、信息技术能力以及自我反思能力。

数学教师要想跟上时代的步伐,其专业成长就日益凸显其重要性。尤其在新课程改革、信息技术时代及成人学习理论新进展等构成的新视野下,对数学教师专业成长的探讨自然就成了数学教育中一个重要的课题,这也应该成为广大数学教师所关心的问题。

数学教师专业成长有着丰富的内涵,故而在各种文献资料中的研究也较多,所以分析这些文献——着重分析国内外教育类的专著与期刊,可以对数学教师专业成长在理论上有一个明确的认识与总体的把握。近年来由于教育心理学、课程论、教学论等理论的不断发展,其中也不乏对数学教师专业成长有着全新启示借鉴的内容与方法,这些都有赖于对文献资料的整理与分析。搜寻各种资料可以发现:与一般的教师专业成长比较,有关数学教师专业成长的研究则相对较少。

从研究内容上看,有对数学教师专业化的内涵的研究;高师数学教育课程改革问题的研究;从数学新课程实施的视角探讨数学教师专业成长对新数学课程实施的影响及专业成长的途径;通过问卷调查数学教师专业化水平的现状。有关促进数学教师专业化的基本策略也有人展开过研究,但都没有脱离一般教师专业化的框架。从研究方法上看大多采用演绎的方法,从一般教师专业化演绎出数学教师专业化。

综观以上研究,普遍存在以下问题:其一,国内数学教师专业成长问题研究还较多地停留在经验总结与概念澄清阶段,基本上以演绎一般教师专业发展的相关成果为主,而对数学教师带有数学学科特征的专业成长研究得较少;其二,在理论上,对数学教师专业成长的应然研究较多,而在实践上则对数学教师专业成长的实然研究较少;其三,大多数研究都只是关注于影响数学教师专业成长的外在因素,缺少对数学教师专业成长自主成长内在动力的研究。而且研究的出发点往往局限于数学教师专业发展的专业视角,而比较缺乏着眼于数学教师作为"人"的发展的人文关怀。

一、数学教师学习面临挑战

在数学教师专业成长的新视野中,数学新课程的实施,信息技术的革命,成人学习理论取得的新进展,后现代主义思潮的涌现构成了教师专业成长的新理念,这些新理念已经对数学教师专业成长产生了巨大的影响。可以发现,不管是数学教师个体的专业成长活动,或是各个部门组织的数学教师培训活动,这些理念不由自主地都已经成为活动组织的依托。

(一)新课程改革的影响

国家新一轮课程改革的实施,标志着我们的教学改革进入了一个全新的领域。这个领域为师生共同发展提供了广阔的空间,在这一空间中机遇与挑战并存。作为课程改革的实施者,如何更新自己的教育教学理念,如何改变自己的教育教学行为,有很多值得思考的现实问题。以高中数学新课程为例,不管是课程目标体系、课程教材体系,还是数学教师的教学行为都发生了显著的变化。

《普通高中数学课程标准(2017 年)》(以下简称《标准》)确定的数学课程总目标明确了数学教育发展的方向,"进一步提高作为未来公民所必要的数学素养,以满足个人发展与社会进步的需要",并提出三个层面上(知识与技能、过程与方法、情感态度与价值观)的六条具体目标。在知识与技能层面,要求学生由掌握"双基"到"四基",同时也要"理解基本的数学概念、数学结论的本质,了解概念、结论等产生的背景、应用,体会其中所蕴含的数学思想和方法,以及它们在后续学习中的作用";在过程与方法层面,《标准》提出了具有数学学科特点的能力,"提高数学的提出、分析和解决问题(包括实际应用问题)的能力,数学表达和交流的能力,发展独立获取数学知识的能力";在情感、态度与价值观层面,要求学生"具有一定的数学视野,逐步认识数学的应用价值、科学价值和文化价值,形成批判性的思维习惯,崇尚数学的理性精神,体会数学的美学意义,从而进一步树立辩证唯物主义和历史唯物主义世界观"。

高中数学新课程的设置直接由模块构成,其中又划分为必修与选修两部分。其中,必修课程由 5 个模块构成,选修课程分成 4 个系列,各个系列由模块或专题构成。这是为了适应社会需求的多样化和学生全面而有个性的发展而构建的,这样的课程结构方式方便了学生选择课程内容、制订学习计划,为不同学生的发展打好不同的基础提供了充分的选择性。以上两方面的变化,导致了数学教师的教育观念与教学行为随着数学课程改革的深入而发生了巨大的变化,其最主要的表现是在数学课堂教学中对教材中的数学知识的呈现方式和传授手段上。数学新课程要求数学教师从单纯注重数学知识的传授者转变为学生学习的促进者、引导者、合作者。也就是说,数学教师要注重学生认知结构的构建,在展现数学知识的产生和发展过程中,引导学生逐步形成科学的思维方式和思维习惯,进而发展各种能力。数学教师在数学课堂中不仅要教给学生数学知识,还要注入更为丰富的育人品性,在数学"四基"学习的基础上,要结合数学思想方法、数学史料、数学文化、数学审美等,使学生在情感、态度与价值观上得到健康发展。

(二)信息技术革命的影响

随着信息技术和网络技术的高度发展,计算器、计算机、网络等使学生更接近数学概念和拥有数学经验,使数学探索、数学实验和提高学习数学概念效果成为可能。如何使数学教学适应时代的发展要求,已经成为众多数学教育家和数学教师关注的焦点。

借助信息技术,教师能够展示一些数学知识的发生、发展的过程。例如,可以利用几何画板来探究圆锥曲线和直线位置关系,使得过去的一些仅靠口授与板演较难让学生理解清楚的内容,变得直观与形象,更重要的是让学生理解其中的变化与生成过程。学生可以利用 TI 图形计算器来解方程、分解因式等,从而从过去烦琐的计算中解脱出来,更加注重于数学概念的深层理解而不是困顿于表层的计算之中。

利用多媒体,可以创设一个新颖的学习环境,让学生有机会在现实背景中通过数学化的途径来探索规律、建立模型、实现再创造,并从中寻求相应的数学模式,最终达到解决问题的目的。在这种环境下,学生能够置身于一个"数学实验室"之中,进行观察,做出猜想,进行实验、测量、分类。现代科学、信息技术的发展,为创设不同于常规的新颖的教学环境提供了可能与保证。K12 等网站上不少数学教师精心制作的课件就可以帮助数学教师或学生快速地实现这一目标。

网络更是为师生的互动与交流提供了一个更为广阔的天地。原本局限于课堂的交流被大大延伸开来。通过论坛、聊天工具、博客等形式,师生之间不仅可以交流数学问题,更可以讨论诸如数学学法、数学教育心理学以及课本中未曾涉及的其他问题。

因此,信息技术可以让学习者专注于数学知识认知增长的更重要的方面,可以帮助学生形成更高级的概念与能力。学生可以达到在传统途径下所无法实现的领悟层次,而那些有能力进入更高层次学习的学生则会获得更加深刻的概念与理解。现代信息技术应该成为教师进行数学教学的有效工具和学生学数学与做数学的有力助手。但是,如何对学习资源进行设计、开发、应用、整合、管理和评价,对数学教师而言是一个巨大的挑战。作为信息技术时代下的数学教师,必须努力探索如何为数学教学建构有效的教学信息资源环境和学习空间的新路子。

(三)后现代主义思潮的冲击

后现代主义与其说是一种理论,更不如说是一种思潮,它兴起于 20 世纪 60—70 年代,且在西方广为流传。强调多元、崇尚差异、主张开放、重视平等、推崇创造、否定中心和等级、去掉本质和必然是其最主要的特征。由于这一思潮给当代社会产生了重大的影响,以至于社会生活的各个领域都没有能够逃避所谓"后现代"社会的支配和控制。

在后现代主义者眼里,数学不再是一大堆概念、定义、定理、法则等的堆砌,数学也不再被认为是一种唯一确定的东西。英国数学哲学家 Paul Ernest 就提出了作为数学哲学的社会建构主义。也就是说,传统上那些被称为数学知识,在社会建构主义那里被叫作数学的客观知识,原因就是社会建构主义认为还有一个数学的主观知识概念。数学学习活动都被置于社会建构的分析之中。无论是数学中语言的基础,数学中直觉和主观性的作用,还是数学学习的社会语境,都是在对话和语言的社会建构主义视角下展开的。在 Ernest 看来,虽然传统的认识论把社会和客观的数学知识放在优先的地位,但在社会建构主义那里,个体的或主观的数学知识与社会的和客观的数学知识是同等重要的。

因此,在数学新课程中特别提倡情境创设,以使学生能够更好地了解数学知识发生的背景及应用,这是带有一点后现代主义色彩的。

后现代主义强调师生间的对话关系,教师和学生都是平等的对话主体。数学课程中,要求从"主体间的关系"来重新建立师生关系。数学教师在学生的学习过程中,应该扮演积极的支持者和平等的合作者的角色,用多尔的话来说,是"平等中的首席"。因而数学课堂不再是数学教师的一言之堂,而是通过师生之间、生生之间互动、合作与交流来共同获得数学知识的课堂。对话关系使数学教师和学生间营造起一种富有建设性的批判意识和民主气氛,也有助于数学教师超越单一的视角,以广阔的背景来解读问题情景。

二、数学教师的发展性学习

一个人要实现自身的发展,学习是必需的。同样,一个数学教师想要实现自己的专业成长,学习必不可少。学习可以帮助数学教师获得专业成长必要的知识,如教师专业发展理论,可以帮助数学教师对自身的专业成长做出合理的规划;如教育学、心理学知识可以对数学教师的实践活动做出合理的调控。数学教师的学习可以大致通过实践积累、观课和研讨、人际网络、传统媒介、信息技术等途径获得。

数学教师的学习是一种"成人学习"。近年来成人学习的研究取得的一些新进展表明:成人学习是基于情境的;情绪和想象是成人学习过程中的重要组成部分;可以运用关于头脑和意识的新知识来理解成人学习;叙事学习提供了一种很自然的模式,也正在被应用到教育环境中。这些都为数学教师的学习提供了很好的理论基础与功能导向。

首先,数学教师学习的动机与目的非常明确,即解决数学教学实践中出现的问题,更好地实现自身的专业成长。数学教师在成为教师之前的学生时代,其学习有关数学知识的动机可能仅仅是解决某一个或某一类的数学问题,从而提高自己的数学成绩。但是,当他成为数学教师之后,学习的目标就不能再仅仅局限在解题方面,还必须考虑如何使自己的知识更加全面、更加精深,从而提高自己的数学教育教学水平。而且一旦数学教师清楚某类知识对自己的专业成长有帮助,他一定会持续不断地去钻研,其学习动机来自内部,并且能够持久。

其次,数学教师学习的方式往往是基于具体的情境,通过人境互动、人与人的对话与交流而进行的。"闭门造车"与"关起门来做学问"的学习对身处时代变革中的数学教师,已经不是最好的方式。事实上,知识不过是社群就某一问题所达成的一致而已,并不存在普遍性的基础。因此,每个数学教师作为一个独立的个体,他总是处在一个特定的情境中,如特定教室、特定课程、特定学生等。这些特定的对象生成了具体的情境知识,它作为案例知识以境脉(context)的方式积累着、传承着,数学教师的学习便不能脱离这样的特定情境。

最后,由于数学教师的学习源于实践中的问题,所以他们往往会在进行学习的同时进行自我深刻的反思,并把反思的成果更进一步地应用和体现在数学教育教学实践中。如舍恩(Schon)(1987)就认为:尽管教师通过接受传统的教育理论与技能训练能够学到一些专业知识,但他们大量的知识仍然是来自自身的教学实践和自我反思。所以数学教师的学习不仅指学习内容本身,更重要的是对自身学习的反思。这样的反思能够让数学教师自愿地思考自身行为的产生原因与结果以及各种环境和条件的限制,准确地、批判地、有组织地思考数学教育实践,可以更好地促进数学教师自身更快地成长。

(一)知识——数学教师专业成长必需之源

一项活动之所以成为专业活动,是因为有其自身独特的理论知识作为支撑,这些知识不但是判定专业标准的依据,而且是区分和鉴定专业的指标,更是专业教育的主干内容。教师从事教育教学工作,实现专业成长的前提条件就是必须具备在特定的教育教学情境中解决特定问题的专业知识,主要包括本体性知识、条件性知识、实践性知识和一般性文化知识。要提高教师素质,就必须重视构建合理、完善的知识结构。

在时代发展和教育变革的背景下,现代数学教师的知识结构应包括普通文化知识、数学知识、一般教学知识、数学教学知识和教学实践知识五方面。

1. 普通文化知识

拉丁文中的"文化"(culture)一词的本义就是"培养"(cultivation)。随着时代的发展,广义的文化也已成为一个内涵丰富、包罗万象的概念。一位理想中的数学教师最好应具备广博的知识,如哲学、社会科学、自然科学等,还应该具备把这些知识内化为个体的人文素质的能力,从而使自己成为一个具有崇高精神境界、健全的人格特质的"人类灵魂的工程师"。强调数学教师对普通文化知识的掌握,就是因为普通文化知识本身具有陶冶人文精神、养成人文素质的内在价值。数学教师只有具备了广博的文化知识才能够满足每一个学生的探究兴趣和多方面发展的需要;才能够帮助学生了解丰富多彩的客观世界;才能够帮助自己更好地理解所教学科知识;才能够帮助自己更好地理解教育学科知识;才能够提高自己在家长和学生心目中的威信。

2. 数学知识

数学知识是数学教师知识结构中的主干部分。一般数学教师的数学知识主要包括数学内容知识、数学实质知识、数学逻辑性知识、有关数学的信念、有关数学最新的发展五方面知识。数学是一门比较特殊的学科,数学教师的劳动也是一种复杂的、讲究逻辑思维创造性的劳动。数学教师要成功地完成数学教学任务,首先要对数学专业知识有完整、系统、精深的掌握。这样才能在数学教学中比较好地处理教材,使数学知识在教学中不是以"干巴巴"的符号形式存在,以"冷冰冰"的推理、结论的方式出现,而是能展示数学知识本身发展的无限性和生命力,能把数学知识"活化"。

3. 一般教学知识

由于教师工作"双专业"的特点,作为新世纪的数学教师,应当通晓并熟练掌握教育科学理论知识,这是从事教育教学工作的理论基础,也是将数学教师的教学由经验水平提高到科学水平的重要前提。一般的教学知识范围相当广泛,包括教育基本理论、心理学基本理论、德育学、教学论、教育史、教育社会学、教育心理学、教育管理学、教育法学、比较教育、教育改革与实验,以及现代教育技术知识、教育科学研究等。数学教师只有全面系统地掌握一般教学知识,才能确立先进的教育思想,正确选择教学内容与方法,把自己所掌握的知识与技能科学地传递给学生,促进学生的全面发展。这从美国师范教育中所提倡的理念就可见一斑:"各教师协会坚持主张凡是要做教师的人必须首先修完类似医师和律师所必修的(教育学)专业课程。其论据的实质是:如果公立学校教师想被人看作专门人才的话,就必须掌握教育学的高深知识,这样就使他们跟只受过普通教育甚至较多普通教育的外行人区别开来。"

4. 数学教学知识

由于数学本身具有抽象性、严谨性、应用的广泛性以及辩证性等特征,因此数学教学也具有不同于其他学科教学的特征,有其特性。尤其在新数学课程实施和推广的背景下,对数学教学提出了许多新的要求,强调数学教学不只是教知识技能和技巧,还要教数学思考和思想,把数学的学术形态转换为教育形态,努力去体现数学的价值和数学的教育价值,培养意识、观念,形成良好的品质。要注重数学与实际的联系,发展学生的应用意识和实践能力。例如,在学习圆锥曲线时,可以引导学生从实际情境中去发现圆锥曲线的现实背景(如行星运行的轨道、抛物线运动的轨迹、探照灯的镜面等),以及圆锥曲线在现实世界中的应用,并用圆锥曲线的有关知识解释、解决一些实际问题。数学教师要改善和丰富教与学的方式,使学生主动地学习,这就要求教师针对不同的内容采用不同的教和学的方式。例如,对于统计内容的教学,就可以在教师的指导下,让学生采用收集资料、调查研究、实践探究的方式;对反函数、复合函数的一般概念,概率中几何概率的计算等内容的教学,不妨采用在教师引导下自主探究与合作交流相结合的方式;对于一些核心概念和基本思想(如函数、向量、导数、算法、统计、数形结合、空间观念、随机观念等)的教学,要注重使学生在丰富的背景下、在认知的冲突中、在经历知识的形成和发展中展开学习,引导学生通过观察、操作、归纳、类比、探索、交流、反思等行为参与和思维参与活动,去认识、理解和掌握数学知识,学会学习、发展思维能力。所有这些数学教学活动的实施与完成都要求数学教师具有相应的数学教学知识作为基础。舒尔曼也认为"学科教学知识"是区分教师和一般知识分子的一种知识体系。数学教学知识就是把"数学内容"和"教学"糅合在一起,变成一种理解,使其具有"可教性"。

5. 教学实践知识

数学教师的实践知识指教师在面临实现有目的的行为中所具有的课堂情境知识以及与之相关的知识,更具体地说,这种知识是数学教师教学经验的积累。数学教师的教学不同于研究人员的科研活动,它具有明显的情境性,专家型数学教师面对内在的不确定性的教学条件能做出复杂的解释与决定,能在具体思考后再采取适合特定情境的行为。在教育工作中,很多情况需要教师机智地对待,这种教育教学的机智不是一成不变的,在一种情况下是适宜的和必要的方法,在另一种情况下可能就是不恰当的。只有针对学生的特点和当时的情境有分寸地进行工作,才能表现出数学教师的教学机智来。在这些情境中数学教师所采用的知识来自个人的教学实践,具有明显的经验性。而且,实践知识受一个人经历的影响,这些经历包括个人的打算与目的以及人生经验的累积效应。所以这种知识的表达包含着丰富的细节,并以个体化的语言而存在。显然,关于教学的传统研究常把教学看作一种程式化的过程,忽视了实践知识与数学教师的个人打算,这种传统研究限制了研究成果的运用。因此,数学教师除了要充分运用所学的知识教育学生外,更需要不断地针对教学情境中的问题,运用科学方法,探求问题的可能成因,了解问题的真相,并且进一步研究解决的办法。

(二)学习——数学教师专业成长必经之路

在过去,数学教师在各类培训活动中仅仅被看作被教育的对象,被发展的对象,而且这些培训往往又脱离了数学教师的实际,一般是通过灌输的方式强加给数学教师的,所以很少一部分数学教师只有在与具有"理论"背景的个体或群体对话时,才会被动地运用这些概念符号系统。但如果考察数学教师的日常教学生活就会发现:经验层面的知识互动与共享,面对面的知识传播与创新才是最具影响力的数学教师专业发展途径。因而在教师专业成长越来越受重视的今天,数学教师的学习被赋予了浓厚的时代与专业特征。

第一,基于案例的情境学习。近年来兴起的案例学习是一种典型的情境学习方式,而且被实践证明是一种能促进数学教师专业成长的有效的学习方式。情境学习有关理论认为:学习不是获得某种认知符号,而是参与真实情境中的活动。学习就是情境的认知,"知什么"和"怎样知"是融为一体的。离开情境的知识学习,只能是记忆一些没有意义的呆滞知识,不可能和个人经验与现实社会产生联系,因此也不可能产生迁移和实践运用的效果。同样,数学教师对知识的学习离不开知识运用的情境。数学教师的有效学习不是纯概念的识记和新理论的接收,而是在生动鲜活的案例背景下的情境学习。正是生动而鲜活的案例架起了专家理论话语系统和数学教师实践话语系统之间的桥梁。

第二,基于问题的行动学习。由于数学教师工作的特殊性,高负荷的日常工作和为了专业发展的学习往往在时间面前矛盾重重,所以针对教学实践中的问题,进行专业发展性的行动学习很好地把实践和学习结合了起来,学习成为工作中的一部分,实践中的诸多问题又在学习中得到解决。例如,数学教师在教立体几何这部分知识时,碰到的普遍问题是较多女生的学习遇到了困难,那么有经验的数学教师就会认真地进行教学设计的思考,力求在课堂中多运用实例进行说明与例证,以解决学生中尤其是女生因为缺少实例而引起的学习困难。数学教师也很可能因为成功解决这一问题,而引发更进一步的思考,能够把自己的经验加以推广和应用研究,以解决更多的问题。因此,数学教师的学习就是基于问题的行动学习,即为改进自己的教学而学习,针对自己的教学问题而学习,在自己的教学过程中学习。

第三,基于群体的合作学习。维果茨基认为,人类的学习是在人与人的交往过程中进行的,是一种社会活动。学习的本质就是人与人之间的交往,是他人思想和自我见解之间的对话。作为一个职能共同体,不同的数学教师在知识结构、智慧水平、思维方式和认知风格等诸多方面都存在着差异。正是这种差异构成了一种学习的资源,同时也是数学教师合作学习的动力与源泉。有研究表明,数学教师教学的新观念最多的是从自己的同伴那里学来的。在合作氛围浓厚的学校,90%的教师这样认为;在合作氛围淡薄的学校,教师的思想状态总体上往往停滞不前。在教师合作学习的共同体中,心与心的对话,手拉手的互助,思想与思想的碰撞,最终促进了教师的认知、动机和情感在合作学习中的整合和全面发展。迈克·富兰在其著作《变革的力量:透视教育改革》中生动地写道:"当教师在学校里坐在一起研究学生学习情况的时候,当他们把学生的学业状况如何与教学联系起来的时候,当他们从同事和其他外部优秀经验中获得认识、进一步改进自己教学实践的时候,他们实际上就是处在一个绝对必要的知识创新过程中。"

有人借用了企业知识管理的"SECI"模型来构建教师的学习环境与方式。"SECI"模型(Socialization,社会化;Externalization,外化;Combination,结合;Internalization,内化)是日本学者 Nonaka 和 Tadeuchi 在 20 世纪 90 年代提出的知识创造的完整模型。简单地说,这一模型包括:①一种互动动力——传递;②两种知识形式——显性知识和隐性知识;③三个层面的社会集合——个人、群体、组织;④四个"知识创造"的过程——社会化、外化、结合、内化。这个模型对数学教师的学习方式的构建也具有全新的启示。丰富的知识和才能积聚在数学教师的教学经验中,但这是一种尚未规范和显性化的知识,是依靠数学教师自身的感悟或经验获得的无法用语言表达出来的缄默知识。它存在于个人经验(个体性)、嵌入实践活动(情境性)中。

数学教师只有通过投身于数学教学实践,在实践的过程中才能获得知识。要想使数学教师的学习效果与成果最大化,就应该在集体中互相交流与探讨,传递与共享自己的知识,使隐性知识显性化,最好能"社会化"——从缄默知识到缄默知识,也是数学教师个体之间交流共享缄默知识的过程。最常见的就是学校中惯用的"师生模式"。能"外化"——从缄默知识到外显知识。通过努力,数学教师可以在一定程度上将缄默知识转化为外显知识,并使之成为大家的"公共产品"。外化是知识创造的关键,因为知识的发展过程正是缄默知识不断向外显知识转化和新的外显知识不断生成的过程。数学教师主要通过将自己的观点和意向外化成为语词、概念、形象等,使之在群体中传播与沟通。能"结合"——从显性知识到显性知识。显性知识向更复杂的显性知识体系的转化,数学教师个体抽取和组合知识的方式是通过文献、会议、网络等实现的。更能"内化"——从显性知识到隐性知识。已经外化的显性知识在数学教师个人及组织范围内向隐性知识转化。它主要通过个体的实践活动实现这种转化。例如,课堂提问是数学教学的基本功,教师必须在选择问题和提出问题的火候上下功夫。我国著名中学数学特级教师马明就曾指出:"通过提问能把学生头脑中模糊甚至错误的认识'挤'出来,这与有经验的医生一样,能把病人的病根找到,尽管这种课学生不能对答如流,但这种课有生机。老师学会一个'挤'字,没有五年功夫是不行的。"这就是数学教师在数学课堂中的缄默知识。数学教师专业成长的关键就在于把这种缄默知识转变为规范化和显性化的明确知识,并成为支持性的理论,促进数学教师专业成长。

(三)学习案例研究:学习促进数学教师专业成长

案例 1:教师 H,1986 年毕业于温州师范专科学校数学系,分配到平阳县山门中学工作。虽然数学专业比较突出,但是 H 教师的师范技能方面有所欠缺,尤其是表达能力不理想。凭着自身的努力与勤奋以及对工作一丝不苟的态度,对学生的满腔热情,H 教师很快弥补了先天不足,所带班级的数学成绩很快在全县名列前茅。由于工作卓有成效,H 教师也于 1994 年调入平阳中学,担任重点班的数学教师。在全县最好的学生面前,H 教师尽管课堂教学上表现不错,但其表达的先天不足几乎成了致命的缺陷。在一次全校教学的大检查过后,很少亲自过问具体数学教学工作的校长更是对 H 教师进行了为期一个星期的听课考察。这使 H 教师有了危机感:原来在一所区级中学里凭着一腔热情和认真投入就能够表现突出,但是到了县中之后不是单单凭着同样的方法就能够获得成功的。

经过认真的思考,H 教师很快找到自己的专业发展之路——继续进修学习。先是在 1996 年,H 教师顺利拿到了浙江教育学院本科毕业证书,继而在 1999 年,他又考取了浙江师范大学的教育硕士。教育硕士毕业后,H 教师在教育教学理论水平上远远走在了很多教师的前列,每年都有几篇论文见诸报纸杂志,在平时的数学课堂及各类教学评比中,他往往能够用理念来引导,用理论来支撑,因而屡获佳绩。至今 H 教师在组里仍然是学习与研究的典范。

案例 2:教师 Z,1997 年温州师范学院数学系本科毕业,分配到平阳中学工作。由于出身教师家庭,从小对教育教学情境耳濡目染,在任教的头三年,积累了大量的教育教学经验,虽然其间经过一些小小的磨砺,但凭着本身良好的素质,深受学生的喜爱与领导的好评。很快以优异的成绩通过全县的教学系列规范考评,并凭着考评中所上的一课,引起县教研室的注意,因而在短时间内就拿到了县优质课评比一等奖、市优质课评比一等奖。

但是经过六年的教书生涯,Z 教师发现自己的教学始终停滞不前,渐渐地进入了职业倦怠期,找不到专业继续成长之路。为了摆脱这种困境,2004 年,Z 教师考取了杭州师范学院教育硕士。经过长时间的心理斗争,他做出了一个重大的决定——脱产一年读研。在读研中,Z 教师接触了大量教育学、心理学方面的知识,而且聆听了大量的专家讲座,这大大开阔了 Z 教师数学教育教学的视野。脱产结束回到原单位后,Z 教师发现自己可以从更高的层次来理解以前难以理解的问题,也可以很快地组织起一堂新课程背景下的数学课,在各种教研场合讨论问题时,Z 教师能够以全新的姿态出现,谈出自己的新见解,并在网上建立了自己的博客,经常性地记录自己对教学和科研的一些心得与反思。不管是在教学还是在科研方面,Z 教师都发现自己取得了一个全新且巨大的进步。

案例分析：

（1）数学教师要想真正实现专业成长，学习是必不可少的途径。对教育教学有关理论的学习能够使数学教师更加清醒地认识自己所处的地位，也能够更加清楚地分析在教育教学中碰到的各类问题。数学教师应当根据自己的实际情况，选择好自己所缺乏的知识展开学习，从而补充自己的知识，提升自己的能力。案例1中的教师 H，因为在师范技能方面有一定的欠缺，因而在新学校中就不能再像原来学校那样很顺利地开展工作了。他认真分析了自己的优缺点，终于找到学习这一突破口。凭着不断地学习进修，教师 H 拿到了本科毕业证书，进而又成了教育硕士。正是不断地学习使得他在专业上的成长得以继续，并使他在学校中的专业地位不断得以巩固。案例2中的教师 Z，也因为学习才进入了一个更高的境界，认识的提高、视野的开阔使得他的进步是巨大的，专业成长也因此进入了一个飞速发展的时期。

（2）大部分数学教师由于日复一日地在同一环境下进行着同样的工作，这未免会使数学教师产生职业倦怠。休伯曼等人就对教师专业发展阶段进行了这样的划分：（1）入职期（第 1~3 年）；（2）稳定期（第 4~6 年）；（3）实验和歧变期（第 7~25 年）；（4）重新估价期（第 7~25 年）；（5）平静和关系疏远期（第 26~33 年）；（6）保守和抱怨期（第 26~33 年）；（7）退休期（第 34~40 年）。其中实验和歧变期的特征是自此时期开始教师的发展路线表现出差异性。其原因在于随着教育知识的积累和巩固，教师试图增加对课堂的影响，在教学材料、评价方法等方面开展了不同的个性化的实验；教师改革的愿望强化了对阻碍改革因素的认识，激发了进一步改革的尝试，教师的职业动机强，职业志向水平高；对课堂的职责有了初步了解后，教师开始寻找新的思路和挑战。而重新估价期的主要特征是在许多情况下，教师不经过实验和歧变阶段，而是代之以自我怀疑和重新估价，严重者可表现为职业生涯道路中的一场"危机"。年复一年单调、乏味的课堂生活，或者连续不断的改革后令人失望的结果都会引发危机。

上述两个案例中的教师 H 与 Z 正是处在这两个时期。教师 H 的情况更符合实验和歧变期的特征，到了一个新的工作岗位后，试图用原来的方法进行课堂教学而导致失败，从而激发和强化了他的学习愿望，经过两个阶段的进修学习，在数学教育教学的理论上取得的新进展，使得他在普通高中显得游刃有余。正是学习促成 H 教师外部环境的变化，从而增强了他专业成长的信心，也更加坚定了专业成长的信念。而教师 Z 的情况更像是到了重新估价期，尽管前六年中，有着比较顺利的专业成长,但是职业的倦怠依旧引发了他的认识"危机"。为了解决这一困境,他选择了脱产念书,正是这一年的学习,使他能够从更高的层次和更广的角度来重新审视工作场所及数学课堂教学中的各种问题。

从上面的分析可以看出,正是不断地学习,才能使数学教师在专业上不断地进步,也正是不断地学习,才能够使数学教师摆脱职业倦怠所带来的疲惫与困惑,对数学教师这一角色有一个重新的认识。

三、数学教师继续教育

数学教师继续教育问题随着我国局部地区教师继续教育的展开已经进行了10 多年探索,继续教育模式尚未成熟,近两年我们在中学数学教师继续教育培训的区域性实验方面有了一定的成效,制定了相对完备的中小学教师继续教育课程体系。

(一)课程设置

天津市以中学数学高级、一级教师为培训对象,其目标是使中学数学教师更新教育观念,加强师德修养,拓广数学教育教学理论与有关专业知识,提高数学教育教学技能与科研能力。规定必修和选修课均为 144 学时,每 8 学时计 1 学分,学满 36 学分,并撰写一篇代表结业水平的论文,方能取得合格证书。

课程设置如下:

必修课:数学教育理论与实践 60 学时,初中数学教材改革研究 60 学时,高中数学新教材重点课题研究 60 学时。

选修课:中学数学方法论、初等数论(一)、初等数论(二)、数学教育测试研究、中学数学解题研究(一)、中学数学解题研究(二)、现代数学与中学数学、数学课外活动专题讲座、初中数学竞赛专题讲座、数学思维与中学数学教学、数学课堂教学技能训练、建模在中学数学中的应用、数学哲学专题讲座,均为 72 学时。

上海市政府发布的《中小学教师继续教育进修规定》中,也提出了初、中级教师进修时间每五年累计应不少于 240 学时,高级教师每五年累计应有 540 学时的进修时间。他们对新教师的培训目标是懂得教育常规的合格教师,初级教师是掌握教育规律的称职教师,中级教师是形成教育特色的骨干教师,高级教师是具有研究能力的专家教师。其部分培训课程为:

数学教育理论类:当代认知心理学在数学教学中的应用、数学课程论、数学教学论、数学学习论、数学教育评价、数学教育哲学、数学教育史。

数学专业知识类：现代数学选讲、近代数学选讲、应用数学选讲、数学思想方法论、计算机应用基础、数学竞赛的知识与方法、数学建模。

数学教学实践类：初中代数教学研究、初中几何教学研究、中学数学教学逻辑、中学数学专题研究、数学教学艺术、中学数学教改动态简介、中学数学教学基本技能、中学数学能力研究、中学数学思想方法、中学数学教学心理初探、初中数学课外活动指导、计算机辅助教学。

数学教育科研类：数学教育实验、数学教育科研基础。

受国家教育部委托，浙江省组织编写了《中小学教师继续教育课程开发指南》（以下简称《指南》）。《指南》吸取了各地的教师继续教育培训课程教学计划的精华，其课程体系由思想政治教育与职业道德修养、现代教育理论、现代教育技术、专业知识更新与拓展、教育教学技能、教育教学科研六大类组成，其中的中学数学教师培训专业课程根据数学教师继续教育的特点主要涉及四类 19 门课程，各课程都附加说明，简要阐述课程的目的要求、基本内容、教学建议等。具体课程是：

数学教育教学理论：数学教育理论与实践、中学优秀数学教师教学评价、数学教育比较研究、数学方法论。

数学教育教学技能：中学数学课堂教学技能训练、初中代数研究、初中几何研究、中学数学教学逻辑、高中数学教学疑难问题分析、中学数学解题研究、中学数学课外活动指导、中学数学 CAI 课件开发与评估、中学数学教学大纲及教材分析。

数学知识更新与拓展：中学代数基础与拓广、中学几何基础与拓广、组合数学与图论、数学应用与建模、数学发展动态专题。

数学教育教学科研：中学数学教育改革与实践研究。

上述几类课程设置方案分类与名称有所区别，但在内容上是大同小异的，共同的特点是基于非学历教育，课程的形式以专题讲座和选修为主，兼顾了数学学科的教育教学系统性。

数学教师继续教育课程，虽不同于数学专业学历教育课程体系，具有严密的逻辑性，但也有它比较科学的理论体系和鲜明的特色。这些课程在理论体系上反映在以下三方面。

其一，从不同侧面上阐述宏观数学教育理论和教学方法，即数学教育教学理论类课程。其中的数学教育理论与实践，介绍数学教育发展概论与分论（数学课程论、数学教学论、数学学习论）；数学方法论，讲述数学发现、论证、发展及悖论等方法；中学优秀数学教师教学评价与数学教育，分别对国内外数学教育进行评价。

其二,运用现代教育理论和现代科学技术于微观教学实践。这是数学教育教学技能类课程,这类课程一是现代教育学、心理学、思维科学在数学教学中的应用,如代数、几何教学研究,中学数学教学逻辑,中学数学解题研究等;二是控制论、信息论、系统论的观点及技术对数学教学的影响与作用,如以"微格教学"为主要特征的中学数学课堂教学技能训练,和计算机应用数学教学的中学数学 CAI 课件开发与评估。

其三,突出高层次数学教师知识与能力要求的内容,知识拓展与科研类课程,现代社会与未来发展所需的重点数学新知识及数学应用知识,如组合数学与图论、数学应用建模等是电子技术发展和经济社会对数学的直接要求。

数学教师继续教育专业课程的鲜明特色有两点:其一,反映国际教育模式趋于综合化的特点,涌现出了教育学、心理学、哲学与数学结合的数学教育综合学科;其二,是现代技术与数学教育相互渗透的边缘学科。内容的深度具有较大弹性,基本达到本专科学历以上水平,四个板块相对独立,但具有明显的发散性,相互联系构成整体的数学教育学科群。课程编制除了理论上的完整性外,还有广泛的实践成果,多数课程都源于中学数学教育教学改革的实践,但又高于实践。

数学教育教学技能类的九门课程几乎都与中学数学教学紧密相连,数学教育科研类的课程是数学教育改革成果的直接归纳。这些课程聚集当今数学教育的热点问题,如数学素质教育、思维与数学教学、初中数学教学目标评价实验、尝试法教学等,都从课程的不同侧面进行阐述。在课程的组合及教学方式的设计上,充分考虑到不同层次、各级别的中学数学教师的实践经验和理论修养的现实条件,课程选修有很大的伸缩性。

21 世纪的数学教育需求高素质的数学教师,高新科技时代的到来将使人的数学素养面临挑战,传统的数学认知结构与信息社会产生某些不适应,数学教育观念、数学教学方式应随之而变,大众数学、数学技术等成为课程设置的主要思想观念,并贯穿数学教育教学理论类课程之中。

数学教师的知识结构、能力结构,特别是教学监控能力在课程中赋予新的内容,改革传统的教学环境已是当务之急,"教室＋粉笔＋规矩＋黑板"不再是数学教学的唯一途径,新的教育环境将摆在数学教师面前,这些实际问题也是课程设置的实践基础之一。

理论性与实践性的统一,是数学教师继续教育专业课程设置的出发点,在理论上要给数学教师提供高层次的规律性、更新型的知识,在实践中选好与中学数学教学的切入点、结合点,尽量使学员感到可操作。

因此,数学教师继续教育专业课程,是架起数学教育理论知识研究者与中学数学教学实际工作者的桥梁。时代呼唤高素质教师,数学教师要使自己从"力量型"向"素质型"、从"勤奋型"向"科研型"、从"教书匠"向"教育家"转轨,数学教师继续教育课程会成为这一转轨过程中的催化剂。

(二)集中培训

数学教师继续教育课程培训是一种开放式教育,除了课程内容具有开放性外,在培训组织形式、时间地点的选择上,都应剔除院校式办学的桎梏。在数学教师继续教育专业课程培训过程中,我们的做法是:调查—选课—立项—备课—授课—考核。

调查:在制订课程培训计划前,对学员需求进行调查。即把所设置的课类及课程制成问卷下发到学员手中,回收后对问卷结果进行统计分析。根据调查结果,需求最多的是数学知识更新与拓展类课程,占被调查人数的 55.3%;其次是数学教育教学技能类课程,占被调查人数的 51.1%;最少的是数学教育教学理论类课程,仅占被调查人数的 9.57%。以此为依据,确立课程开发的重点。

选课:按照确定的重点开发课程列出菜单,以及培训组织方案,分发到全体学员中进行选课程、选培训方式,课程选择中入选率最高的是技能类的中学数学解题研究,选中率 44.7%;其次是知识拓展类的数学应用与建模,选中率 42.6%;最低的是中学几何基础与拓广、组合数学与图论,选中率仅为 4.3%。在培训方式的选择上,有 54.8% 的人欢迎讲授与研讨相结合;对时间的要求有 64.9% 的人认为最佳时间是寒暑假,只有 13.8% 的人选择双休日;80.85% 的人希望在本单位及邻近地点参加培训。

立项:根据选课结果确定课程开发的重点及先后顺序,确立各课类课程培训组织形式,我们所采取的培训方式明细分类如表 3-1 所示。

表 3-1

课类	讲授	研讨	训练	自学
数学教育教学理论	50%	30%	20%	
数学教育教学技能	40%	20%	20%	20%
数学知识更新与拓展	60%	20%	20%	
数学教育教学科研	40%	20%	20%	20%

　　根据学员要求和师资状况,对城市中心的实行双休日送教上门,对郊区采取寒暑假集中在培训院校授课。

　　备课:包括编写教材或教案,至少在授课前半年时间开始备课,在备课期间,任课教师用一定时间深入中学参加或了解中学数学教学教研,提前三个月将教材手稿交付印制。

　　授课:按各类课程培训方式组织讲授、研讨、训练与自学。

　　考核:根据调查了解情况,在培训课程完成后,组织考核。考核分为课程考试考查和考核评价,考试考查以开卷为主,考试考查内容有基础知识、应用知识、实际操作、论文撰写等方面,其参考比例如表 3 - 2 所示。

表 3 - 2

课类	基础知识	应用知识	实际操作	论文
数学教育教学理论	30%	30%	40%	
数学教育教学技能	20%	30%	50%	
数学知识更新与拓展	60%	40%		
数学教育教学科研	20%	80%		

　　考核课程评分将听课考勤(占20%)、练习与实践活动(占20%)、卷面分(占60%)三项综合后记入学员继续教育登记证书。

　　数学教师继续教育是一种周期性的终身教育,完成一轮课程培训需要5年时间,处理好教学内容无限性与课时有限性的关系,必须对学员的个体及继续教育过程的整体实行动态管理。实验方案规定,中学数学教师整个一轮的培训时间应达到360学时,其中数学专业课程约占260学时,而我们所设置的数学教师专业课程总学时约710学时,各级教师必修课程约占1/10,选修课程是足够进行四轮培训的,而且课程的开发门类和内容还在不断拓展。因此,我们对数学教师继续教育专业课程开发实行的是设置—实验(培训)—再设置—再实验(培训)的递进过程。对于个体学员而言,建立起周期培训课程 5×4 矩阵模型软件管理系统,即周期(5年)内每年选修不超过4门课程,逐年输入系统,形成一个数学教师由新教师—初级教师—中级教师—高级教师—特级(专家)教师所受继续教育的全部档案,从横向上也可以记录一个学校或者地区的数学教师在某一阶段接受课程培训的总体状况。

　　(三)数学教师校本培训

　　数学教师校本培训研究是教育部1999年确定的"面向21世纪中小学教师继

续教育工程"的科研课题"校本培训实验研究"的子课题。探究面临经济全球化到来的中小学数学教师继续教育的新途径,旨在建立起具有中国特色的适合不同地区、不同类型学校的数学教师继续教育校本培训模式,为构建信息时代的数学教师校本教育学框架打下良好的基础。自 1999 年开始,在国家级中小学教师继续教育区域性实验区(十堰市城区),采用课题实验与研究相结合,以行动研究模式为框架,通过文献法、调查法、实验法、分析法等研究方法进行研究。

1."三型十环"组织模式

(1)"三型十环"模式构建的理论依据和实践依据

"三型十环"模式构建的理论依据是数学教师需求多元化和教师培训多样性理论。数学教师发展的需求具有多元化特征,数学教师需求的多元化决定了教师培训的多样性。在任何时候、任何地区,数学教师的培训都具有差异性。一方面,不同时期、不同地区、不同学校、不同学段教育教学的实际状况,和对教师的发展需求各不相同,造成了教师发展的差异;另一方面,在大体相当的时空条件下,数学教师的素质或发展期望,包括教育教学的观念与水平、知识与能力、职业道德与情感态度等又因人而异。这些教师个体的差异、学校间的差异及地区间的差异,要求我们按照实际情况为他们提供有针对性的可供选择的多种培训模式。数学教师校本培训,必须充分考虑欠发展类、发展类、优先发展类的不同实际及多种需求,设计教师培训的多样性培训模式。

数学教师校本培训"三型十环"模式构建的实践依据,是校本培训经验的总结。校本培训实验中,一些实验学校首先进入国家、省、市校本培训实验研究课题组,通过近四年的实践与探索,各校积极探索校本培训新模式,呈现出百花齐放的局面,诸如"目标—专修—导控—发展"模式、"自学—训练—考评—分层"模式,都形成了自己的特色。2000 年 5 月十堰市作为牵头单位,主办了全国首届校本培训课题研讨会。在此基础上,我们汲取各校之精华,总结提炼出了适合各种不同类型学校的校本培训"三型十环"模式,再用于实验区的学校和县市部分中小学实验,收到了良好的效果。

2001 年 10 月,教育部"中小学教师继续教育工程督导检查团"对十堰市"工程"实施情况进行检查评估时,高度评价了十堰市教师校本培训的"三型十环"模式。2002 年 3 月 16 日《中国教育报》刊登的国家教育督导团对河北等 10 省市《实施"中小学教师继续教育工程"督导检查情况公报》,对十堰市校本培训予以肯定:"湖北省十堰市根据不同校情,构建了适合本地的'三型十环'校本培训模式。"

(2)"三型十环"模式的构架

模式Ⅰ　学习—岗练—考评—分层

这种模式适合偏远农村学校和办学条件差(主要是师资水平低)的欠发展型学校。这些学校的校本培训以补课为主,培训内容主要是教学基本功、教材教法及计算机初级技术;目标是培养能适应教学要求的合格数学教师。

欠发展型学校校本培训模式运作的基本程序是:确定目标(周期目标)—分散自学—集中培训(短训或专题讲座)—岗位练兵(基本功训练)—分类指导—考核评价—分层建组(依据考评结果分为优、中、差三层次)—确定新目标。欠发展型学校培训模式的运行,原则上每两年一个周期。一个周期结束,被确定为优秀层的教师,可进入模式Ⅱ的培训,其他教师进行本模式的第二周期培训。实验区46所学校用该模式进行了两年的实验,效果十分明显。

模式Ⅱ　分层—研训—师导—定向

这种模式适合大部分教师(或学科)接受过院校集中培训的普通学校,即发展型学校。此类学校占中小学校总数的60%～70%。培训的主要内容是新的教育理念和创新教学方法、信息技术(高级)、课题研究等,目标是培养适应素质教育需要的现代型数学教师。

发展型学校校本培训运作的基本程序是:分层建组—提出目标(周期目标)—分组教学(专题培训)—课题研究(以研带训,以训促研,研训一体)—分类师导(结对帮教或到校外拜师学徒)—教学技能综合考核(对目标到达度评价)—反思总结—重新分层—确定新目标。发展型学校校本培训原则上每两年一个周期,周期结束,被评估确定为优秀层的教师可进入模式Ⅲ的培训,其他仍进行本模式的第二周期培训。

模式Ⅲ　定向—专修—独创—发展

这种模式适用市县区重点学校、实验学校、示范学校等优先发展型学校。培训内容是在发展型学校培训的基础上增加课题实验和专业特长培训,目标是培养研究型、专家型数学教师。

优先发展型学校校本培训模式运作的基本程序是:分类定向(确定各自的专业发展方向和科研课题)—专家指导(县级以上学科带头人或专家指导,可一人指导多名教师)—专题研修(确定重点课题进行研修或送培专修或外出挂职锻炼)—课题结项—成果展示(编印论文集,举行成果报告会)—专家诊断—反思总结—确定新的发展方向。优先发展型学校培训模式的运行,原则上每两年一个周期,周期结束,调整培训方案,确定新的目标,进行第二个周期的培训。十堰市二中应用这种模式,采取摸底测试即教师基本素质理论测试,个人素质达标申报,学校进行校本培训考核,效果十分显著。

每所学校类型不同,所采取的组织形式不同,但随着社会的发展,学校也必将改变原有的状态,进入更高的层次,教师也必将与之同步发展,根据"因地制宜""因材施训"的原则,校本培训的方式、方法必将发生改变,在一所学校的一定时期内,可以以一种模式为主,兼顾其他模式,当一所学校的整体水平不断发展,校本培训的操作就可以由模式Ⅰ到模式Ⅱ,再到模式Ⅲ,这样就构成了一个"学习—岗练—考评—分层—研训—师导—定向—专修—独创—发展"螺旋式向上推进的大模式。"三型十环"还使教师的素质培训与专业发展构成一个动态发展过程。该模式不仅适用于不同类型学校培训模式的选择,也适用于学校内的教师分类培训,即可将教师分为三个层次,分别采用三种模式进行。这样就为教师持续的专业发展拓展了广阔的空间并提供了目标实现的可能。

2. 创新型行动研究的教学模式

(1)行动研究的新理念

行动研究是近年来国内外教育研究所采用的一种新模式,行动研究旨在增强实践者的自我反思意识和调节行动能力,并以解决问题、取得成效为最终目标。行动研究的主要特点是在行动中研究,研究行动,为改善行动而研究。行动研究的最大优势就是使研究者真正成为"研究的主体",通过行动实现理论与实践结合,完成自身素养的提高与飞跃。

课题组在选择实验研究方法的时候,充分地考虑了校本培训的特点:数学教师校本培训的目标是指向学校及全体数学教师;校本培训是以问题为中心,由数学教师共同学习并解决问题,从而不断提高自身解决教学中各类实际问题的能力;校本培训方法灵活,如现场诊断、研训互动、师徒结对、观摩听课、个人修炼、校际交流等;组织管理具有自我主体性、支持系统共同协作性、培训质量的动态性。

我们认为,数学教师校本培训是教育理论与教师实践的最佳结合点,有必要将"行动研究"引进中小学教师校本培训,让教师通过行动研究在理论与实践之间架起一座成功的桥梁。在实施校本研究、创新教学模式的过程中,确立了行动研究的新理念——教师即研究者。

在过去的教师培训和教育科研中,往往把培训者和受训教师对立起来,即你讲我听,你怎么说我就怎么做。总认为,教育科研是"研究者"的事,一线教师只要教好书就尽职了,无须去搞什么研究。要进行"行动研究",必须破除这种观念,教师要将自己作为"研究者",在工作中研究,达到研究即工作,工作即研究的境地。

因此,行动研究的校本培训,应当积极提倡:学校即研究中心,教室即研究室,教师即研究者。从经验中学习,在反思中成长。以往,教师培训活动较多,但一些教师感觉收获甚微,这在一定程度上是由于过分重于理论学习而与实践脱离。学理论固然重要,但教师培训不仅是学理论,而是要通过实践内化为自己的东西,况且理论是死的,教师从理论中是学不到什么实用性东西的,只有运用理论对自己的实践进行反思,在"实践—反思—实践"的过程中提高自己对问题的理解力,从实践的经验中感悟出一些无法言说的只属于自己的那些东西,这才真正有了收获。

行动研究是理论与实践的中介,行动研究用于校本培训,就是要使培训的内容,让教师经过在实践中的重建与内化,成为教师自己的东西,促使其教育行为"合理化"。基于行动研究的校本培训设计是"发现问题—确定课题—组织培训—进行研究—做出评估",培训中,特别强调教师"参与""体验""探究""经历"。

实验结果表明,从经验中学习,是教师素质提升的一条有效的途径。一切为了教师的发展。行动研究的校本培训,必须一切从教师的需要出发,一切为了教师的专业发展。培训应该为教师的"问题解决"提供一切条件与可能,不应该是培训者主观臆断地对教师的强加;行动研究的教师培训应该对教师尊重,让教师主动参与,使他们成为培训的主体,为他们创设一种情感和认知相互促进的教学环境,让他们在轻松愉快的教学气氛中有效地获得知识并获得情感体验;行动研究的校本培训还要为教师持续的专业发展给以支持和帮助,培训活动应充分体现专业发展的潜在性、先导性。

(2)行动研究的教学模式

十堰市实验区按照行动研究的基本思路,构建了九种校本培训的教学模式。

案例教学式:案例教学由案例形成和案例运用两个阶段组成。案例形成包括前期准备、确定主题、情境描述三个步骤。案例运用包括案例引入、案例讨论、诠释与研究三个基本过程。学校可根据需要分学科、分类别、分层次设计案例教学方案,使教师针对案例进行学习、研究、反思、感悟、借鉴。案例教学应作为校本培训的一种基本方式。

现场诊断式(微格式):教学现场观察诊断是专家、科研人员、培训者与任课教师合作,有目的地对课堂教学过程进行严谨、理性和面对面的分析讨论,并提出改进策略的方法。教学现场观察与诊断一般包括课前准备、现场观察、课后分析、形成报告、反思讨论五个步骤。现场诊断应特别注重培训者对受训者的诊断"处方",采取专家点评、个别交流、小组讨论的方式,使教师专业得到持续发展。

问题探究式:培训者首先深入教师之中,对教师教学中的问题和困难进行收集、分类整理,然后逐一进行探究教学。探究教学的一般步骤是提出问题—讨论交流—专家点拨—反思总结。问题探究教学要引导教师自己提出问题、分析问题和解决问题。

专题讲座式:学校根据教师专业发展带共性的需求,每年确定几个重点专题,组织集中培训,如信息网络技术、教学课件制作、课题实验结题、双语教学等。专题集中培训应注意分层教学。

示范—模仿式:这种培训方式主要适用于新教师和教学技能较差的教师。该模式的一般程序是定向—演示示范—参与性练习—自主练习—迁移。这种方式主要运用于教学设计和课堂教学技能的培训。培训中,培训者和学习者应该以互动的方式进行。

情境体验式:教师的学习培训,如同学生的学习一样,应该在一种乐学的环境中进行。教师校本培训的情境体验教学,就是要求在培训中,创设一种情感和认知相互促进的教学环境,让教师在轻松愉快的教学气氛中有效地获得知识,并获得情感体验。该模式的一般程序是创设问题情境—展示问题情境—情境体验—总结转化。

自修—反思式:教师根据自己需求,在培训者的指导下,自主学习、自主实践、自主评价、自主完善。该模式的一般程序是提出计划—自学研修—实践体验—专家指导—反思总结。

研训互动式:学校有计划地进行教育科研立项和向上级申报立项,确定集体和教师个人承担的教育教学科研课题,在课题的实验中,紧紧抓住实验中的问题和困难,有针对性地进行培训。同时,在培训教学中,培训内容又以课题项目为骨干支撑,给学习者以极大的吸引力。这样的培训,既提高专业知识,又提高科研能力和水平。

网络信息交流式:学校开办信息园地,定期发布教育教学改革信息供教师学习,信息可通过"天网""地网""人网"收集。学校对教师制定获取信息和交流信息的要求指标,促使教师上网、看报、读书,收集整理信息,传播信息,使教师教育教学理念、方法和眼光与时俱进。

3. 六维五步式培训模式

六纬五步式校本培训是以杭师大刘堤仿教授的教师专业发展三维体系为主要理论依据,从教师效能、教师素养、专业职责、认知才能、预设才能、操作才能六个维度,在专家引领下发挥教研组、备课组团队的力量,进行"说课—磨课—同课异构—评价—反思改进"五步式评价反思,查找教师课堂教学的"短板",进行有效的发展跟进,从而达到提升教师课堂教学能力的效果。

在这一校本培训模式中,人人是学习者、研究者、参与者、评价者,从专业引领开始,经过自主选项、学科套餐、群体互助,达到了全员发展,实现了从个体有效到群体高效的目的。

案例:仁和中学数学教研组的校本培训。执教教师:林斌。执教内容:认识不等式。

活动过程:前期经过备课组的说课、磨课、反思、改进,现在进入教研组层面展示、互助。课堂实录及评析(略)。

同伴互助

尹国萍:预设才能

课堂是一个充满活力的生命整体,处处蕴含着矛盾,其中生成与预设之间的平衡与突破,是一个永恒的主题。预设体现对文本的尊重,生成体现对学生的尊重。

我从三方面观察课堂:预设目标、预设过程与方法和预设结果。

1. 预设目标:包括知识目标、能力目标、情感目标

知识目标:本节课从生活中遇到的不等关系引出不等号,然后归纳出不等式概念,再用辨析题巩固新知,达到了预设效果。但预设 $8 > 9$ 不等式时,希望学生提出疑议,但学生没有提出,没有生成。

能力目标:预设了学生感知列不等式,到例题中列不等式,然后用数轴表示不等式来突出重点,用数轴表示不等式是难点。林老师归纳找关键词,第一类和第二类不等式关系,归纳口诀,从学生的反馈来看,学生达成度较好。对难点,林老师用了合作学习,然后讲解、归纳,学生通过说一说、画一画,从数到形、从形到数,较好地突破了难点。但合作学习没有很好地展开。

情感目标:从生活中的不等关系引出不等式,让学生体会数学源于生活,领悟

数学价值。

2. 预设过程与方法

在拓展第 3 题中,让学生体会了利用数轴解决问题的直观性和优越性。整节课学生学习得较轻松,体会到了成功感。

3. 预设结果

整节课较好地完成了预设,同时渗透了数形结合思想、分类思想、从特殊到一般的归纳法。

曾宪学:认知才能(表 3 – 3)。

表 3 – 3 观察学生认知水平的 SOLO 单

课题:3.1 认识不等式
学校:仁和   班级:807   观察的学生数:6 人
任课教师:林斌   观察者:曾宪学   观察日期:2013 年 10 月 16 日

问题载体:合作探究 (1)$x_1 = 1, x_2 = 2$,请在数轴上表示出 x_1, x_2 的位置;(2)$x < 1$ 表示怎样的数的全体? 如何用数轴表示?

SOLO 水平	关联结构水平及以上的解答		多元结构水平及以上的解答		单一结构或前结构水平解答	
学生的典型回答	略		略		略	
人数比例	4	66.7%	5	83.3%	6	100%

续表

分析	对于初学者,第(1)小题属单一结构水平,第(2)小题属于关联结构水平。 　　教学中林老师着重通过合作探究,引导学生如何在数轴上表示不等式,以及应注意的地方,将问题的解决提升为一种方法,然后让学生课堂练习进行及时反馈,强化知识点,突出了教学重点。数轴是研究数和数量关系的重要工作,不等式在数轴上的表示更是解不等式组的重要基础,也是本节课的难点。突破教学难点,是本节课成功的关键。根据学生的认知结构和思维方式,林老师设计:先让学生回顾数轴及实数 1、2 在数轴上的表示——属于单一结构水平,学生应该很容易就能在数轴上找到一个相应的点进行对应,由观察结果可知:被观察的 6 位学生全对,全班学生都处于单一结构水平。 　　对于第(2)小题,林老师先让学生尝试不等式 $x<1$ 在数轴上的表示,让学生产生了知识上的冲突和探索的欲望,由观察结果可知:被观察的 6 位学生 5 位做对了,从而估计全班有 80% 的学生处于比较高级的认知水平,他们对这个问题的理解非常充分。 　　林老师再引导学生跟 $x=1$ 在数轴上的表示进行比较,让学生逐步感受 $x<1$ 在数轴上的表示是点汇集成一条线的过程,从而突破了教学难点,从学生后面练习 3 个不等式在数轴上表示的自我探索的结果来看,学生的正确率为 100%,可见,这一设计是符合学生的认知方式的。最后例 2 不等式的应用,学生做起来并不困难,重要的是通过问题的解决向学生渗透一种数形结合的数学思想。 　　可见,林老师对这个环节的处理,是建立在学生的认知水平上的,让学生学到了新知,学生的认知水平得到了发展。现在,如果对学生进行后测,对于用数轴表示不等式这个问题,学生的思维水平到了关联水平以上。同时,也说明了林老师的这个环节教学设计合理且有效。

　　SOLO 分类认知理论认为,学生的学习认知过程是由单一、多元水平走向关联、拓展水平的发展过程。因此我们数学组达成共识,并形成如图 3 – 1 所示的教学流程图。

教学流程图:

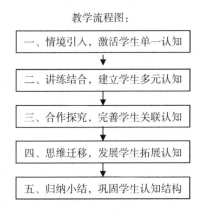

图 3 – 1　教学流程图

朱培培：操作才能

教师操作才能主要从三方面来评价：一是组织才能，二是调控才能，三是评价才能。

首先，从教师组织才能方面来说。教师对教材的组织才能，即教师是怎么处理教材的，怎么把教材变成课堂教学。

本节课的教学目标中要求："根据具体问题中的大小关系了解不等号、不等式的意义。"林老师通过姚明的身高以及一些来自实际生活的情境直接让学生用不等式来表示，再观察式子的特征，引入了不等式的概念及意义，很好地落实了这一教学目标，同时培养了学生的数学情感，让学生学习生活中的数学，做到让数学生活化，使学生从生活开始，在生活中进行概念强化。

引入概念之后，林老师通过例题、练习题来落实"会根据给定条件列不等式"的教学目标。整个过程体现了以生为本、学为中心的思想理念。先让学生练习，再让学生讲解并投影展示，最后才是自己点评、总结归纳。并且在讲解"根据数量关系列不等式"时，林老师用红色方框标出了关键词，渗透了学习数学的方法。

接下来通过合作探究的例题来引出"如何在数轴上表示出不等式"，最后通过一系列的练习基本上达成了"会用数轴表示'$x \geq a$''$b < x < a$'这类简单不等式"的教学目标。总的来说，林老师基本具备处理教材的能力。

二是调控能力。林老师事先对自己的教学活动进行了非常完备的计划，包括明确教学目标、教学环节等。在课堂上，林老师善于调节气氛，把握好教师讲解和学生自主学习的时间，有较好的调控能力。遇到学生问题回答不上来时，慢慢引导；在叫学生回答问题时，也不只是关注某几位学生。通过调控，使教学流程紧凑有序、张弛有度、充满情趣。当然，也有些微瑕疵，如在例2的处理上比较仓促。但瑕不掩瑜，从整堂课来看时间把控还是比较到位的。

三是教师的评价才能。本节课教学评价主要是教师的口头评价，基本都是"好""好的""非常好""很好"，评价语言比较单一、笼统。我们老师在评价学生时应该给出具体评价，例如，好在哪里？怎么好？为什么好？或者说他错在哪里？

吴应琴：教师专业素养

教师的专业素养归纳起来为德、识、才、学、体五个字。"德"是指教师的品德和个性心理素质，"识"是指教师的见识、胆识、识别能力和谋略，"才"是指教师的教育教学经验、教育教学能力和教育教学艺术，"学"是指教师的学问、业务知识和知识结构，"体"是指教师的身体健康状况。下面我结合这堂课从这五方面进行点评。

一、德

1. 林老师上课沉着冷静、娓娓道来。

2. 关注学生的进步,关注学生的心理感受。当学生回答出 $2a < a$ 的两种情况时,他鼓励其他学生给以掌声祝贺,让学生获得成功的喜悦。

二、识

1. 教师有较强的组织能力:本节课教学环节组织严密。①让学生感受不等式概念的发生过程,引出概念;②辨析不等式;③能根据数学语境列出不等式,强化抓关键词语;④能用数轴表示不等式(这个是难点,用了一半课堂时间,特别是从数抽象到字母);⑤用所学的知识解决实际问题;⑥课堂拓展;⑦课堂小结;⑧作业布置。这样的设计,条理清晰,又能遵循学生的认知规律。

2. 设计的教学活动很丰富,如有教师讲解、学生练习、师生交流、生生交流、生答师写等。不过,学生的气氛没有调动起来。我觉得可把关于不等式的辨析题改成口答或抢答,可能气氛会好一点;若把列出不等式或画数轴表示不等式,改成学生板演,可能会发现未知的错误,可以把出现的错误当成错析教学。

三、才

1. 教师的课件做得很好。特别是把不等式用数轴表示时,什么时候用空心圆,什么时候用实心圆,很明确;数轴上的点既有整数,又有分数,其实是有理数和无理数的一个集合,让学生形象直观地在数轴上感受到数的集合。

2. 教学中教师讲解分析到位。①在关键词中,学生对“至少”“至多”这类词,觉得较难,教师运用语文学科知识帮助学生理解;②在“练一练和提一提”中,教师在渗入分类思想、数形结合思想时,非常适时、贴切、自然、不生硬。不过,例 2 的(2)也很好地体现了数形结合思想,这时也可见机渗入。

3. 教师在教学中严谨治学。在画数轴表示不等式时,教师尺规作图很标准,因此学生在做练习时也非常注意尺规作图。所以,从小处着眼,教师的这种举动是关注细节;从大处着眼,这是一种学习规范的教育。

4. 教学时间安排合理。本课重点是认识不等式、列出不等式,由于学生已有小学知识储备,所以教师用时 18 分钟,很恰当。剩余的 22 分钟,教师则用于突破难点。

5. 讲练结合,精讲多练。每一环节都有讲有练,整堂课单独练习的时间就有16 分钟。

四、学

课堂上,要求教师的教学用语要严谨、科学,而且上课时做到眼到、口到、心到。在教学中,当学生说到 $2a < -a^2$ 时,学生把 $-a^2$ 读作负 a^2,教师应该及时纠正为 a^2 的相反数。

五、体

林老师身强体壮、阳光、有朝气。

严浩:教师效能

我认为教师效能是指教师在课堂教学中的教学效应、教学效率和教学效果。所谓教学效应,即我们通常提到的蝴蝶效应、青蛙现象、鳄鱼法则、鲇鱼效应、羊群效应、刺猬法则、手表定律、破窗理论、二八定律、木桶理论、马太效应、鸟笼逻辑、责任分散效应、帕金森定律、晕轮效应、霍桑效应、习得性无助实验、证人的记忆、罗森塔尔效应、虚假同感偏差等。为了更好地量化课堂教学,我们备课组从师生对话、生生对话和生本对话的次数对课堂教学效应进行评价。林老师在课堂教学中,全班提问 17 次,师生问答 29 次,教师自问自答 4 次,生生互动 1 次,生本对话 1 次(个别现象)。根据这些数据,我们认为林老师在这节课的教学中教学手段比较单一,教师讲得多,不敢放手让学生做。例如,在例 2(1) 的教学中,林老师说:"$12 \leqslant x \leqslant 20$ 在数轴上表示应该是这样的",接着教师课件展示答案。我们建议这里还是要让学生自主完成。

效率(efficiency)是指有用功率对驱动功率的比值,同时也引申出了多种含义。效率在字典中的解释是单位时间完成的工作量。所谓教学效率是指有效教学时间与实际教学时间之比。比值越大,课堂教学效率就越高,反之亦然。林老师的课堂教学中,共解题 36 题,其中基础题 28 题、拓展题 8 题,分配勉强合理,但考虑到这节课是在 807 班开设的,面向的是数学成绩较优秀的学生,应该加大拓展题的比重。在时间分配上,林老师前后用 27 分钟建立新知并巩固,用 4 分钟让学生对在数轴上表示不等式这一知识点进行探究,难点突破花了 7 分钟,所以林老师在时间分配上较合理,效率较高。

我们备课组从教学的三维目标对林老师的教学效果进行评价。从知识目标的达成情况来看,列不等式的新知建立时,我观察了 12 位学生的完成情况,8 人全对,3 人均错 1 题,1 人错 3 题;通过教学,在后面的巩固练习中,12 位学生中 7 人全对,5 人错 1 题。对比列不等式的新知建立和巩固练习中学生的表现,学生进步明显。在课堂教学的拓展环节,12 位学生,11 人 5 题全对,1 人错 2 题。所以综合来看,知识目标的达成度是非常高的。从过程目标的达成来看,教师经常归纳解题技巧与注意事项,为学生后面的解题提供思路。从情感目标的达成来看,注重数学思想方法的渗透,教学语言非常到位。在学生回答正确后,老师根据题目的难易,表扬学生"很好""非常好"等。当然我们备课组建议林老师在合作探究环节应多花点时间,让学生探究更深入。

高建成:教师专业职责

教师职责主要是指教师应当承担的责任、完成的任务及其达到的目标和标准。

今天,我将从三维目标的角度来阐述林斌老师这堂课在教师专业职责上的得与失。

首先,从知识与能力目标上看,这节课很好地让学生认识了不等式,将数学文字顺利地变换成不等号,快速地列出了不等式,画出了数轴,同时,还能用不等式解决生产、生活中的简单问题,预设目标有效地达成。

其次,从过程和方法目标上看,学生经历了"生活—问题—理解—抽象—不等式"等数学化的过程,也经历了"不等式—数轴—解释—应用"等生活化的过程。在这个过程中,课堂上有效渗透了分类讨论思想、数形结合思想、归纳概括思想、转化与化归思想、特殊到一般思想等,培养了学生的符号感,即不等号。

最后,从情感态度价值观上看,学生的数学思想产生了又一次革命,即由以前的等式过渡到了不等式。通过小组合作,培养了学生合作探究、数学交流意识;通过用不等式解决实际问题,培养了学生的数学应用意识和数学兴趣,再一次让学生感受到了数学的价值。

但本节课也有两个地方不足。

一是教师的评价单一而乏味,整堂课都是"好""很好",这显然达不到对学生的激励和反馈作用。从问题创设的合理性来看,这节课,问题创设的基础被抛弃,层进太给力,综合很混乱,开放成纠结。的确,这节课设计的问题很多,而恰恰这多达37个的问题,导致课堂成了单向和单调的问与答,学生的能力和思维就像一只趴在玻璃上的苍蝇,前途光明一片,出路没有。德国教育学家第斯多惠说过:"教学的艺术不在于传授本领,而在于激励、唤醒和鼓舞。"因此,为了达到以上效果,建议林斌老师多用一些有针对性、实效性的评语,如"你的思维很严密""你的方法很独特""你的解法很精彩""你的答案很有创意"等,这些赏识和认同性的评语会让学生感到满足与自信。

二是从学生活动和参与度来看,小组合作流于形式。两三分钟的小组合作只是一种形式和点缀,看似全员参与,但只有小组,没有合作,小组内部既无分工也无合作,更无争辩,实际上是优生"一统天下",差生"袖手旁观",没有对问题生成深层次的理解。问题式教学的教学过程应是以学生自主探究学习为主,自学思疑、横向疑义,始终围绕着一定的学习内容,自主而自觉展开的有效自学、小组讨论、合作探究。而这节课,学生的一切活动都是在被要求被自愿被操控下进行的,老师一声更比一声急的"完成了吗?""看完了吗?""可以了吗?"的话语不绝于耳,师者威严,顺从的孩子们纷纷举起了无奈的手臂,从而造就了这貌似高参与度的所谓的快乐课堂。苏联教育家苏霍姆林斯基说:"在人的心灵深处,有一个根深蒂固的需要,希望自己是一个发现者、研究者、探索者。"因此我对小组合作的理解是让学生做数学,真正让学生成为数学的发现者、研究者与探索者,从而体验到学数学的乐趣。因此,建议林老师在小组合作探究中要大胆地放开。

最后,我想说的是数学教育真正的目标不是成就大批考试成绩优秀的人,而是发展学生的数学素养,即"能看清和理解数学本质上一个个模式,能在生活中提炼出模式,并用模式解决问题"。什么是教育?就是"当学生离开了校园,什么都忘记了的时候,最后剩下的东西"。对于数学,我认为学生剩下的东西应该是数学的理性、数学的美,这就是我们数学教师职责的终极目标。

专家点评

柴玉宏(初中数学特级教师、杭州市十三中教育集团副总校长):

仁和中学数学教研活动很有特色,根据专业发展的六个维度来评课,教师评课既有重点,又互不干涉,并且互相联系。

本节课是第三章的第一节,虽然看似简单,却不易,可以说是最不好上的一节课。为什么这么说呢?认识不等式很简单,但难在哪里?难在等式到不等式的转化,学生思想理念的转化是最难的。知识教育是非常简单的,但转化是比较难的。其实这个也是初中数学的一次革命,在思想认识上的一次革命。比如说,初一时就从原来的正数、分数,一下引入负数,看似简单,但它确实是一场革命。再比如说,在有理数中一下引入无理数,它绝对也是一次革命。也就是说,等式到不等式的过渡,引入不等式这个过程的体验是这节课的难点,也可以说是一个重点。所以说这节课不好上。

林老师的课第一个特点是情境融入概念。姚明的图片能激发学生的兴趣,通过比身高来引入,这个情境来自实际生活,学生也是比较喜欢的。同时还给出了五个书本上的例题。通过呈现生活中的一些不等式的简单应用,直接让学生用不等式表示。因为不等式这个概念,在小学里这个符号已经学过。然后通过引入得出一些简单的不等式以后,就开始引出不等式的概念。第一个环节情境引入,联系实际生活和学生的实际来进行概念的引入,这个处理非常好。

第二个特点是引入概念以后有一个判断题,我们一般叫辨析概念。辨析概念经常是判断题的形式。因为概念尽管实际生活里有,但它还是数学化的定义,怎样来辨析概念? 通过反例来辨析概念,强化概念。这道题就很好地进行了体现。一个是等式,一个是代数式,还出现了 $8 > 9$,特别是 "$8 > 9$" 这个问题更有利于学生理解概念。它确实是不等式,却是不成立的不等式。从概念上理解绝对是不等式,因为不等式的定义是用不等符号连接起来的式子。因此,它肯定是不等式,却是一个矛盾、不成立的不等式。如果写成 $3 > 2$,这种不等式叫恒成立不等式。凡是带着字母的不等式,才是咱们真正要学的不等式,叫条件不等式,是能求解的不等式。这个问题说明这个概念辨析能用反例来强化概念,这是数学中讲述概念的一个很有效的方法。正反两方面,都能把概念进行强化。甚至还能联系上其他一些知识点:等式、方程、代数式。能把这些知识点也放在一起进行比较,所以说用反例来强化概念也是一个很好的方式。

第三个特点也是最主要的一个特点,数学中渗透数学思想方法。第一是转化思想,三种语言转化:文字语言,如大于、小于;符号语言,如不等式、不等号;图形语言,如数轴。这节课把这三种语言有机地结合起来。还有一种思想是由特殊到一般思想。如探究合作的题里面,先确定 $x_1 = 1, x_2 = 2$ 是一个点,在数轴上表示实数是一个点。后来就变成了一个不等式了,再后来就变成字母了。这是从特殊到一般的数学思想。第三种是符号感,在数学思想方法里边有一种意识叫符号意识。也就是这节课林老师体现的数学思想方法非常到位,也比较明显。

另外有一题很好地体现了数形结合,先用数轴来表示不等式,反过来,在数轴上画不等式。一反一正体现了数形结合、形数结合。整堂课林老师的数学思想方法很到位。

从整个教学设计来看,通过情境创设,引入不等式的概念,然后强化概念,课堂练习,列不等式表示,数轴上表示,突破难点,还有例2实际应用,最后拓展提高。整个过程由浅入深,符合学生的实际。有重点有难点,设计非常合理。

融入了新课改的理念,先让学生练习,再让学生做,再投影展示。体现了以生为本,以学为中心。另外也体现了数学上的一种少讲多练,练得比较多,讲得比较少的思想。

但是尽管体现新课改的理念,最典型的合作探究,其实没合作,时间也不够,目标也不明确。学生可能低声在交流,但这种合作交流的情况在时间程度上面还是不大的,也就是充分让学生讨论交流合作探究这个氛围没有形成。所以整堂课听起来比较沉闷。原因是真正没有合作起来,没有探究起来。还有例2,这是道应用难题。其实可以先让学生交流一下,因为这道题相对比较难,先让学生交流,再提问学生,然后老师点评。林老师直接PPT打出来了,估计有的学生不一定清楚,尽管有的学生回答对了,这也只是个别学生,是不是所有学生全会了,这个确实还是不一定的。这题也可以让学生合作一下,交流一下,然后再提问,然后老师点评,这个环节合作探究还不够大胆。如果合作探究的时间多的话,可能后边来不及讲了。其实来不及讲,讲多少算多少,而林老师就是在赶进度。例2课题一打就过去了。可能是因为省时间,要完成预设的任务,预设太严重了,所以生成没有机会了,为了教学进度,例2处理得不够好,直接PPT打出来了。这是我注意问题的第一点。

第二点就是在合作探究最关键最难的题上,其实要把不等式 $x<1$ 在数轴上表示出来,说说很简单,但是讲起来很难。林老师说 $x<1$ 表示一串点,那么问题是为什么要这个直角呢?既然不等式在数轴上表示,那一串点画条横线行不行呢?表示 $x<1$,由个别点到无数点,点就在数轴上,假如有的学生说就用这些点画 $x<1$ 行不行?你为什么要向上画?为什么都是在上面画,不是在下面画?为什么画直角,不能画圆或弧线?对,这些问题不是数学上的规定,但一般情况下是这样的。但是有学生由一个在数轴上表示无数的点到这个符号需要一个体验的过程。给他一个小小的体验过程:怎么来的,体验这个过程。体验单向的之后,进一步体验双向的。有一个体验,让学生很自然地过渡到在数轴上表示不等式。

第三点,林老师沉稳大方,文质彬彬,他的语言很清晰,普通话很标准,但是课堂没气氛,这与老师的调动有关系,因为林老师太严肃了,自始至终没有一点笑容,一点没有幽默的语言,另外手势、动作可以再优美一点。主要是把学生调动起来,把气氛调动起来。他们胆子大了,你也幽默了。另外这个位置基本全是在讲台左右,后边老师坐得也比较多,基本上没涉及学生的交流,基本上还是在前面。也就是说讲和练比较,确实是少讲多练。从学生的点评来看,学生所讲的和你所讲的相比较,还是你讲得多。

刘堤仿教授(中学数学特级教师、杭州师范大学教师教育研究所所长):

今天给大家展示的是教师专业发展活动,关于教师专业发展的活动可以怎么去看它? 我觉得有三点。

第一点就是关于这个活动的平台,实际上我们今天所展示的是教师专业发展的其中一部分环节,不是整个活动。因为整个活动平台包括三个载体来开展这个活动,一个是大的载体——项目制。我们整个余杭区,项目制是一个特点。当然,这个教师专业发展和我们这个项目包括校本培训和集中培训,今天我们所做的这个活动就是校本培训。项目制是这个活动的大载体。这个中心的载体就是我们的群体互动。教师的群体互动,因为教师的专业成长活动是过程化的,所以教师群体互动过程是大量的教师专业发展的互动活动,即包括我们搞的课程开发、课堂教学、教研活动和科研活动。在这一系列的活动中我们所开展的互动,都是教师专业发展活动的中心载体。小的载体就是说大家平时开展的讲座、论坛、评价、诊断等具体的活动,都是我们教师专业发展活动的载体。这个活动平台通过这样一些载体来实现。其中我们仁和中学所开展的是一个项目,这个项目是教师专业发展的微观评价。这个方面研究可总结为20个字,即"专业引领—自主选项—学科套餐—群体互助—滚动发展"。第一,专业引领,就是在教师发展专业标准和专家的引领下所开展的活动。第二,自主选项,我们今天发言的每一个老师都有选项。第三,学科套餐,在选项下面,学科或学段形成一种套餐。也就是说我们今天所展示的五个方面就相当于我们去吃饭带了五个菜,这样形成这种套餐。中学是以学科,而小学或者幼儿园可能以学段,开展学科或者学段套餐式研究。第四,群体互动,我们今天实际上就是一个群体活动的过程。五方面加上专家之间的这种讨论、研究、评价,就是群体互动。第五,滚动发展,就是我们所做的选项,每一年都有新的选项进去,过去做过的这些选项还可以继续去做。通过这样一年一年做下去,这就是一种滚动发展。通过这样一种模式来操作仁和中学的教师专业发展的微观评价项目。

第二点就是关于这个活动的内容,活动内容怎么去组织? 我们教师专业发展活动中的内容,就像中小学幼儿园的教学围绕课程标准来展开一样,也是围绕教师专业发展的标准体系去做的。这个标准体系在余杭的校本培训项目制的组建中已有充分体现。教师专业发展的框架,包括教师的专业是什么(教师专业结构层次)、为了什么(履行教师职业角色)、怎样发展(教师发展途径)三个大的方面。而每一个大的方面又包含三个小的方面。我们仁和中学所开展的就是其中的三级选项。例如,认知才能、预设才能和操作才能,是"专业结构层次"中"专业才能"方面的选项;专业素养、专业职责和专业效能是"专业角色"里的内容。也就是说我们是在教师专业发展标准的框架下去组织活动内容。不知道外来的老师注意到这点没有?我们这几个维度的发言,与过去的交流活动和培训活动不同——这就是我们余杭在项目制下面的具体体现,即我们的发言与过去的评课不同:过去是综合性评课,大家听课时由于选项不明确,就像中医看病一样,不能分层诊断,而是笼统概括;而今天这个活动中六个选项更微观,有一种标准体系在支撑。

第三点是对活动主体的认识。活动主体有三个:第一个是作为教师专业发展评价蓝本的授课教师;第二个是参与教师,今天发言的六位教师就是参与者的代表;第三个是专家,如今天的柴校长。在教师专业发展活动中的三个主体,也与过去传统的教研活动不一样。在过去的教研活动中,主体集中在授课教师身上,其他参与教师是旁观者,大家评价的也是授课者。但今天的教师专业发展微观评价活动评价授课者只是其中一方面,授课者的教学只是活动的一个载体或蓝本,课程开发与其他的教研项目也都可以作为载体或蓝本来评价。也就是说,我们看教师的专业发展可以放在评价的专业性上面,即通过六位教师的发言透视他们的教师专业发展状况——这是一个创新的地方。

第二节　数学教师在实践中发展

一、数学教师的教学实践

(一)实践——数学教师专业成长的动力与平台

教师职业是一种实践性很强的职业。数学教师的教育教学实践能力的发展和提高是数学教师专业化水平的首要体现。人们倾向于把数学教师本身的自主数学教育教学实践活动,看作数学教师职后专业成长的直接动力与平台。

一名数学教师从新手到合格,再到优秀,都是在不断的实践、模仿、学习中练就的。(图3-2)

在从一名新手教师到专家型教师的成长过程中,数学教师主要面临的困惑或困难,大都是由具体的数学教育教学情境而生,其解决的方法和过程也是在具体的教育教学实践中得以实施。比如,在数学教育教学方面,对一名刚入职的新手

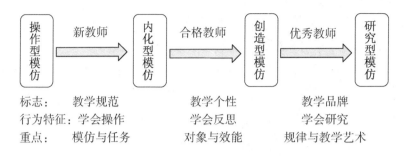

标志: 　　　教学规范　　　　　　教学个性　　　　　　教学品牌
行为特征: 　学会操作　　　　　　学会反思　　　　　　学会研究
重点: 　　　模仿与任务　　　　　对象与效能　　　　　规律与教学艺术

图 3－2　基于实践的数学教师专业发展轨迹

数学教师或熟练新手数学教师来说,他面临的现实问题就是如何站稳与站好讲台,因而考虑的主要问题是怎样设计好一堂数学课,如何组织好一个班级的数学教学,怎样能按照教学大纲规定的基础要求注意因材施教。

对胜任型数学教师,或者业务精干型数学教师而言,面临的困惑仍然主要是:怎样提高数学学困生的数学成绩,从而提高整个班级的数学平均成绩;怎样培养数学尖子,从而在各级数学奥赛中出成果;怎样提高高考数学复习的效率与针对性,从而提高数学成绩。

在科研方面,数学教师产生问题和疑惑主要还是源于教学教育实践,比如,怎样利用不多的教研活动来改善自己的教学;怎样设置一种既体现数学教学目标,又体现数学知识的发生发展过程,并且适应学生的认知发展水平,体现学生认识事物规律的数学教学情境;怎样设计一些符合学生学习"最近发展区"的数学开放式问题,以引起学生猜想、讨论和争论;如何真正培养学生的动手能力、合作能力、数学交流能力,以及学习数学的兴趣、实事求是的科学态度、勇于探索的创新精神等。如果数学教师认真对待所掌握的理论,认真思索解决问题的办法,把自己的所思所想总结出来,就能够提升自己的科研水平,进而又能够更好地以此为依据,解决实践中碰到的类似问题。

总之,数学教师求知的动机来自数学教育教学实践的需要,数学教师专业成长是数学教育教学实践所推动的;数学教师求知的目的是回到数学教育教学实践中,更好地服务于数学教育教学实践。这是数学教师的内在需求与条件、社会与学校的需求与条件一起推动的结果。也正是这些实践活动,构建起了数学教师专业成长的平台。

(二)教学——数学教师专业实践的核心与灵魂

教学工作是学校教育的核心工作,所以数学教师疑惑的问题大都是从教学工作中产生的,其思考也是指向教学工作的,解决的最终成果也应该体现在数学教师的教学工作上。从这个意义上看,数学教师的教学就是其专业实践的核心与灵魂。一个数学教师的成长,需要经过正规的师范教育、岗位的继续教育及长期的教学实践学习,从培训形式和内容看,需要通识培训与专业培训、课堂教学实践培训结合。其中,课堂教学实践培训是三者中时间最长、实效最大的培训,也是目前新课程培训中最艰难、最薄弱的环节。它是开发数学教师实践智慧与创新教学行为的主阵地。专家的"纲要""课标"需要数学教师充满智慧的实践解读。因为"为实施课程改革进行的教师培训,再也不能局限于课程或课程改革,而是应当立足于课程教学或教学培训,越是在教什么的问题发生了重大变革,或重大革新的情况下,如何教的问题越会意味着百倍的艰辛"。

在这个充满变革的时代,信息技术的飞速发展大大增加了人们的信息获得与交换速度,后现代主义思潮冲击了人们对一些事物原来的观念与看法,建构主义等理论对学习的重新定位,数学新课程改革的逐渐深入,无不增加了数学教师对数学课堂教学把握的难度。因而在新的时代背景下,数学教师如何提升自身的教学能力、提高自己的教学水平是值得深思与研究的课题。

正是由于各种思潮的冲击与教学理念的变化,数学教师再也不能抱着以不变应万变的心态来对待自己的教学。特别是随着数学新课程实施的逐步深入,数学教师更应该积蓄好能量,积极投身于教育改革的浪潮之中,在反思实践中不断地改进自己的教学方法,使数学课堂教学效果达到最佳。这样,才能使数学教师的专业成长名副其实地得到体现。

(三)案例研究——教学实践促进数学教师专业成长

案例研究是教师专业成长的阶梯,是教学理论的故乡,它不仅是集研究、培训、展示于一体的组织性学习,更是以"师本"为基点,帮助教师解决实际问题、提升教育经验、养成专业情感,最终形成有利于教师自主学习的学校文化。

案例:在余杭仁和中学数学组组织的一次新教师亮相教研活动中,为了尽快让两位新教师站稳讲台,把课上好,于是七年级数学备课组进行了一老带一新的教学实践研究。以浙教版七年级上册"3.1 平方根"同课异构的课例研究,其采用的教学形式是导学案教学,以期总结出导学案教学中教师"导"的作用所在。

导学案的设计及使用说明

1. "平方根"导学案的设计(略)

2. 使用说明:两位上课老师都使用经备课组集体准备的导学案,学生在上课的前一天拿到该导学案,让学生利用晚自习完成教师规定的自主学习环节,在晚自习结束前,学生将疑难问题写在反馈单上交给教师,教师有选择性地批改,了解学生的自主学习情况,以便第二天根据学生自学的情况进行定教。其余环节当堂在教师的引导下完成,其中达标检测的环节根据课的难易进行确定,一般安排在当堂完成,时间八分钟左右,课后将导学案收回分析目标的达成度,为今后教学积累资源。

一、新教师课堂教学过程再现

本节课教师的教学流程基本可分为五步。

1. 通过提问来完成新知的教学

上课教师首先以提问的形式处理"自学检测",以期检查学生的预习情况。其中学生 A 回答不出平方根的定义,教师评价为"没有好好预习,组长也没有好好检查"。接下来,教师继续提问,学生依次答出平方根的定义和表示方法及性质,同时教师一边讲一边在黑板上板书,新知教学内容很快讲完。

2. 通过练习进行新知巩固

此环节,对于练习一,教师采用板演的形式,目的是关注学生的解题格式是否规范;对于练习二,教师采用口答的形式,辨析平方根与算术平方根的概念;对于练习三,教师让学生采用先独立,后小组讨论交流、合作学习的形式进行,再让小组选派一位代表进行展示讲解,教师适时点拨强调步骤及解题规范。

3. 通过讨论平方根与算术平方根的区别与联系的形式进行本课小结

教师引导学生通过分组讨论的形式得出两者的区别与联系,小组派代表发言,其他小组补充,教师再以口头描述完成课堂小结。

4. 布置作业

(1)配套作业;(2)预习并完成导学案自主学习中的自学检测部分。

5. 通过"达标检测"利用剩余时间

小结之后,还有近10分钟的时间供学生进行达标检测的练习,学生做时,教师边巡视边批改,发现问题适时指导。

二、研讨建议

以上是刚参加工作的新教师运用导学案上课的整个教学的流程,对比学案不难发现,教师在教学中完全按照导学案的环节进行教学。在这里我们不对学案的设计进行评价,单从教师的教学指导行为来看,听课教师认为,教师没有很好地引导学生体验到新知形成的过程、知识的建构;本节课的重点是否突破,以及学生技能性知识的掌握的程度值得商榷。究其原因,笔者和本组教师通过研讨一致认为,对于概念型的新授课,教师的教学应在"导"上下功夫,体现在以下几方面。

1."导"在概念引入处

本节课的教学形式体现了新的课程理念"以学为中心",学生通过阅读教材完成"自学指导"中的问题,可以说从形式上接受了"平方根"的定义,但此时的接受是表象的,如果教师只是以导学案为本,简单的师生问答对话交流形式完成"平方根"概念的教学,就有些过于粗糙了。对于新概念的教学,教师可以通过类比、迁移等形式,充分利用学生原有的认知,同时采用文字表述、符号表示、内涵理解等一些较为直观的方式,增强学生的可接受性。由于平方根是第三章"实数"的起始课,学生刚上完第二章"有理数运算",学过"有理数的乘方",因此本课组研讨认为:对于平方根概念的教学应从乘方运算引入,找准知识的生长点,学生易于接受。

在上节课的教学中,教学效果没有达到预期的目标,这与教师没有从学生已有的认知水平出发引入平方根的概念以及概念的辨析不透彻有很大的关系,这也是教师的"导"的作用最应体现的地方。教师在教学中要特别注意,不能把学生对概念的记忆当成对概念的理解,在概念教学时要特别关注教师的指导行为,要"导"得恰当,"导"得有效。

2."导"在体系建构处

在引入平方根这一概念之后,本节课还有一个难点就是平方根与算术平方根的区别与联系。而这一难点的突破是依托在学生对这两个概念的深入理解的基础上的。在数学课的教学中,教师往往只关注本节课所授新知,对知识之间的关联没有给予足够的重视,而这样则会在解决问题时产生思维的障碍,思路不够宽,影响解题质量。而知识体系的建构并不是单靠在章末小结时教师给出的知识框架,关键是教师要将知识体系的建构渗透在平时教学中。比如,本节课中两个概念的区别与联系,是在学生学习了这两个概念之后提出来的问题。而对这一问题,教师的指导其实从平方根的概念教学就已经开始了,继而通过例题的教学和巩固练习,使学生体会两者的区别与联系,在学生头脑中初步形成了知识的体系。教师此处安排学生进行小组交流,对学生说得不到位的地方给予适时的点拨。教师完全可以舍弃单纯口头表述两者关系的做法,改用表格的形式呈现,简单明了,对比清晰,又直观,学生也更易接受。

3."导"在学生困惑处

学生在自学时会遇到各种困难,而且学生层次不同,对知识难易程度的感受也有很大的差别,在课堂教学时,教师就应针对共性问题进行有的放矢的指导。本节课中,对平方根的数学符号表达与文字语言表达的互译往往会成为一部分同学的学习难点,虽然明白平方根是什么,可是学生在做题或回答时却不能正确规范地书写或不能流畅地说出来,学生正确掌握平方根的符号不是一件容易的事,会发生各种错误。此时教师在课堂上就应给予指导、纠正。

比如,求 144 的平方根,会写成 144 = ±12 或 $\sqrt{144} = \pm 12$(漏掉根号前的"±"号)。再比如,在求解一个数的平方根时,题目往往会设置一些"陷阱",来考查学生对概念的掌握程度,这一点在上述学案中已有所体现。对于题目的设置和处理,教师的指导也会起到很大的作用,不妨先让学生说,若思维受阻,则给其搭脚手架,从分析题目入手,求什么,已知什么或式子表示什么意义,再逐步引导学生找到答案。例如,$\sqrt{16}$ 的平方根是_____。很多同学会填 ±4,究其原因,学生的眼里只有平方根,而没有分析 $\sqrt{16}$ 即 4,从而掉进"陷阱"。

4."导"在学生认知能力的提升处

对于新知的教学,教师应结合学生的学情、认知水平,思考如何提升学生的认知能力,那就是教学问题的设计(预设)。教师在课堂上的提问很关键,这是教师指导行为的具体体现之一。课中要"问"出兴趣、"问"出思考、"问"出方法。

比如,在上节课教学过程中,在学生完成练习一之后,教师没有及时让学生根据练习归纳平方根的性质,而是按照学案预设了三个思考题进行教学,让课堂教学缺失了生命力。建议将学案中的"问1:-4 有没有平方根?为什么?"和"问2:a 有没有平方根?为什么?"删掉,直接问:"通过刚才的练习,你能发现平方根的性质吗?"问1和问2可采用口头追问的形式,让知识自然生成,让课堂高效且充满灵动性。

通过研讨,达成了以上共识,并推选一位有经验的教师进行第二次教学实践,为新教师上一堂示范课,运用导学案教学,应"导"在何处,目标如何高效达成。

三、有经验教师课堂改进教学(略)

四、教学成效

1. 学生的学习目标能有效达成

表 3 - 4　新老师与有经验的老师的达标检测对比

题号	考查知识点	新教师所教班级		有经验教师所教班级	
		正确答案人数（总人数40人）	正确率（%）	正确答案人数（总人数40人）	正确率（%）
1	平方根的求法	35	87.5	37	92
2	算术平方根的求法	35	87.5	36	90
3	平方根的符号表示	32	80	38	95
4	平方根与算术平方根的求法	40	100	40	100
5	算术平方根的求法	5	12.5	8	20
6	平方根的概念	27	67.5	32	80
7	平方根的求法	30	75	34	85
8	平方根的求法	26	65	32	80
9	平方根与算术平方根的意义及求法	27	67.5	38	95
10	算术平方根的应用	24	60	26	65

由表 3 - 4 中可以看出第 5 小题(见图 3 - 3)的正确率最低,错误原因:学生易把"$\sqrt{9}$ 的算术平方根"误认为"9 的算术平方根",只关注文字表述的"算术平方根",而忽视了式子 $\sqrt{9}$ 本身的意义为"9 的算术平方根"。

图 3 - 3

比较两个班的正确率,明显有经验的教师的正确率高,从而说明了课堂上的效率的高低,关键在于教师的指导作用。有经验的教师抓住了问题的本质,激发了学生的思维,找准了学生的知识的生长点,"导"在了关键处。

2. 使用导学案教学的优越性

(1)激发了学生主动学习的热情。记得在以前没有采用导学案时,学生没有阅读课本的习惯和阅读理解的能力,导致课堂上讲过的一些概念、法则、公式、性质等不知道在书中什么地方。在采用了之后,学生在自学的过程中,遇到看不懂的地方,会主动到办公室问老师。本节课内容学生对"正数的平方根是算术平方根"就不是很能理解,有很多同学在预习时遇到困难,会主动来问老师。可见,学生的学习兴趣被调动了。

(2)学生自主学习能力得到了发展。比如,学生在做达标检测或做作业时,遇到不会的问题的时候,就知道翻阅查看导学案中老师讲的例题、学法指导,模仿解题。

(3)积累教学资源。课后将导学案收回研究分析会发现很多有价值的问题。比如,本节课教学概念多,有很多学生会将平方根的概念与算术平方根的概念混淆在一起,因此下次教学可对教材做些调整,对于平方根的教学,可尝试采用两课时完成。

3. 转变了教学理念

通过导学案教学实践研究,在教学的理念上我们解决了传统的教学是"教师讲,学生听,即讲授式教学"的问题;而新理念下倡导"以学为中心""先学后教",学生不是靠教师"教"会的,而是靠自己"学"会的。学生是在教师引导下,通过积极主动地看、听、问、议、练、操作、笔记等学会的。教学,不只是教会学生知识,更要突出对学生学法的研究和指导。

五、回顾与反思

回顾以上两节课的教学实践,采用同层次的学生、相同的学案,安排不同的两位老师上课,两节课的效果却大不相同。无论是听课教师,还是授课教师都有同感,第一节由新老师上的课,整体感觉是"雾里看花";第二节由有经验的教师上的课,整体感觉导得有方。两节课的差别只在于教师在课堂上所给予学生的"导"的不同,而导致学生的"学"的不同。作为教师(特别是新教师)要研究学生的学习认知水平以及学习方法;要研究新知的落脚点在哪里;要研究教师指导行为的价值体现;要眼里有学生,心中有目标,知道"导"在何处。

案例分析:

(1)由于教师职业的特殊性,教师开展的最有效的研究应该镶嵌于日常的工作当中。《义务教育课程方案(2011)》提出:"学校应建立以校为本的教学研究制度,鼓励教师针对教学实践中的问题开展教学研究。"校本研究(或称校本教学研究、以校为本的教学研究、基于学校的教学研究)是指将教学研究的重心下移到学校,以教学过程中教师所面对的各种具体问题为对象,以教师为研究的主体,以改进教学为目标,以行动研究为主要方式,以专业引领为催化剂的现代教学研究活动。

上述案例中,所在学校的数学教研组,针对入职不久的新教师开展了一次"同课异构"的研究活动,其研究的出发点正是各位教师在教学实践中面临的困境和突出的问题,全体数学教师都是研究的力量,大家所研究的正是一般数学教学实践中最常见的问题,但是本次活动一改过去所用的由某一个数学教师开课,其余教师听课、评课的方式,而采用了"同课异构"的方法,显然可以从全新的角度来进行对比与反思,这也是整个数学教研组在长期实践中寻找到的,适用于本校情况的研究方法。

(2)教师个人、教师集体、专业研究人员是校本教研的三个核心要素,他们构成了校本教研的三位一体关系。教师个人的自我反思、教师集体的同伴互助、专业研究人员的专业引领是开展校本教研和促进教师专业成长的三种基本力量,三者具有相对的独立性,同时又相辅相成、相互补充、相互渗透、相互促进。只有充分发挥三者的作用,利用相互间的整合,才能更有效地开展校本研究。

这次实践活动中,两位教师个体的自我反思、同伴的互助(每一个备课组负责一个教案)、专家教师的指导(高级教师的及时帮助)很好地融合到了一起。教研组还请到了电教组的老师来为其录像,这就很好地利用和整合了本校的教学资源,也在实践中找到一个新思路,即如何充分利用本校的资源(包括人力和物力)来促进教师的专业成长。

(3)教师的问题来源于实践。由于从教案到课堂的演变不是一个等价的过程,所以只有他们在数学教学过程中亲身体验才会发现自身存在的问题。也就是说,只有在实践中,数学教师才能发现问题,从而引发思考,寻找好的办法来解决这些问题。如在第一次开课中,新教师发现了导学案的使用却没有很好地达到"导"的效果,教师的"主导"地位与学生的"主体"地位并没有很好地协调,学生的积极性、主动性并没有很好地调动起来等,这些矛盾的产生正是源于各自的教学实践。而且这些矛盾具有特征明显的个体性,每位教师又分别对自己出现的问题进行了研究与改正,使得他们在以后再面临类似问题时能够迅速找到解决的方法,大大提高了他们的数学教学能力。

案例研究直接与教师的教学工作产生联系,以案例研究为载体的校本教材研究的是教师自己研究自己在教学上遇到的问题、矛盾和困惑,这种研究让教师有一种天然的熨帖感,觉得亲切,容易接受,更重要的是,这种研究能够切实解决实际问题,实效性强,有利于改善教师的教育教学行为。

二、数学教师的教研实践

公开课是由学校或教研组组织,教师践行教研活动的常规形式。其出发点对于教师而言,能促进其教育教学水平提高、课堂掌控能力增强、知识探索精神内化;对于学校或教研组而言,是实现教学经验共享、促进全体教师专业发展、创造独特的校园课堂文化的有效途径。公开课作为诠释个人教育理念的一种有效形式,广泛地应用于教学研究。

案例:在"3.2 实数"这节公开课中,数学教师进行了研究。

1. 背景

1.1 教学内容分析

浙教版七年级上册第三章"3.2 实数"是一节概念课。对概念关键词的理解是解决问题的关键。歌德曾经说过:"一门学科的历史,就是这门学科的本身。"笔者针对本节课概念性强、例题不多的特点,将"HPM 微课"融入课堂教学,使学生了解"无理数"的发生和发展史,帮助学生理解"无理数"的概念,实数把数的概念扩充到了初中阶段最大的范围,为今后进一步学习方程、不等式、函数等知识奠定了基础。

1.2 学生学情分析

无理数是一个确定的数,却不能把它全部直观地表示出来,本节主要采用了引导发现的体验教学法,让学生运用已知的有理数进行比较来建立新知,通过师生探究活动和 HPM 微课的介绍为无理数概念的形成搭建台阶,与此同时还要让学生明白学习无理数是为了解决实际问题,体验数需要进一步扩展,教师要给予实际的背景。

1.3 教学目标分析

理解无理数、实数的概念;在和有理数的类比学习中,了解在实数范围内,相反数、倒数、绝对值和大小比较法则仍然都适用;在将实数准确和近似地表示在数轴上的操作过程中,渗透数形结合的思想,解决实数与数轴上点的一一对应关系。学生在体验用有理数估计一个无理数范围的过程中,对数进行分析、猜测、探索的方法,通过 HPM 微课提升学生数学史素养,激发学习兴趣。

重难点:无理数、实数的意义;在数轴上表示实数,实数与数轴上的点的一一对应关系。

2. 历史材料及其运用

2.1 HPM 微课,课中深学

HPM 微课片段1:《神奇的 π》(先简介祖冲之、刘徽、阿基米德等古代对圆周率 π 进行过研究的数学家们及他们的贡献)

德国数学史家莫瑞兹·康托说得好:"历史上一个国家所算的圆周率的准确程度,可以作为衡量这个国家当时数学发展水平的指标。"数 π 原本来自圆的几何学,但它还反复出现在各种各样的科学现象中,例如,π 似乎操纵着弯弯曲曲的河流的长度。剑桥大学的地球科学家汉斯 – 亨利克·斯多勒姆教授计算了从河源头到河出口之间河流的实际长度与它们的直接距离之比,虽然这一比率因不同的河流而变化,但是它们的平均值只比 3 略大一点,也就是说大致上是直接距离的 3 倍。事实上,这个比近似等于 3.14,接近于 π 的值。

HPM 微课片段2:《"无理数"是没有道理的数吗?》

① $\sqrt{2}$ 由来的故事

古希腊哲学家、数学家、天文学家毕达哥拉斯意识到从音乐的和声到行星的轨道,一切事物中皆藏有数,这导致他宣布"万物皆数"的理论,宇宙间各种关系都可以用整数或整数之比来表达。但是后来毕达哥拉斯学派的门徒希伯索斯发现正方形的对角线与边长的比不能表示成两个整数之比,从而打破了他们的这一信条,导致西方数学史上的"第一次数学危机"。(图 3 – 4)

他认为并宣布:"边长为1的正方形的对角线长是 $\sqrt{2}$,它既不是整数,也不是分数,而是人们还没有认识的数。

图 3 – 4 希伯索斯发现无理数

② 如何理解"理"的含义?

《几何原本》是我国最早译自拉丁文的数学著作,明朝科学家徐光启在翻译时没有现成的、可对照的词,许多译名都是从无到有创造出来的。徐光启将"比"译成了"理",即"理"就是比的意思。所以,"有理数"应理解为"可以写成两个整数之比的数",不应理解为"有道理的数";同样,"无理数"应该理解为"不可以写成两个整数之比的数",不应理解为"没有道理的数"。因此,也有人建议,把"有理数"和"无理数"改称为"比数"和"非比数"。

2.2 HPM微课,课外拓学

HPM微课片段3:《实数的公理化定义》

1872年,实数的三大派理论:戴德金的"分割"理论、康托尔的"基本序列"理论,以及维尔斯特拉斯的"有界单调序列"理论,同时在德国出现。实数的三大派理论从本质上给出了无理数的严格定义,从此,无理数才真正在数学园地中扎下了根。无理数在数学中合法地位的确立,一方面使人类对数的认识从有理数拓展到实数;另一方面也真正彻底、圆满地解决了第一次数学危机。

3. 教学设计与实施

3.1 温习旧知,设疑引课

问题1:请你尽可能多地列举不同类型的数(学生在学案纸上写出自己的答案)。

师生活动:先给学生足够的时间按照"不同类型"的要求写出一些数,然后一一补充回答,并说明是什么类型的数。教师需要对有限小数和无限循环小数是分数做出解释。

【设计意图】从学生已有的知识出发,复习有理数的两种分法,补充有理数是有限小数和无限循环小数的统称这一分法,为无理数概念的引出做鲜明的对比。培养学生从多角度思考问题。

问题2:你能说出π小数点后几个数字? 它有何特点?

师生活动:(1)学生先例举;(2)学生得到π的特点:无限的、不循环的小数。然后教师归纳:与有理数比较,我们把这类无限不循环小数叫作无理数。有理数和无理数统称为实数。

试问:0.1010010001…(两个"1"之间依次多一个"0")是有理数还是无理数,为什么?

插入HPM微课1:《神奇的π》,了解历史上的数学家们对其的研究。

【设计意图】(1)评价学生对无理数概念是否掌握,同时让学生感受无理数虽然是一个确定的数,却不能把它全部直观地表示出来,但它是普遍存在的;(2)通过有关π的HPM微课介绍,增加学生数学史知识量,感受先人对数的发展做出的贡献和他们探究的精神。

3.2　探究新知,释疑启思

实际问题情境:为了迎接10月的校运会,我班准备用边长为2米的正方形布,剪出一个面积为2平方米的正方形班牌。下面请同学们展示一下昨天的"折纸"作业。(昨天的操作作业:用边长为2的正方形白纸折面积为2的正方形)

正方形的折叠

问题3:①你折出的面积为2平方米的正方形边长为多少? ②面积为2平方米的正方形边长介于哪两个整数之间? 为什么?

师生活动:展示学生的"折纸"成果。

【设计意图】以解决实际问题为背景,使学生经历并感受无理数是实际存在的;根据图形特点或利用"正底数越大,它的平方也越大"来估算无理数的大小;通过观察"形"和"数"之间的关系,体会数形结合的思想;为在数轴上表示 $\sqrt{2}$ 做好"形"的准备。

问题4: $\sqrt{2}$ 十分位上的数字是多少呢?

师生活动:(1)教师利用幻灯片——投影: $1.0^2 = \underline{\quad}$, $1.1^2 = \underline{\quad}$, $1.2^2 = \underline{\quad}$, $1.3^2 = \underline{\quad}$, $1.4^2 = \underline{\quad}$, $1.5^2 = \underline{\quad}$,学生口答结果。利用结果得到 $\sqrt{2}$ 十分位上的数字为4。(2)学生利用计算器分别得到 $\sqrt{2}$ 百分位、千分位上的数字。(3)提问: $\sqrt{2}$ 到底可以算到哪一位小数呢? 请学生用计算器按 $\sqrt{2}$ 的值,发现不够位。教师展示 $\sqrt{2}$ 的小数位上的数,发现无限不循环的特点。

$\sqrt{2} = 1.41421356237309504880168872420969807856967187537694807317667973799073\cdots\cdots$

【设计意图】旨在引导学生通过探究得出 $\sqrt{2}$ 是个无限不循环小数,并感受用有理数逼近无理数的重要数学思想;让学生体会无理数存在的广泛性,培养学生的探究精神,体验探究的成功感。

> 插入 HPM 微课2:《无理数是没有道理的数吗?》
> ① $\sqrt{2}$ 由来的故事(边长为1的正方形的对角线长是 $\sqrt{2}$);②由毕达哥拉斯学派的冤屈(抹杀真理是"无理"的)了解"无理"文字的由来;③再次体会先人为数的扩展所做出的贡献。

3.3　概念辨析,初步应用

问题5:下列各数哪些是无理数?

$\sqrt{5}$, $1.\overset{\cdot\cdot}{23}$, $-\sqrt{36}$, $-\dfrac{\pi}{2}$, 3.14159, 0, -0.1212212221, $\dfrac{22}{7}$, $0.1010010001\cdots$（两个 1 之间依次多一个 0）。

师生活动:学生先练,之后师生交流归纳不同的实数分类形式。

【设计意图】通过文字练习,让学生真正搞清楚有理数、无理数的本质区别。

3.4　类比迁移,深化巩固

填空:(1) $-\sqrt{3}$ 的相反数是_____;(2) $-\dfrac{\pi}{2}$ 的倒数是_____;

(3) $\left|-\sqrt{5}\right|$ =_____;(4)绝对值等于 $\dfrac{\pi}{3}$ 的数是_____。

【设计意图】通过类比练习,让学生了解把数扩充到实数以后,有理数中的相关概念仍然适用,从而体会从特殊到一般的逻辑思维方式。

过渡语:我们知道,有理数能够在数轴上表示,那么无理数呢?下面我们以 $\sqrt{2}$ 为例。

问题 6:无理数 $\sqrt{2}$ 如何在数轴上表示?

师生活动:让学生回忆 $\sqrt{2}$ 的几何意义(边长为 1 的正方形的对角线),学生一一解决疑问:

疑问 1:如何将边长为 1 的正方形搬到数轴上来呢?(先在边长为 1 的正方形上画草图)教师强调搬过来时的最好位置和长度如何要求。

疑问 2:如何将 $\sqrt{2}$ 长度的线段搬到数轴上来呢? 教师强调用圆规这一工具的准确性,避免用量取的方法。教师板演作图过程后小结。

【设计意图】在教师的引导下突破教学难点,促使学生主动参与数学知识的"再发现"过程,培养学生观察、分析、抽象、概括的思维能力,体会数形结合思想。

问题 7:(例题解析)把下列实数表示在数轴上,并比较它们的大小(用" $<$ "号连接): -1.4, $\sqrt{8}$, 3.3, π, $-\sqrt{2}$, 1.5

师生活动:引导学生先思考用什么方法比较多个数的大小较好(数轴),让学生近似地在数轴上表示这些数。然后师生一起归纳:在数轴上表示的两个实数,右边的数总比左边的数大。

【设计意图】掌握利用数轴比较多个实数大小的重要性,有理数的大小比较法则适用于实数。

3.5 小结反思,课后提升:

> 学生自主学习课外拓学 HPM 微课 3:《实数的公理化定义》

关于"HPM 微课在初中实数概念教学中的应用"一课的点评

浙教版"3.2 实数"是一节概念课,主要内容有无理数的概念、实数的概念和分类、实数与数轴上的点一一对应。实数把数的概念扩充到了初中阶段最大的范围。无理数的概念包括两个明显的特征即无限的、不循环的,抓住这两个特征可以将它一般的三种表现形式进行联系,在数学学习中,对概念关键词的理解是解决问题的最重要的手段,也是提高学生阅读理解能力的最重要的基础。侯老师关于"HPM 微课在初中实数概念教学中的应用"的教学设计,抓住教学本质,有效突破教学重难点,突出表现在以下五方面。

(1)根据初一学生的年龄特征,合理定位教学目标

学生在认识数的过程中,经历了一个不断抽象的漫长过程。小学里,学生基于生活经验与具体的实例认识了自然数、整数和分数,而对实数的认识却是"超经验"的,因此给学生在认识与理解实数上带来了很大的困难,况且本节课的授课对象是初一学生,要让初一学生经历一次新的数系扩充,理解实数概念是一件并不容易的事。基于上述认识,考虑到初一学生的年龄特征和认知水平,本节课将教学目标设定为理解无理数、实数的概念,了解实数的分类,正确区分有理数与无理数,并能用尺规将 $\sqrt{2}$ 在数轴上进行表示,了解实数与数轴上点的对应关系,进一步了解无理数的相反数、绝对值、倒数是合理的,也能达成的。

(2)灵活选择恰当的教学方法,有效突破教学难点

本节课侯老师从学生认知水平的最近发展区出发,让学生写出各种类型的数并归纳出共同特点,初步认识到数可分为两类:一类是有限循环小数,另一类是非有限循环小数。然后教师采取边讲边问的有意义的接受教学模式展开教学,课间穿插了活动教学、动手实验、合作学习等多种辅助教学手段,帮助学生认识无理数、理解无理数,建构实数概念。由于实数概念抽象难懂,侯老师抓住 π、$\sqrt{2}$ 这两个特殊的无理数教学进行重点解剖,她借助于微视频看一看、正方形纸片折一折、计算器按一按、直尺圆规画一画等教学手法,多角度地引导学生认识这两个无理数的特点,尤其对 $\sqrt{2}$ 进行"猜一猜、折一折、想一想、画一画",使学生不仅深刻认识了 $\sqrt{2}$,而且加深了对无理数的理解,使抽象的无理数变得具体直观。最后以点

带面式地从具体到一般,使学生顺利完成了实数概念的初步建构,从而有效突破了教学难点。

(3)教学过程设计清晰流畅,符合概念教学的流程

本节课侯老师将教学设计成"温习旧知,设疑引课—探究新知,释疑启思—概念辨析,初步应用—类比迁移,深化巩固—小结反思,课后提升"五个环节,这是初中数学课堂教学中常见的有效教学模式。第一环节,利用导学案与微课让学生探索不同类型数的特征,从而引起学生的认知冲突,激发求知欲;第二环节,以 $\sqrt{2}$ 为载体,利用逼近思想,让学生体会 $\sqrt{2}$ 是有意义的、实实在在的数,而且该数的范围大于 1 小于 2,进一步认识到 $\sqrt{2}$ 是一个不同于以往的数,是一个无限不循环小数,从而区分有限循环小数与无限不循环小数的差异,获得了新知;第三环节,通过对常见的不同类型数的辨析,进一步加深对无理数概念的理解,也了解了实数的分类;第四环节,设计了三个不同类型的问题,使学生掌握了与无理数相关的相反数、倒数、绝对值表示,以及大小关系比较,进一步使学生全面理解无理数及其相关概念。整个设计清晰自然,环环相扣,既符合课堂教学的基本流程,也符合概念教学的一般要求。

(4)借力微课,提高学生学习兴趣,化解教学难点

微课在初中数学课堂教学中的应用已悄然兴起,侯老师在自己的课堂教学中已多次成功运用,本节课引入了三个微视频,导入新课时插播《神奇的 π》,使学生了解圆周率的故事,包括世界上"最枯燥的一本书",将 π 的小数点后面的数字写到 100 万位,给了学生以无限不循环的感觉,同时了解数学家对 π 乐此不疲的研究历程,体会 π 的神奇,从而激发了学生的学习兴趣。在理解无理数概念教学时插播《"无理数"是没有道理的数吗?》微视频,让学生更深刻地理解概念,了解数学史上的第一次数学危机,科学发现的来之不易,既加深了对无理数的认识,又体会了 $\sqrt{2}$ 的优美与发现新事物的艰辛。课外拓展学习时,安排了《实数的公理化定义》微视频播放,进一步开阔了学生眼界,了解实数的意义。将微课引入课堂教学是本节课的亮点,由于微视频以"图、形、声、动画"相结合,声情并茂,对学生感官产生了强烈的刺激,它不仅激发了学生学习数学的热情,而且拓宽了学生的视野,提高了课堂教学效率,有效地化解了教学难点,加深了对实数概念的理解,渗透了数学文化。

(5)问题引导,层层递进,深入浅出

问题是数学的心脏。一个好的问题,常常能唤起学生的求知欲,本节课有一个鲜明的特点,以问题为主线,设计了既独立,又有联系的七个问题,这七个问题围绕

实数概念教学,层层递进,贯穿五个教学环节,问题1、2通过开放性设问,温故知新,问题3、4、5、6围绕$\sqrt{2}$设问,帮助学生认识、理解、掌握无理数概念,进一步掌握实数概念。问题7设计了三个有理数、三个无理数的排序问题,是实数大小比较的典型范例,使学生对新学的无理数有一个几何直观描述,有利于学生加深对实数概念的理解。这七个问题看似平淡,内涵却极其丰富,通过问题中的子问题进行不断变式,给学生插上思维的翅膀,达到深度理解,实现自己既定的教学目标。

然而,教学总是一门遗憾的艺术,从高观点的角度总觉得本节课还有两点想法和侯老师商榷,仅供参考。

一是在课堂引入与新课讲解时,我建议通过丰富、多样的数字例子帮助学生认识到以前学习到的数有一个显著特点,最终可表示为两个整数的商或无限循环小数。通过学习,让学生认识到以往接触到的数大多数最终能表示为无限循环小数或两个整数的商。在此基础上,提出有没有这样的数它不能表示成无限循环小数或两个整数的商,当学生存在疑惑时,老师适时抛出π这个数,先让同学们说说π小数点后的数字,再插播《神奇的π》,指出π是一个无限不循环小数,这样做可能会收到意想不到的效果,此时给无理数、实数下定义就水到渠成了。

二是在认识$\sqrt{2}$、$\sqrt{3}$是无理数教学前后联系要加强,要让学生认识按上述定义,无理数看来很多,此时,教师提出问题3:①你折出的面积为2平方米的正方形边长为多少?②面积为2平方米的正方形边长介于哪两个整数之间?为什么?可激发学生的探索热情。在对$\sqrt{2}$是否为无理数的说理上,从学生的认知水平出发,做了一个描述说明,有其合理性,但从严谨性角度看,仅凭观察来判断$\sqrt{2}$、$\sqrt{3}$是无理数,总觉得缺乏数学味,与数学的严谨性有悖,有一种言犹未尽之感,事实上反面来说明$\sqrt{2}$、$\sqrt{3}$是无理数,大多数学生还是能接受的,这一做法也许对学生思维严谨性培养更好些。当然此处有一个困难,学生首先要有有理数可表示两个整数的商的知识,也就是对前面的教学要有铺垫。建议在学生接受了描述的说明后,用反证法思想给予证明。

三、数学教师的科学研究实践

下面以"完善中学生CPFS结构效果实验研究"为例说明教师如何进行科学研究。

完善中学生CPFS结构教学设计的实施是否有效?效果如何?我们对此开展了实验研究。

1. 实验设计

(1)采用单因素等组实验设计

实验假设:中学数学教学中实行"完善 CPFS 结构"的教学设计能够激发学生数学学习兴趣、增强信心,能有效提高学生思维的灵活性、深刻性,从而有助于全面提高学生数学学业成绩。自变量是中学数学课堂内"完善 CPFS 结构"的教学设计的实施,因变量是数学成绩大致相当的学生,其数学 CPFS 结构差异性。

(2)无关变量 t 的控制

为确保实验的效度,我们对可能会损害实验信度的一些无关变量做了控制。

在被试变量方面:实验班级选择采荷中学七年级的两个班,他们在数学学习基础、数学学习习惯和思维习惯等方面无明显差异,故分别被选作实验班和对照班。

在教师变量方面:本人担任实验班与对照班数学教学任务且不担任班主任,一方面避免了"班主任效应"对实验效果的影响;另一方面由于熟悉相关的教学设计的思想、原则和方法,所以能够比较准确地体现实验意图。再者,在教学投入方面,也能保证实验班和对照班在课程设置、教材范围等方面基本一致。

(3)统计分析

在实验结束时,两个班的学生同时参与杭州市江干区组织的统一考试,采用 SPSS 软件,对实验班和对照班做横向差异的比较,通过试题解答情况的分析、CPFS 结构的测查及数学思维状况问卷调查,来考察实验班的学生 CPFS 结构发展状况及差异性程度。

(4)被试

选择杭州市采荷中学七年级(17)班、(18)班作为实验班和对照班。

(5)材料

江干区采荷中学 2015 年度新生入学水平测试题

江干区 2016 年度八(上)期末数学水平测试题

个体 CPFS 结构测试问题

个体数学思维状况问卷调查

2. 实施

(1)实验前测

通过对七年级入学检测考试成绩进行分析、比较,得出(17)班、(18)班的学生在数学学习基础、学习习惯和 CPFS 结构等方面无明显差异,将其确立为实验班和对照班有利于提高实验的信度。

（2）实验处理

实验班采用"完善 CPFS 结构"的教学设计,对照班为常规教学。实验时间 17 个月。

（3）实验后测并统计处理

用八年级(上)统一试卷对学生进行测试,然后对测试结果进行实验班和对照班学生在各方面的横向差异的显著性检验。采用 SPSS 软件通过对江干区统一的调研试卷的分析,考察实验班学生数学 CPFS 结构的发展状况及差异性程度。

3. 实验的结果

（1）实验班与对照班的数学成绩比较

实验班与对照班的数学平均成绩及差异性比较(前测),测试材料为江干区 2015 年度七年级入学水平测试题(表 3－5、表 3－6)

表 3－5　实验班与对照班的数学平均成绩(前测)

	班级	N	Mean	Std. Deviation	Std. Error Mean
成绩	(17)	47	77.96	15.332	2.236
	(18)	48	76.21	14.314	2.066

表 3－6　实验班与对照班的数学成绩的差异性(前测)

		Levene's Test for Equality of Variances		t – test for Equality of Means				
		F	Sig.	t	df	Sig. (2 – tailed)	Mean Difference	Std. Error Difference
成绩	Equal variances assumed	0.105	0.747	0.575	93	0.567	1.75	3.043
		F	Sig.	t	df	Sig. (2 – tailed)	Mean Difference	Std. Error Difference
	Equal variances not assumed			0.574	92.255	0.567	1.75	3.045

表3－5、表3－6的数据表明:实验进行前,实验班与对照班在入学的水平测试成绩大体相近,数学平均成绩相当,两个班的成绩无显著差异。

实验班与对照班的数学平均成绩及差异性(后测),测试材料为江干区2016年度八年级(上)数学调研试题。(表3－7、表3－8)

表3－7　实验班与对照班数学的平均成绩(后测)

	班级	N	Mean	Std. Deviation	Std. Error Mean
成绩	(17)	47	88.74	26.466	3.860
	(18)	48	98.10	17.400	2.512

表3－8　实验班与对照班的数学成绩的差异性(后测)

		Levene's Test for Equality of Variances		t – test for Equality of Means				
		F	Sig.	t	df	Sig. (2 – tailed)	Mean Difference	Std. Error Difference
成绩	Equal variances assumed	16.378	0.000	− 2.041	93	0.044	− 9.36	4.586
	Equal variances not assumed			− 2.032	79.280	0.045	− 9.36	4.606

表3－7、表3－8的数据表明:经过近一年半的实验,实验班的平均成绩明显比对照班高,"t"检验结果表明两者差异达到0.045 < 0.05,说明差异显著。这说明"完善CPFS结构"教学设计对大面积提高学生的数学成绩有很好的效果。

(2)实验班与对照班的试题解答情况分析

运用江干区2016年度八(上)期末数学调研试题,对学生答题情况做出比较。

第22题(本题12分):如图3－5,已知点 A、B 的坐标是 $A(0,3)$,$B(-4,0)$,一次函数的图象经过 A、B 两点。

(1)求一次函数的解析式。

(2)在坐标轴上是否存在点 C,使三角形 ABC 为等腰三角形? 若存在,请写出点 C 的坐标,并在图中标出大致位置;若不存在,请说明理由。

分析:第(1)问有两种常规列式:①用待定系数法得到 $y = \dfrac{3}{4}x + 3$;②可用截

距式一步就得到直线方程 $\frac{x}{-4} + \frac{y}{3} =$

1,然后化简得 $y = \frac{3}{4}x + 3$;第(2)问有

两步,先画出 C 点,再求出 C 点坐标。

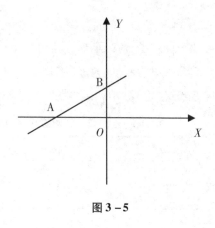

第(1)问的关键是用待定系数法求一次函数,实验班做对 45 人,对照班做对 31 人,同时实验班有 19 人用截距式一步就写出了直线方程,在实验班进行整体教学来完善学生一次函数 CPFS 结构效果明显。

图 3-5

第(2)问的关键是等腰三角形的性质的理解、应用,根据分类思想画出 8 个点,利用勾股定理计算出点的坐标。统计发现,实验班找出 3 个点的有 17 人,找出 6 个点的有 26 人,找出 8 个点的有 10 人;而对照班相对应的有 26 人、18 人、1 人;仔细分析还发现,把 AB 边作为底边时,C 点是 AB 中垂线与坐标轴的交点,实验班的 8 位同学利用中垂线的性质求出了坐标,而对照班的学生却未求出坐标。这充分说明,通过教学设计能改善个体学习心理的"CPFS 结构",增强学生数学思维的深刻性和灵活性、广阔性。

第 23 题(本题 9 分):某空军加油机接到命令,立即给另一架正在飞行的运输机进行空中加油。在加油过程中,设运输机的油箱余油量为 Q_1 吨,加油飞机的加油油箱余油量为 Q_2 吨,加油时间 T 分钟,Q_1、Q_2 与 T 之间的函数关系如图 3-6 所示,结合图像回答下列问题:

a. 加油飞机的加油油箱中装载了多少吨油? 将这些油全部加给运输机需要多少分钟?

b. 求加油过程中,运输飞机的余油量 Q_1(吨)与时间 T(分钟)的函数关系式。

c. 运输机加完油后,以原速飞行,需 10 小时到达目的地,油料是否够用? 说明理由。

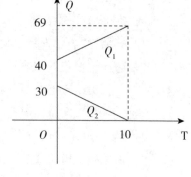

分析:第 a 问考查学生的读图、识图能力,从试卷上看两班没有显著差异。说明学生的图像表征能力相当。第 b 问关键是从图像上

图 3-6

读出两点坐标(0,40)、(10,69),利用待定系数法求出运输飞机的余油量 Q_1(吨)

与时间 T（分钟）的函数关系式 $Q_1 = 2.9t + 40(0 \leqslant t \leqslant 10)$。从试卷上看，对照班仅有一半的同学能读出两点坐标，求出一次函数关系式，只有 2 名学生写出了自变量的取值范围；而实验班有 45 名学生能准确地读出坐标，求出函数关系式，写出自变量的取值范围。这再一次印证了新的教学设计完善学生一次函数的 CPFS 结构，效果明显。第 c 问的关键是从图像上读出运输机的耗油率，从而算出 10 小时的耗油量是 60 吨，再与 69 吨比较，即可得出油料够用的结论。对照班的大部分学生读不出运输机的耗油率 0.1 吨/小时，也就得不出正确结论，本题空白；而实验班有一半的同学能准确地读出耗油率 0.1 吨/小时，从而算出 10 小时的耗油量是 69 吨，从比较中得出正确结论，其中还有 7 位同学是用所需时间来进行比较的，也得出了正确结论。这充分说明，通过教学设计能改善个体学习心理的"CPFS 结构"，图像表征、文字表征、符号表征能进行有效的转换。

喻平率先提出了"CPFS 结构"理论，并提出了科学的测查方法。在研究中我们借鉴了他的目标回忆法来考察个体的 CPFS 结构，即给定一个目标，要求被试回忆与该目标有关系的知识或方法。

题 1 是为了考查学生是否形成了关于一次函数的概念系、概念域。根据 CPFS 结构水平差异，低水平的学生能够直观地看出：①一次函数与两坐标轴的交点是 $(2,0)$、$(0,2)$；②函数的走势是 y 随着 x 的增大而减小。中等学生会得出：③该函数的解析式是 $y = -x + 2$（这里是用待定系数法求出）；知道方程 $-x + 2 = 0$ 的解是 $x = 2$。高 CPFS 结构的学生会进一步得出：不等式 $-x + 2 > 0$ 及 $-x + 2 < 0$ 的解是 $x < 2$ 及 $x > 2$，求出与坐标轴围成的面积是 2。

题 2 是为了考查学生有关数系的 CPFS 结构。低水平的学生能举出 5 种数系的特例，画出单向 A→B→C→D→E；中等水平学生会画出双向箭头表示 A、B、C、D、E 的关系，并基本上标出转化的条件；高 CPFS 结构的学生能准确迅速地阐明 A、B、C、D、E 转化条件，常会用图形加以直观表达。

题 3 是为了测查学生有关线段相等的 CPFS 结构。低水平的学生会利用三角形全等来证明；中等水平的学生会进一步利用等角对等边及勾股定理来证明；高 CPFS 结构的学生在前两者的基础上更进一步利用全等变换（平移、旋转、反射）来证明，甚至还有几位同学用到了相似有关定理。

15 分钟测试后对实验班与对照班 CPFS 结构水平进行分析，结果如表 3 - 9 所示。

表 3-9　实验班与对照班 CPFS 结构水平测查统计

知识点	CPFS 结构水平	人 数	
		实验班	对照班
一次函数	低水平	5	8
	中等水平	18	26
	高水平	25	14
数系	低水平	11	11
	中等水平	24	33
	高水平	13	4
线段相等	低水平	17	20
	中等水平	26	26
	高水平	5	2

从以上 CPFS 结构测查水平统计来看,中、高水平的人数基本相当,实验班 111 人次,对照班 105 人次;但高水平的人数实验班明显高于对照班,实验班 43 人次,对照班 20 人次。显然,相应的教学设计促进了个体学习心理 CPFS 结构的完善和优化。为了更进一步考察个体的 CPFS 结构,我又对中、高水平学生数学思维进行了问卷调查。

(3)实验班与对照班的数学思维问卷结果分析

根据数学思维的六个指标(思维目的、过程、材料或结果、监控与自我调节、思维品质、思维的认知因素与非认知因素),共选编了 29 道单选题,每题五个选项"A、B、C、D、E",其对应的分值依次为"5、4、3、2、1"分。待实验结束后,选择统一时间对实验班和对照班进行施测,然后运用 SPSS 软件对相关数据进行统计分析,从而考查学生数学思维品质(表 3-10、表 3-11)。

表 3-10　实验班与对照班思维品质平均成绩

	班级	N	Mean	Std. Deviation	Std. Error Mean
成绩	(17)	36	81.69	18.735	3.123
	(18)	36	91.36	20.442	3.407

表 3-11　实验班与对照班思维品质差异性比较

		Levene's Test for Equality of Variances		t-test for Equality of Means				
		F	Sig.	t	df	Sig. (2-tailed)	Mean Difference	Std. Error Difference
成绩	Equal variances assumed	0.178	0.674	-2.092	70	0.040	-9.67	4.622
	Equal variances not assumed			-2.092	69.474	0.040	-9.67	4.622

以上结果表明,经过一年半的训练,实验班的学生在数学思维的灵活性、深刻性方面更强,这充分说明通过"完善学生的 CPFS 结构"的确能从根本上改善学生的数学思维品质,尤其是促进数学思维的灵活性、深刻性的发展。

为了进一步了解实验对于学生思维状况的改善程度,我们将思维状况分解为六个具体的部分,即思维目的(1~4)、思维过程(5~8)、思维的材料或结果(9~11)、思维的监控与自我调节(12~14)、思维品质(15~23)、思维的认知因素与非认知因素(24~29),同时进行分析(表3~12)。

表 3-12　实验班与对照班数学思维状况调查表

思维内容	测题要点归纳	平均分		差值
		对照班	实验班	
目的性	解题预见性、目标指向	3.092	3.874	0.782
过程性	方法选择与类型判断	3.122	3.643	0.521
材料或结果	图形图像等多种手段表征、考察结果	3.056	3.893	0.837
自我监控	解题后反思及提示语	3.005	3.775	0.770
品质方面	一题多解及将问题引申的程度	3.237	3.659	0.422
非认知因素	解题受阻时的态度、毅力、持续程度	3.106	3.421	0.315

对于这 29 道题,我们首先算出了实验班与对照班每一题的平均分,在此基础上得出两者在每道题上的差值,接着算出这 29 个差异值的平均分为 0.608 分,从统计结果来看,实验班学生在思维目的(1~4)、思维的材料或结果(9~11)、思维

的监控与自我调节(12~14)上的得分高于均差。充分说明在中学数学课堂中实施"完善 CPFS 结构"的教学设计,完善和优化学生个体的 CPFS 结构效果明显,学生数学思维的深刻性得到显著加强。

4. 对实验结果的分析说明

笔者认为,在中学数学教学中通过实施"完善 CPFS 结构"的教学设计,可以有效提高学生的数学成绩和数学思维能力,完善和优化学生个体 CPFS 结构。其主要原因有以下四点。

(1)概念课、命题课"生长式"教学设计的实施

在数学的概念和数学的命题教学中,采用目标回忆法、等价推理法、结点连线法、辨认推理、命题应用等简便易行的方法了解学生数学概念、数学命题的原有认知结构,确定教学的生长点,从数学知识的生长点出发,按数学知识的自然生长机理设计教学,经过生长、变式、反思、结构等环节,让学生的 CPFS 结构随着数学知识的生长而共同生长。

(2)习题课"问题链"教学设计的实施

问题链方法是以问题为主线,以发现问题—解决问题—再发现问题为全过程,以适应客观世界运动变化和数学严谨逻辑思维之需要为目的的数学思维方法。"问题链"教学策略的实施能有效改善学生的 CPFS 结构,使其更加灵活,联结更加有力且富有张力。特别是有利于学生系统进行数学命题的学习,潜移默化的训练,有助于学生"命题域、命题系"的形成,通过性质链、推广链、引申链、综合链使学生对命题的理解更加深刻、灵活,问题的解决更易于实现。

(3)解题教学中认知体验及监控教学设计

波利亚认为,解题是数学课中最有用的精华,中学数学课的主要目的之一就是提高学生的解题能力。数学解题的认知结构是由解题知识结构、思维结构和解题的元认知结构所组成的。因此加强学生数学元认知能力的培养,有利于训练学生创造性地解决问题,以及能够灵活地把所学知识应用到实际中去的思维能力,从根本上达到"改善学生的学习方式,突出学生的主体地位"的新课程标准的要求。

数学课堂教学中通过:1 充分挖掘波利亚"怎样解题表"中蕴含的元认知思想,以及以典型例为载体,采用"出声思维""智力激励法"等形式,为学生创造元认知体验和监控的机会,从而促进学生数学元认知结构的完善。

（4）复习课中思维导图的运用

"人的知觉本身是整体属性的,即知觉具有整体性。"实践证明知识网络不仅是培养综合能力所必需的,单项能力的培养也离不开知识网络的训练。著名教育心理学家皮亚杰认为,知识既不是客观的东西,也不是主观的东西,而是主体与环境相互作用的过程,即建构的结果。所以教师应像弗赖登塔尔所说的那样:"重点从教转向学,从教师的行为转到学生的活动,从感觉效应转到运动效应。"能力体现在知识网络的熟练之中,可以进一步促进新的知识网络的建立。因此,教师帮助学生自己去建构或重整知识体系,有利于学生完整把握知识结构、改善认知结构,促进学生思维的灵活性、深刻性的发展。

5. 实验的缺陷和不足

完善中学生 CPFS 结构的教学设计实验取得了显著效果,但由于实验者数学教育理论知识缺乏,对教育改革实验研究方法的理解和运用也欠熟练,因此,本实验还存在着一些缺陷和不足。

（1）理论依据的挖掘还不够深入,教学设计的构建还显得粗糙和简单,教学中仅凭本人对完善数学认知结构教学精神的理解,选择四种教学设计,这种处理是否恰当还有待商榷。

（2）在实验研究过程中由于受客观条件的限制,仅在杭州市采荷中学两个年级进行了微型实验,样本小,该实验能否在其他中学推行还有待进一步深入研究。此外,实验研究的周期较短,对效果的评价手段、评价方式还比较简单,不能完全地反映实际情况。同时,未能完全有效地排除非实验因子对实验结果的影响(学生的非智力因素、家庭环境的影响等),因此,实验的结果是初步的、粗浅的。但可以肯定的是,实验班在实验前与对照班无明显差异,经过近一年半的实验,实验班的数学平均成绩及个体 CPFS 结构和对照班均存在显著差异,说明实验取得阶段性成果是可信的。在以后的教学中,还需进一步加强学习,以使实验研究进一步深入开展和完善。

6. 结论

本实验借鉴了以往的教学实验的成功经验,以现代教学理论为指导,探索中学数学教学中学生数学认知结构水平的实际,探求了有效的教学设计,取得了较好的效果。经过一年半的实验研究,可以得到以下结论。

（1）在中学数学课堂教学中实施"完善 CPFS 结构"的教学设计实验,促进学生主动、愉快、积极地学习,从而能有效提高学生的数学平均成绩。

(2)"完善 CPFS 结构"的教学设计实验能有效促进学生数学思维品质的发展。

第三节　数学教师在反思中发展

英国著名课程理论学者斯腾豪斯明确提出了"教师成为研究者"的概念,并倡导了这一运动。他认为:"教育科学的理想是每一个课堂都是实验室,每一名教师都是科学共同体的成员。"尤其是在信息化时代背景下,数学教师的特殊作用在于:一方面要成为学生数学学习的支持者与理解者,另一方面更应该承担起数学教育研究的任务。一个数学教师想发展为专家型教师或学者型教师,首先就要树立教师成为研究者的理念,数学教师不仅是一个优秀的数学知识与技能的传授者,一个把数学教育理论落实于数学教学实践的载体,而且应该是一个数学或数学教育行动的研究者。

所谓数学教育行动,是指以解决数学教育实际问题为目的的研究,是创造性地运用数学教育理论解决数学教学实际问题的过程。一般来说,绝大多数数学教师主要是成为自己数学教育教学活动的研究者。这是一种特定的数学教育教学研究,它植根于数学教育教学过程中,是数学教师对自己数学教育教学活动的思考与探索。它具有鲜明的实践性特点——在教育教学实践中研究,在研究中实践教育教学,以教育教学实践促研究,以研究指导教育教学实践。因此,这种自我研究不仅可以更好地理解自己的课堂、改善自己的数学教育教学实践,使学生获得更好的发展,还可以不断地对已有的数学教育理论进行检验、修正和完善,从而促进数学教育理论研究的不断深入和发展。

这种自我研究,也是数学教师职业自主性的表现,且数学教育教学研究能力的发展和提高,是数学教师专业化水平的另一重要体现。许多中学数学特级教师就是这样的研究者,就是这种专家型或学者型教师。

从上面的分析可以看出,数学教师成为研究者具有实践性特点,这就决定了其研究本质上是一种以反思形式进行的行动研究:在反思数学教学实践经验中,既强调与数学教材、与学生对话,更强调通过反思与自己对话,既把数学教学看成一门科学,又把数学教学看成一门艺术。

事实上,国内外的大量研究表明,数学教师的反思是认识自我、提高自我的重要手段。数学教师的教学经验反思,是促使一部分人成长为专家型教师或学者型教师的一个重要原因,反思被广泛地看作数学教师职业成长的决定性因素。

一、数学教师反思方略

(一)反思——数学教师专业成长的新策略

图3-7揭示的是传统的数学教师专业成长和基于反思实践的数学教师专业成长方式之间的比较。

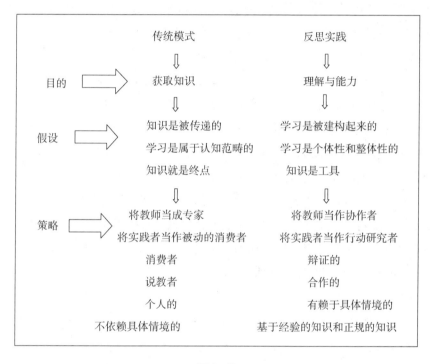

图3-7

在传统的数学教师专业成长方式中,人们通常认为通过获取知识,就可以引发数学教师行为的改变,从而促进变革,它专门关注所倡导的理论的改变,而这种理论是建立在数学教师观念改变了,其行为也会随之而发生改变这样的一种理论基础之上的。传统模式的最终目的或许就是提高数学教师的成就,其直接的、可以看到的目的就是数学教师获取知识。

数学教师把大部分可用的时间,都花在将信息传递给那些被动的接收者和对信息掌握情况的测试上。对于他们的教学以及课堂的改革,评判成败的关键,在于数学教师是否掌握了一种好的理念、一套好的方法,以及一系列行之有效的诀窍。因此,数学教师的学习以及对数学教师的培训都推崇"理论指导实践"的价值取向。

而反思实践则正好相反,认为数学教师专业成长是一个比较复杂的过程,需要对深层次的行动理论进行变革。尽管所倡导的理论起着重要的作用,行为的改变却有赖于深层次的、内在的思想改变。在反思实践活动中,数学教师学习目的不再仅仅是获取知识,而是以适当有效的方式实现知识的创新与应用。

更为特别的是,反思实践通过数学教师行为的改变来提高专业实践水平。也就是说,数学教师的学习不再是一种全纳式的学习,而是一种反思性的学习,并且数学教师在反思性的实践过程中,他们自身的经验也在不断得到丰富、修正和完善,同时又为新知识、新理论的检验提供更为强而有力的支持。

所以,新视野下反思实践中数学教师的专业成长采用了一套极其不同的策略,这些策略结合了建构主义、经验主义、情境认知的基本原则。①学习是一个积极的过程,需要数学教师的积极参与。知识是不能简单地传递的,想要促成学习活动的发生,就必须鼓励数学教师进行学习,允许他们在明确学习方向,参与学习的过程中,积极参与决策。有价值的问题才会激发数学教师的学习。②学习活动必须承认并建立在已有的经验和知识基础上。相应地,数学教师需要有机会探讨、表达、发表自己的想法和知识。③学习者是通过亲身体验来建构知识的,如果数学教师有机会对行动进行观察和评估、有机会提出并检验新思想,那么这些都将有助于他们行为的改变。④如果学习成为一种合作活动而不是孤立的活动,而且直接与数学教师相关,那么学习会更有效率。

(二)行动研究——数学教师反思的新方式

根据 Carr & Kemmis 的看法,行动研究是由社会情境(如教育情境)中的参与者所主导的一种自我反省、探究的方法,意图在于:对参与者(如教师、学生等)本身的社会与教育实际工作、参与者对这些实际工作的了解、这些实际工作的实施情境三方面的合理性和公正性的改进。以批判的社会科学角度去探讨行动研究,并讨论行动研究在实际教育教学活动情境中的问题应用,希望通过教育行动研究结合教育理论和教育实务工作,来提升教育工作品质。

行动研究提倡数学教师成为自己实践的"研究者",提倡数学教师运用所学知识,对自身教育教学实践中的具体问题(自己的实践经验)做出多层次、多角度的分析和反省。行动研究能使数学教师即"实践工作者省察他们自己的教育理论,与他们自己的日复一日的教育实践之间的联系……缩小研究者与实践者之间的距离",能使数学教师成为不断反思的"反思型实践者"。

结合行动研究的相关理论,数学教师反思可以通过以下几个步骤来完成:确定问题—观察分析—研究探索—行动跟进—评价反馈。这几个步骤是一个反复循环的过程,而且反思伴随于每个步骤实施的过程之中。

1. 确定问题

反思的目的是提升数学教师个体和团体的数学教育专业品质,而且由于数学教师在学习过程中,问题经验起着非常重要的作用,因此,探究过程最关注实践问题。教育行动研究就经常是从一个实践中的疑问开始。从某种意义来说,问题就是一种矛盾,也就是理想或预期达到的情境和当前现实之间的差距。数学教师经常面临着各种类型的问题,有些问题仅仅涉及部分人,有些问题则涉及整个学校;有些问题是系统性问题,有些问题则是局部问题;有些问题能够清晰地界定,而有些问题则比较模糊。但是,最重要的并不在于问题的实质,而在于问题对数学教师的价值。

只要数学教师个体,或由数学教师组成的团体,不断地、有目的地关注数学教育教学实践中出现的各种现象,就一定能够提炼出对自身有价值的问题。无论问题是怎样出现的,对问题的认识都会促使数学教师对现状进行更为深入的了解。对反思着的数学教师而言,思考的方式也许都很相似:我们怎么做才能解决这个问题? 我们怎么做才能更接近目标? 这种思考便使数学教师的研究进入了下一阶段。

2. 观察分析

确定问题之后,就必须收集并批判性地检视相关的信息,这些信息能够帮助数学教师更为深入、更加综合地了解自己或者他人的行为。至于数学教师本人,既是研究的主体,也是研究的客体。所以,应当采用一种超然的态度,从不同的视角、全新的视野来进行清晰和仔细的观察分析。如某位数学教师对自己课堂中各个环节的衔接不满意,他就可以通过听其他数学教师的课——观察其他教师是如何做好这一工作的;同时他还可以从本班学生中收集相关的信息,或者请其他教师来听课与点评从而判断自己的问题所在;如果条件允许,他甚至可以通过制作技术和理念上更为先进的视频案例来观察自己与他人,从而进行对比分析。如果他还不满足于这些手段,更可以通过其他方式如利用互联网来寻求理论上的支持与帮助,使自己的观察与分析更加具有说服力。

3. 研究探索

研究探索,主要指数学教师应当对出现的问题找到相关文献资料,并且对这些文献资料做出相应的整理,以从更高更深的角度来审视工作实践中出现的问题。虽然现在提倡校本研究,数学教师研究的方向是在工作中遇到的实际问题,但是数学教师仍然应该具备一定的理论素养。一个实践中出现的问题,其解决的过程如果没有理论上的支持,最终的结果肯定具有很大的局限性。而且数学教师对相关理论进行梳理的过程,也是一种继续学习与反思的过程,除了发现自己想要寻求的对策之外,很可能会从中发现更为有用的观点与思想,从而激发其更进一步研究的愿望。

4. 行动跟进

一般而言,数学教师的反思起源于教学实践中出现的困境和问题,所以其目的是摆脱困境和解决问题,因此,反思最终应该落实在行动的跟进。如果数学教师的反思没有了实践行动的跟进,那么这样的反思就失去了立足之本,这样的反思便成了毫无意义的"空架子"。不管是"确定问题",还是"观察分析",以及"研究探索"都是为了最后的行动。理论往往想找到一个普适性的原理,但是对大多数数学教师而言,面对的却往往是永远变化的环境、变化的个体,很难确定一个固定不变的目标和与之相关的一成不变的教育教学手段,而且没有任何一项措施是适用于集体中所有成员的,也没有任何一个教学策略永远是最佳的。所以数学教师的行动跟进才会显得如此重要,它既可以消除理论与实践的二元分离,又可以架起个体与集体之间的沟通桥梁。

5. 评价反馈

评价反馈,实际上是数学教师对整个问题进行反思、行动之后的再一次反思。通过评价反馈,数学教师可以从经验中学习,可以培养对自己的实践加以思考的能力。《基础教育课程改革纲要(试行)》提出,要"建立促进教师不断提高的评价体系。强调教师对自己教学行为的分析与反思,建立以教师自评为主,校长、教师、学生、家长共同参与的评价制度,使教师从多种渠道获得信息,不断提高教学水平"。数学教师只有不断地研究新情况、新环境、新问题,并不断地反思自己的教育教学行为,才能不断适应、促进教育教学工作,使教育教学工作有效地开展。不断的反思会不断地发现困惑和新问题,可以进一步激活数学教师的教学智慧,激发数学教师终身学习的自觉冲动。

(三)案例研究:反思加速数学教师专业成长

案例:教师的专业成长虽然在很大程度上受教师所处环境的影响,但更重要的是取决于自己的心态和作为。下面是余杭仁和中学 Z 老师的专业成长及成长中的反思。

1. 名师工作室——突破成长的瓶颈

2000 年 8 月参加工作至 2011 年 8 月的 11 年里，我没有获得任何荣誉。我遇到了我成长中的第一个瓶颈——日复一日的备课、上课、批改作业、课外辅导，这些已渐渐磨灭了我作为教师所拥有的工作激情。下一步该如何发展呢？没有规划。

2011 年暑期，我来到了新建的仁和中学任教，这是一所崭新的学校，是一所大气的学校，是一所即将崛起的学校。虽然我的工作还没有完全得到校级领导认可，距离骨干教师、名师，也还有一大段距离，但此时的我犹如一粒已经发芽的种子，亟须冲破覆盖在头顶的那层薄土。一年之后，我有幸成为学校的名师培养对象，加入了特级教师柴宏玉老师的名师工作室，并且拜他为师。以前的我，在课堂教学这块三分三的田地上，犹如瞎子摸象，不知大象长得啥样。自从作为了名师工作室培养对象以来，在特级教师柴老师的指点下，才知道大象如此庞大，而且有鼻子有眼。我开始反思自己以前的教育教学行为，并珍惜每一次外出听课学习的机会，积极参与名师工作室的活动，观摩同伴教师和特级教师的课堂教学，聆听特级教师对我的倾囊指导。我开始精心设计课程、备好每一堂课，严格要求自己，课没备好，不进课堂上课，寓特级教师的风格于自己的教育教学实践中。

2012 年 10 月 18 日，我承担一节区级公开课，这是第一次参加这么高级别的亮相课。我组教师，群策群力，帮我设计课，听我的课，诊断我的教学细节，三番五次为我磨课。在柴老师和教研组同行的帮助下，让我这把"钝剑"，在打磨的过程中，磨出了一点光亮：这次区公开课亮相成功，博得教研员和同行的好评，并获得区优质课二等奖。之后，我对这次上课的经历进行了深刻的反思，写成了课例研究，获得了区年会论文二等奖、区专题论文合格奖。

2013 年 4 月 16 日，在特级教师进课堂活动中，我再次承担的交流课，得到了同行们的认可，也得到特级教师和刘教授的好评，使我印象最深的是刘教授的点评。他说："曾老师的课比上次有些进步。"我本人也体会到，经过这两次上课，我得到了磨炼。更使我体会到柴老师名师工作室及我校数学组，让我在专业成长和发展中有家的归属感，无论遇到什么困难，总有一个集团的智慧及时帮我解决，让我充分领略到"他山之石，可以攻玉"的道理。

这些成绩给了我更大的发展动力和信心。这得益于学校为我搭建的名师工作室这个平台，它是我突破专业成长瓶颈的第一推动力。

2. 团队——成长的助推器

2013 年 9 月 28 日，我们八年级有一次塘栖片数学活动在崇贤中学开展，我们八年级数学组全员参与。教研员周老师要求我们评其中的一节课，我从教师认知水平这个维度深入课堂进行课堂观察，课后认真分析，整理发言材料，我的发言得到了同行的认可。在这次教研活动中，我们八年级备课组以全新的面貌，带着别样的方式进行评课，很好地展示了新仁和中学的风采，这是我以前从未有过的感觉，因为以前我们不知如何评课，只有听兄弟学校的老师评课的份，现在有了五个维度的评价体系之后，我们外出交流就有了底气，也能说出一点点道道来。我们数学教研员周老师也给予了我们数学组肯定。

在校内外教研活动中，我不畏艰难，主动发言，在不断的体验与感悟、推敲与揣摩中，我的评课水平得到了提升，我的专业能力又得到了进一步的发展。我的背后有一个团结的、充满智慧的数学教研组，每一次的活动展示，我都在同事们的帮助下，不断跳出"当局者迷"的误区，正确反思自己，不断提升自己的专业能力。这让我在成长过程中，少走了弯路。

3. 学习——在借鉴他人中完善自己

2013 年 12 月 7—8 日，我在杭州建兰中学听了来自全国的数学特级教师的课以及他们的讲座，受益匪浅，印象最深的是特级教师郑瑄老师在讲黄金分割时，居然课堂上弹起了琴来。特级教师符永平老师的教育理念是发现教学法，善于引导学生发现问题、解决问题，他的课堂学生说了算，让学生成为课堂的主人，以促进学生的发展为基本理念，力求使学生在创新意识与创造能力等方面有卓越的表现，努力追求创造相对宽松的发展环境，构建开放的基础教育体系，着力于研究与开发不同的课型，目前已开发了 18 种课型。

于是我借鉴特级老师理念，开始反思自己的教学行为。就拿复习课来说，我结合学生的认知水平尝试运用 SOLO 分类法进行教学设计，开发了三个自己设计的复习课。这三个复习课的特点是有主线、切口小、挖得深；精心设计学生的学习活动，让学生在多种多样的学习活动中，获取知识发展能力；在课堂教学过程中，我尽量给足时间让学生积极思考、大胆地自我展示，重视学生的不同见解、鼓励学生大胆发言，巧设问题，激发学生的思维，让学生乐学，真正成为学习的主人。同时也完善了自己的复习课的教学设计，教学质量得到了提高，我所教的成绩远高于同层次班级。

4. 反思——专业成长的途径

任何一位教师,哪怕是一位经验丰富、教有所成的教师,在其执教的过程中也不可能做到尽善尽美。及时审视和分析自己的教学行为、教学决策和教学结果,可以有效地纠正教学观念和教学行为上的偏差,形成自己对一些教学现象、教学问题的独立思考和创造性见解,提高自我觉察水平和教学监控能力。

我在工作中常常这样进行教学反思。一是在成败中反思。畅谈收获、反思教训等。二是在对比中反思。通过听课、评课、观看自己教学录像的教学反思。把教学过程给人启迪的地方写下来,反思成功之举、失败之处、智慧之光、学生之见,正是这看似平常却给人深省的课后小记,使我经常梳理自己的课堂,改进自己的教学方法,提高自己驾驭课堂教学的能力。三是在学习中反思。在理论学习、向专家学习、向同行、向学生学习中反思自己的教学行为。

教育是一项高难度的工作,要做好它,十分不易。但我相信,只要爱岗敬业,定会有所收获。因此,无论怎样辛苦,我都会继续努力,争取更上一层楼。

案例分析:

(1)数学教育教学实践中存在问题是一种常见现象,而不是个例。对于数学教师尤其是年轻的数学教师而言,在实践中发现自己并没有想象中的那样有能力,就需要进行积极的反思,采用全新的视角来审视自己,运用不同的策略来发展自己的能力。如收集有关其他教师或学生对自己的看法能帮助教师本人更好地了解自身优点与劣势;寻求工作场所中其他同伴的合作与帮助就能够分享信息——不管是成功的还是失败的,都会加深对专业成长认识,也会大大丰富专业成长的方式与手段。

Z 教师积极争取开课的机会,踊跃与名校、特色校的名师、行家交流,几乎每一次的公开课都邀请同组所有的教师进行听课,这在过去是不可想象的——在前十年,Z 教师关注的是学生各次考试成绩的情况,其衡量工作成功与否的标准就是学生成绩的好坏。在办公室中,Z 教师总是很努力地把大量时间花在改进教学上,除了解决数学习题上碰到的问题,他很少与同事交流心得,因而也很少能够获得别人对数学教育教学理解的信息。正是通过这次与杭师大合作,Z 教师获得了与校内外大多数教师交流的机会。这是其成功的关键所在。这样的成功源于 Z 教师对自己的有效反思,并能利用反思所得来调整自己地行动。

(2)数学新课程改革的实施需要广大数学教师对自己的教学行为有清楚的认识与分析,能主动进行反思,从而诊断出问题所在,找出更好的解决办法来提高教学质量。所以数学教师的反思与教学发展应是知行统一的,要在行动中反思,反思即为了更好地行动。

Z 教师有着较好的数学专业知识的背景,但是前十年并没有机会得到充分的发挥,这固然与社会和学校的压力有关,但更为主要的是找不到合适的突破口。经过三年的磨砺,对数学教育教学规律有了一定的认识。同时在数学新课改的大背景下,有意识地去学习了一些新理念,内化为自己的知识。经过反思与实践,教学实践不再是孤军奋战式的反思,而是通过备课组、教研组的合作,通过专家的引领,加速自己的专业成长。

如果数学教师能批判地吸收有关的学习理论和教学理论,进行深入的教学反思,一定会有助于更好地把握新课程改革的理念,从而更扎实地掌握相关的理论知识,进而更坚实地奠定教学活动的理论基础。只有这样,数学教师才能站在理论层面和高度上来指导自己的日常工作,其教学实践水平才能不断提高。理论的反思加上数学教师在平时对实践经验的反思,就能很好地融合二者之间的二元分离,从而更好地为创造性地实施新课程服务。反思理应超越单纯的技术操作层面,成为加速数学教师专业成长的主要方式。

二、数学教师反思性教学

反思性教学是近年来国外盛行的师资教育方法之一。L. M. 维拉、J. W. 布鲁巴赫等都是西方反思性教学的主要代表人物。美国教育部大力提倡教师开展教学反思,认为:培养教师临场探索和处理问题的能力,对改善教育教学行为是非常必要的,并把反思列为 Tesl 课程的重要内容,规定教师每学期至少开展一次。

反思这一概念早在我国古代就已经出现,"反求诸己""扪心自问""吾日三省吾身"等都很好地说明了反思。但古人的反思仅停留在意识层面,很少付诸社会实践。

目前,我国教育界有识之士(如熊川武等)对反思进行了深刻研究,提出了反思的基本理念,其研究成果和研究思路是值得借鉴的。但是仍然存在着理论与实践的空当,并且反思在具体操作过程中也不能千篇一律,有着其实际的困难。

(一)教学反思的意义

任何一个教师,不论其教学能力起点如何,都有必要通过多种途径对自己的教学进行反思。教学反思有着其现实的意义。通过教学反思,教师能建立科学的现代的教学理念,并将自己的新的理念自觉转化为教学行动。

反思的目的在于提高教师自我教学意识,增强自我指导、自我批评的能力。并能冲破经验的束缚,不断对教学进行诊断、纠错、创新。能适应当今教育改革的需要,逐步成长学会教学。从"操作型"教师队伍中走出来,走向科研、专业型。从教师的培养角度看,教学反思不失为一条经济有效的途径。作为教学变革与创新的手段,提高课堂教学效益,实现数学教育最优化。通过数学教学反思的研究,解决理论与实践脱节的问题,试图构建理论与实践相结合的桥梁。用反思理论指导实践,融于实践,反过来,通过实践的检验进一步提升理论。

提高教师的教学科研意识。良好的教学素质要求教师必须参加教学改革和教学研究,对教学中发生的诸多事件能予以关注,并把它们作为自己的教学研究对象,是当代教师应具备的素质。一个经常地并自觉地对自己教学进行反思的教师,就有可能发现许多教学中的问题,越是发现问题,就越是有强烈的愿望想去解决这些问题。关注问题并去解决问题的过程,也就是教师树立自己的科研意识,并潜心参与教学研究的过程,整体推进教学质量的提高。

教学反思不单是指向个人的,它也可以指向团体。后面谈到的说课、听课与评课都可以是团体的。在这种团体的教学观摩、教学评比、教学经验的切磋与交流中,每一个参与者都提供了自己独特的教学经验,同时也都会从别人的经验中借鉴到有益的经验。多种经验的对照比较,就可以使每一位教师对自己的教学进行全方位的反思。这样做的结果是,普遍提高了教师的教学水平,从而整体上推进教学质量的全面提高。如教研组教师对教学实录的评议,气氛热烈,意见中肯,共同提出修正措施。这是教师集体进行反思,从而产生新的教学思想,这不仅对上课教师而且对未上课的教师来讲都是一种提高。

教学反思,不仅要求确立学生的主体性地位,更重要的是发挥教师的主导地位。教学在让学生主体性充分发挥的同时,教师的主体性率先得到发展。教学反思,要求将发展教师与发展学生相统一,教学反思不仅要"照亮别人"更应"完善自己"。因此教学反思是教师自我成长的一条行之有效的途径。

案例:以下是余杭区某校数学组对"4.3 相似三角形"一课的展示与反思

浙教版九年级上册"4.3 相似三角形"的教学设计

一、知识目标

1. 了解相似三角形的概念,会表示两个三角形相似。

2. 能运用相似三角形的概念判断两个三角形相似。

3. 理解"相似三角形的对应角相等,对应边成比例"的性质。

二、教学重点

相似三角形的概念。

三、教学难点

找相似三角形的对应边,并写出比例式,求相似三角形的对应边长。

四、学习方法

类比、归纳、分类讨论的方法。

五、教学内容

1. 蓦然回首

通过观察一对全等三角形,回顾全等三角形的概念、图形特征、记法与性质,通过改变其中一个三角形的形状,提问:是否此刻这两个三角形还全等?

2. 操作,体悟概念

同桌合作:

请在网格线中(每个小方格的边长为1)画出两个三角形,顶点落在格点上(一边已画出)。

图3-8(a):三边长分别为4、5、$\sqrt{17}$;　　　　图3-8(b):三边长分别为8、10、$2\sqrt{17}$。

　　　　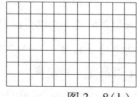

图3-8(a):　　　　　　图3-8(b):

同桌合作,仔细观察并回答下列问题:

①这两个三角形各内角之间有什么关系?

②这两个三角形各条边之间有什么关系?

(对于①,学生在思考的时候可能会有比较多的方法,如量角器测量法,构造全等三角形得对应角相等,鼓励学生通过不同的方式得到结论。)由此引出本节的学习内容——4.3 相似三角形。

(1)相似三角形的概念:对应角相等,对应边成比例的两个三角形,叫作相似三角形。相似三角形的表示:符号"∽",读作"相似于"。

如△ ABC 与△ $A'B'C'$ 相似,记作"△ ABC ∽△ $A'B'C'$"。

注意:相似三角形对应的顶点字母写在对应的位置上。

几何语言:

∵ $\angle A = \angle A'$,$\angle B = \angle B'$,$\angle C = \angle C'$,

$\dfrac{AB}{A'B'} = \dfrac{BC}{B'C'} = \dfrac{AC}{A'C'}$。

∴ △ ABC ∽△ $A'B'C'$

相似比:相似三角形对应边的比称之为相似比。

△ ABC ∽△ $A'B'C'$ 的相似比 $k1 = $ _____

△ $A'B'C'$ ∽△ ABC 的相似比 $k2 = $ _____

(对于概念的教学,要让学生了解概念的内涵与外延,对于相似比如果不加以强调顺序,很多同学会在后续的作业和学习中理解不到位。)

(2)巩固概念

图 3 - 8(a):　　　　　　图 3 - 8(b):

例 1　已知:如图 3 - 9,E、F 分别是 AB、AC 边的中点,求证:△AEF∽△ABC。

(此例的设置是为了说明在本节课的基础上只能通过相似三角形的定义来证明两个三角形相似,也是为了突出相似三角形的概念特征。)

(3)操作,巩固概念

步骤1:剪下你所画的三角形,标出对应顶点的字母,即 △ ABC ∽ △ $A'B'C'$ (图 3 - 10);

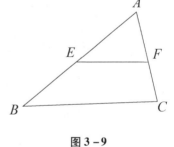

图 3 - 9

步骤2:将它们的对应顶点 A 和 A' 重合,且使 $\angle A$ 和 $\angle A'$ 所在边共线;

步骤3:同桌合作,拼出所有可能的图形,并画在你的学案上;

完成后,请分别写出 △ ABC 与 △ $A'B'C'$ 的对应角,以及对应边成比例的比例式。

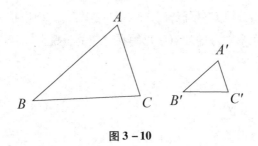

图 3－10

备用图如图 3－11 所示。

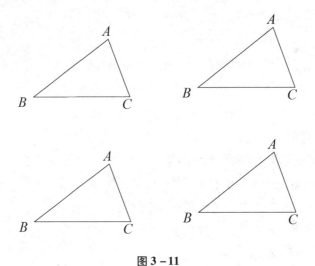

图 3－11

(4)探究,生长知识

例2 已知:如图 3－12,E、F 分别是 AB、AC 边上的点,$\triangle AEF \backsim \triangle ABC$,$AE:EB=1:2$,$BC=9cm$,求 EF 的长。

变式1:已知如图 3－13,E、F 分别是直线 AB、AC 上的点,$\triangle AEF \backsim \triangle ABC$,$\angle BAC=80°$,$\angle C=60°$。

求 $\angle E=$ _____。

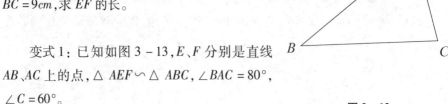

图 3－12

变式2:已知如图,F、E 分别是 AB、AC 直线上的点,$\triangle AEF \backsim \triangle ABC$,$AE=3cm$,$AC=5cm$,$AB=4cm$,求 $AF=$ _____。

变式3:已知如图,F、E 分别是 AB、AC 边上的点,$\triangle AEF \backsim \triangle ABC$,$AF = 2cm$,$FB = 4cm$,$AC = 5cm$,$AE = $ _____。

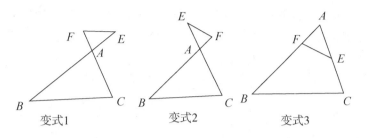

变式1   变式2   变式3

图 3 − 13

拓展提升:已知 F、E 分别是 AB、AC 边上的点,$\triangle AEF$ 与 $\triangle ABC$ 相似,$AF = 2cm$,$FB = 4cm$,$AC = 5cm$,求 AE 的长度。

(通过一个例题和变式,让学生体会在不同的图形背景下理解边的对应,以突破本节课的难点。)

归纳:相似三角形的基本模型如图 3 − 14 所示。(通过设置一些基本图形,使学生对于相似三角形的基本模型不感到陌生,也为后续的学习打好基础。)

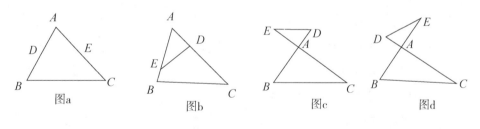

图a   图b   图c   图d

图 3 − 14

(5)课后作业

请挑选你所画图形中的一到两个图形编出一个题目,并交给你的组员来完成。

数学组从数学核心素养的六个层面进行反思

反思视角一:数学抽象

抽象首先是个动词,它指的是对于多个事物,针对它们的某一部分,抽取其中的共同特征,并加以命名。这是一个由特殊到一般探索与发现的过程。探索概念的过程就是抽象的过程。相似三角形这节课,首先是要学生们对相似三角形有个直观的印象,所以让学生观察多组相似三角形,每组三角形的形状相同,但是大小不同,针对三角形的边和角进行观察,在观察过程中,发现多组三角形都具有角相等、边成比例的特点。由此提出相似三角形的概念。

"抽象"还是个形容词,它表示"不具体""不直观",字母越多越抽象,因为我们需要在大脑中把字母转化为图像。本身直线"AB"就是对一条直线"————"的命名,所以相对图形来讲,这些字母就是抽象的。因为本节课出现的字母较多,所以虽然是一堂几何课,却比较抽象,所以慢下来,一定要留给学生足够的把字母转化为图形的时间。

我觉得核心素养的渗透首先要让学生认识到很多的规律和方法是可以迁移的,例如,概念普遍具有判定的作用,这是学生在使用判定定理时容易忽略的。方法的迁移更多地体现在多题一解上,不同的题目拥有同样的解法。在课堂中向学生渗透多题一解的思想,还有助于学生总结专题和模型,使得数学知识和题型模块化。其实多题一解,也是从多个题目中抽取它们的共同的方法,这个过程和抽象的过程是一致的。

反思视角二:数学推理

逻辑推理也叫演绎推理。古希腊欧几里得的《几何原本》就是演绎推理的起源。演绎推理体现数学的严谨性,是学习数学必备的基本教学能力之一。逻辑推理最典型、最重要的应用,通常存在于逻辑和数学证明中,而何青青老师这节相似三角形的教学课,整堂课贯穿了逻辑推理。

首先,课题的导入,从初二所学的全等三角形到初三的相似三角形,即是从特殊到一般,让学生体会两者的相同之处和区别,这种类比的数学思想也是数学学科很重要的一种思想。

其次,本节课重点和难点就是 A 字形和 8 字形,通过纸质三角板教具,让学生通过动手操作,将逻辑思维具体化,归纳整理出两种不同的模型,从而对所学的内容升华。具体在做题的过程中,也用到了分类讨论的思想。

最后,在平时的教学中应该怎样提高学生的逻辑推理能力? 最好的办法就是让学生亲自实践和操作。从学校层面,要组织大型的学科活动,调动学生的积极性,从不同的角度体会数学的魅力;从年级组方面,要举行适合本年级学生特色的学科活动;在课堂中,应把课堂还给学生,多组织学生讨论交流,让学生去亲身体会,从而提高推理能力。

　　为新知识的学习搭建合理平台。主要体现在何老师能够运用原有知识来推动新知识的学习,通过让学生动手画一画、量一量、看一看,得出两个三角形的边与角之间的联系。领悟出求相似三角形的定义,使新旧知识得到整合。这种从特殊到一般的学习方法,不仅使本节课的教学变得轻松,同时有利于学生更深刻地理解和掌握这种学习策略,有利于学生的进一步学习和终身的发展。且在教学中始终贯穿运用推理、逻辑等多种数学核心思想方法。

　　注重培养学生的实践能力。这节课的重点是通过让学生画两个三角形进行比较,从而发现两三角形相似;使学生感受过程教学的同时,更主要的是培养了学生合作学习和动手能力,使学生在实践中加深了对相似三角形定义的理解。在教学中何老师以动手实践为主线,让学生个体学习、小组合作,通过动手画图,用眼睛观察,动脑筋思考,多种感官一起参与活动,由直观到抽象,层层深入,得出相似三角形的定义,培养了学生的观察能力、动手能力,指导学生用特殊方法来思考一般问题。这样的学习,学生学得活、记得牢,既发挥了教师的主导作用,又体现了学生的主体地位。学生在学习过程中,是一个探索者、研究者、合作者、发现者,并且获得了富有成效的学习体验。教学中何老师通过边讲边练、加强双基、变式训练等,收到的效果非常好。

　　总之,这节课能根据学生的心理特点,运用知识迁移、在操作中对比、在拓展中对比,激发了学生的学习兴趣。能根据学生的思维特点,借助直观图形,充分让学生动手操作,同伴互动获取新知。学生积极主动参与,人人动手动脑,能够观察、比较、讨论,在轻松愉快的教育环境中很快掌握相似三角形的定义。能注意引导学生用数学的眼光观察问题,学会从已有知识和特例中寻求解决问题的思路,从而体现数学的价值。

　　反思视角三:数学模型

　　所谓数学建模就是根据实际问题来建立模型,对数学模型求解,然后根据结果解决实际问题。

　　何老师这节课,首先展示两个相等的三角形,让学生观察,学生说两个三角形全等,接着换掉其中一个三角形,改为一个较小的三角形,抛出问题:这两个三角形还全等吗? 对于数学建模来说,由实际问题入手,形成问题,由全等到不全等。接着让学生动手操作,分别画两个三角形,让学生比较其角边的关系,从而得出结论:两个三角形相似。构建数学模型。例题1中 E、F 分别为 AB、AC 边的中点,求证:$\triangle AEF \sim \triangle ABC$。由相似的定义来证明两个三角形相似,突出了相似三角形概念的特征,对模型进行了检验和评价。最后以四幅图总结两个三角形相似的特征,对模型进行了改进,让学生体会在不同图形背景下理解两个三角形相似的基本模型。

模型的改进也就是归纳,是教学的重点,也是我们教师需要研究和探讨的。数学建模在我们日常教学及生活中也经常用到,基于核心素养的数学建模是我们教学中的重点,也是学习数学从而为生活服务的一个体现点。

学生对模型思想的感悟需要经历一个长期的过程,在这一过程中,学生总是从相对简单到相对复杂,从相对具体到相对抽象,逐步积累经验,掌握建模方法,逐步形成运用模型去进行数学思维的习惯。

何老师这节课,首先展示两个全等的三角形,接着换掉其中一个三角形,改为两个大小不等但形状一样的三角形,其实就是从"全等"到"相似"的过渡,初步建立模型。

然后通过画图、练习,让学生对"相似"这个模型进行了检验和评价;再让学生自己动手拼凑,得到四种不同的相似三角形基本模型,等于对模型做了一个改进,最后以一系列的"变式训练",对模型进行了应用和求解。整节课以"问题情境—建立模型—求解验证"为数学活动过程,体现了数学建模思想。

培养学生数学建模思想有利于学生更好地理解、掌握有关知识和技能,更有利于学生主动去发现、提出、分析和解决问题,培养创新意识。数学模型不仅为数学表达和交流提供了有效途径,也为解决现实问题提供了重要工具,可以帮助学生准确、清晰地认识、理解数学的意义。在初中数学教学活动中,教师应采取有效措施,加强教学模型思想的渗透,提高学生的学习兴趣,培养学生用数学的意识以及分析和解决实际问题的能力。

反思视角四:数学运算

数学运算能力是逻辑思维、空间想象等能力的基础,没有基本的运算能力,其他数学能力就难以得到有效的培养和发展。何老师的相似三角形一课,让学生画出两个规定边长的三角形,然后通过求对应边比值并比较,从而发现规律,这里体现了数学运算的重要性,把两个三角形相似的抽象几何问题转化到数学运算当中,更直接地得出相似的概念,也把问题简单化了,几何问题与代数的结合,让学生更易理解。

反思视角五:直观想象

直观想象是指借助空间想象感知事物的形态与变化,利用几何图形理解和解决数学问题。主要包括利用图形描述数学问题,建立形与数的联系,构建数学问题的直观模型,探索解决问题的思路。

何老师这节课,首先用图片展示全等的两个三角形,之后把其中一个换成较小的三角形,问学生是否还全等,让学生一开始就把注意力放在了最主要最本质的东西上。之后把画好的两个三角形剪下来,标上对应的字母进行拼凑,拼凑出相似最基本的四种图形,在这个过程中,学生通过眼前的图形,构造出了新的图形,找出了新的关系,进一步发展了几何直观和空间想象能力,增强运用图形和空间想象思考问题的意识,提升数形结合的能力,感悟事物的本质,培养了创新思维。

反思视角六:数据分析

数据分析是大数据时代数学应用的主要方法,已经深入现代社会生活和科学研究的各方面。主要包括收集数据、整理数据、提取信息,构建模型对信息进行分析、推断,获得结论。

何老师的这节课在导入活动中,给出已学习过的全等三角形对应角相等、对应边相等的数据事实,又让学生动手操作分别画两个三角形,学生通过自己测量角和边的大小,可以得到两组数据,再经过分析数据发现,两个三角形的对应角的大小相等、对应边成比例的结论。这样的数据让学生深刻、清晰并直观地认识相似三角形的两个特征。另外,在例题和练习中,学生也是通过题目中的数据分析,找到角的关系和边的关系,如果对应角相等,对应边成比例,则可得到两个三角形相似的结论。

在数学的学习过程中,时刻都存在数据关系,我们需要处理题目中的数据,通过数据得到我们要找的信息,得出一定的结论。在数据分析核心素养的形成过程中,能够提升学生处理数据的能力,增强基于数据表达现实问题的意识,养成通过数据思考问题的习惯,积累依托数据探索事物本质、关联和规律的活动经验。

(二)教学反思的内涵

教学反思,是反思在数学教学中的应用。所谓教学反思,是指教学主体借助行动研究,不断探索与解决自身教学,以及教学工具等方面的问题,将"学会学习"与"学会教学"结合起来,努力提升教学实践的合理性及教学效益。

其主要特征表现为:①以教学实践为逻辑起点,并以教学实践为归宿。②以探究和解决问题为基本点。在教学反思中,反思不是一般地回顾教学情况,而是探究教学过程中不合理的行为和思维方式,并针对问题重新设计教学方案,通过解决问题,进一步提高教学质量。③教学反思以追求教学实践合理性为动力,作为提高数学教师的科研意识和科研水平的一种方略。④以两个"学会"为目标,要求教师教学生学会学习的同时,自身学会教学,并获得进一步的发展,作为提高教师的教学能力,促进自身成长的一种途径。

反思的过程是不断循环、教学能力螺旋上升的过程。其活动顺序是理论知识—教学实践—教学反思—教学能力—经验知识。

教学反思强调教师是主要的直接的参与者。因为中学数学教师直接置身于现实的动态的教学情境中,能够即时观察教学活动、背景以及相关现象,在教与学的互动过程中,不断地及时发现问题、解决问题,并能够依据自己丰富的工作经验,自觉地对假设、方案的可行性和有效性做出判断,这是中学数学教师得天独厚的优势;教学反思对象为教师所处的直接事件,充分考虑当时当地的特殊因素;强调研究结果的直接指导意义;强调理论与实践结合,形成一种"行动中的思想";强调既有个体反思,也有群体反思,通过备课组、教研组的参与,协作反思,讨论形成反思群体,产生新的思想;强调实证研究,但不排斥思辨,既有描述,又有分析。

一个教师是否具有反思意识、反思能力决定于这个教师的自身素养的高低。一个热爱教育事业、热爱学生、师德高尚、讲究奉献精神的教师对自身的要求较高,不会满足于已经取得的成绩,对数学教学精益求精。这样的教师不会因循守旧,他们的敬业精神使他们渴望成功,这种实现自我的需求会成为他们不断进行教学反思的原动力。他们清醒地知道数学教师的素质必须通过不断的学习,在更新发展的过程中得以形成与继续提高。

数学教师必须通过实践的过程,从经验中不断地学习,不断地积累,才能不断增长知识,充实自己,从而才能对数学教学这一复杂的客观背景应付自如,也才能真正以"科学的态度"对待数学实践,从而成长为自觉的、善于思考的、富于创造性的数学教师。

从一定程度上讲,反思就是"自我揭短",这对一般人来讲是痛苦的行为。因此,缺乏毅力者即使反思技能再强,反思也难以顺利进行。因此教学反思呼唤那些具有批评和自我批评精神、勇于进取的勇士。对于那些缺乏开拓精神,但已形成一些不易改变的经验特征的教师而言,只有依靠外部的压力才能使他们自觉自醒,产生反思的动机。

应该说经验丰富不是坏事,丰富的经验能使他们发现问题,处理突发事件老到成熟,然而经验也能使他们束缚住手脚,他们抱着经验一成不变,那些早已被摒弃的理念与做法,却仍是他们的主导思想与看家本领,并且习以为常。他们在教学中会自觉或不自觉地搬用原先成功的经验,却忽视了成功中最重要的因素——学生变了。要让这样的教师转型,一方面学校领导要积极引导,多提供继续教育机会;另一方面要适当采取行政措施,迫使他们接触新的教育教学理论,学习现代教育媒体技术,转变教学观念,并能对自己的教学过程进行深刻反思。

对学校而言,如果这样资深的教师能转型的话,那将会大大提高课堂教学效益。对教师自身来讲,如果他们能将外部的压力转化为内在的动力,那么必将会再创教学上的第二春、第三春……

随着科技、经济的迅猛发展,社会对教师的要求不仅体现在专业知识和能力结构上(能力中应具备的反思能力常被忽视),更主要的是要求教师具有开拓、创新精神。而要想开拓创新必须对反思有所体验,养成反思的习惯,形成反思能力。

新课程中新内容的增加,要求教师具有创新精神。新课程增设了数学建模、探究性问题、数学文化这三个模块式的内容,这些内容的增设的主要目的是培养学生的数学素质。要求教师用全新的教学模式来教学,因此,要求教师具有创新精神,要能推崇创新、追求创新和以创新为荣。要善于发现问题和提出问题,要善于打破常规,突破传统,具有敏锐洞察力和丰富想象力,使思维有超前性和独创性。如果不反思思维习惯中的不合理行为,是不可能具有创新思维的。

新课程的多样性、选择性要求中学数学教师具有良好的综合素质及现代的教学观、人才观。新课程的选择性是在共同基础上设置不同的系列课程,以供学生进行适合自己的选择。整个数学课程体系,包括课程设置、课程目标、课程内容等,都将致力于根据学生的不同兴趣、能力特征以及未来职业需求和发展需要,而提供侧重于不同方向的数学学习内容和数学实践活动,这就要求教师反思传统的教学观念以及衡量人才的标准,教师不再是权威,只是平等的参与者,不仅是解惑者,还应是问题的诊断者、学习的启发者,要求教师了解学生的个性发展,指导帮助学生按自己的能力需要选择所需课程。这绝不是一个抱残守缺者所能胜任的。

终身教育的提出,要求教师具有可持续发展的人格。未来社会的知识结构是信息化板块结构、集约化基础结构、直线化前沿结构,这就要求教师必须不断更新自身的知识,适应社会。中学数学教师首先应通过自学,参加继续教育学习或一些培训班学习,提高自身的专业理论水平,其次通过随时随地教学反思,收集资料,充实自己的实践知识,并将这种学习反思内化为教师自身的"自觉行为"。

(三)教学反思的方式

1. 就事论事式反思

数学特级教师刘永宽对他的一节课是这样反思的:

今天我上的是人教版的四年级上册一节"数学广角",相当于活动课。一节课里总该给学生点什么,一种是让学生很清楚,另一种是让学生很想搞清楚。数学教师最好让每个学生都清楚,这是每一章、每一节、每一课的要求;要紧的是要学生很想搞清楚,作为一节课教师要有恰当的目标定位。目标是什么? 三维也好,四维也好,我在想让学生在这节课内得到什么? 得到的是:①一个是有统筹的概念;②在这个过程中得到一些规律性的东西。

有了这些想法后,如何安排、设计、备课? 对于备课,我一直有这么一个观点:起、承、转、合。怎样想到这个问题呢? 写文章的人都会用到,拍电视剧的人也要用到。

起:就是大家所说的新课导入,一节课有很多引入法,一开始要把学生紧紧抓住,像电视一样一开始把你吸引住,你会一直看下去的。开始平淡,学生还在游玩当中,数学学习怎样才能开展呢? 因此,数学的起很重要,一开始要吸引学生,二是要与整个课连串起来。如果坚持这两个原则,今天的启,是从临海的饼开始的,当然你也可从其他事入手,无论你从哪里开始必须紧紧地吸引学生。我曾经上过一堂关于周长的课,三年级学生对周长的概念很清楚,如何起呢? 我动了很多脑筋,考虑到学生对长方形、正方形、三角形和圆都知道和认识,后来我拿来了月牙形,学生很快被吸引,感到惊奇,学生不会开小差,然后再呈现出不规则图形,如台阶形、扇形等,今天我用徐霞客的故事引出霞客饼,从而把学生吸引住。

承:不能老是起,起过头,45分钟起了20分钟,就占用了大量时间,那就偏离了主题。因此,要求起要简短,随后马上转入主题,今天这堂课,通过霞客饼很快转入了烙饼的策略中,不要让学生停留在现实生活上,今天这节课让学生用数学的眼光来研究烙饼,要把这个问题很快转入我们的数学课堂,生活的问题必须有数学思想、数学内容和数学问题,包括统筹思想找规律等,如我在周长一课时,很快转入周长的概念中,如果光谈喜欢不喜欢,就完了。

转:转是最要紧的,我理解为矛盾的激化。一节数学课中,无思维含量,如果大家都会的,那么教师起不了作用,学生没心思学,别小看孩子,他们喜欢动脑筋。今天我有很多转的地方,不是教师使每一个问题让学生都要知道,正因为教师的问题有同学不知道,这才是难点问题,它能统领全节、全章,矛盾的激化要在这里做文章,我在周长这节课里,共有八个图——长方形、正方形、三角形、圆形、月牙形、台阶形、五角星等,我激化矛盾没有用长方形、正方形,而是用了圆和五角星,之所以用圆是因为以前学生接触的圆周都是直线式的,都可以用尺子来量,大家都在谈预设和生成,当时拿出圆我就想到学生会说用尺子量,这时教师怎么办?如果不预设的话,会卡住的,我的办法是你就拿直尺来量给大家看看,量不出来,学生会说用软尺子,但教师说没有带来,怎么办?又有同学说拿绳子来量,但我觉得矛盾激化得不够,问道:"如果软尺和绳子都没带来,只有直尺怎么办?"学生开始了思考、讨论、交流,想到了滚动圆周的方法来解决,在这个过程中,思维被激活了,矛盾被激化了。这节课也有这一环节,比如,烙2张饼的时候,怎么烙省时?烙3张饼呢?然后发给大家工具操作一下,显然,这种操作是为思维服务的,之后再问烙8、9、10张呢?

合:我的理解是你这节课到底是要干什么?今天这节课我的定位是让学生把同时烙两张饼的规律找出来就可以了,提出了同时烙3张饼、4张饼作为思考的方向。

2. 旁敲侧击式的反思

特级教师陈庆宽采用了这种方式进行反思,即有效教学因素统称为课程资源。课程资源包括教学设备、学习材料、教师的素养及学生学习的主动性。教学设备、教师素养及学生学习主动性今天已经固定,下面谈谈学习材料的准备。

(1)关注学生的起点。这里有两方面:一方面是学生的生活经验和生活积累,另一方面是学生认知的积累。

(2)分析内容,创设有利的动态生成。例如,我在讲"乘法交换律、结合律"时,先把加法交换律、结合律板书在黑板的中央,然后在黑板的一角写上"联想"两个字,问学生:"什么叫联想?"有同学举手说联想电脑,下面大笑,说明学生不理解,然后我讲了一个鲁班由带齿的草而发明了锯的故事,然后给出了联想的定义:由这件事情想到另一件事情,由一个事物想到另一个事物,这样叫联想。随后我画了一个月牙形让学生联想,学生说像月亮、香蕉、小船等。"今天我们在数学上也来联想,你由加法交换律、结合律联想到什么?"学生七嘴八舌,慢慢得出乘法交换律和结合律,用什么方法验证呢?讨论、验证、交流、升华从而结束了本节课。有教师说没有材料,其实这本身就是材料。

(3)突出思维,增强数学的训练内涵。例如,我在上一堂"异分母、异分子的分数大小比较"课时,起点是同分母同分子大小比较,还有通分,我的做法是:第一,在你的纸上写出三个连续自然数;第二,你能够把这三个自然数构成真分数吗?第三,你能否把这三个自然数从大到小排列?这些材料都是动态生成的,体现思维训练。再问:你有没有发现哪个分数最大?你发现了什么规律?你能写出这样的最大分数吗?学生你一言我一语,举了很多的分数,其中一名学生得出:分母要多大有多大,分子只要比分母少 1,这样的真分数最大;进而另一位学生给出了这个最大真分数的统式。在这个学习的过程体现了思维,体现了符号思想和极限思想的渗透。

3. 借题发挥式的反思

特级教师俞正强在反思他的课时说:我们数学教师要给学生什么?首先是分数。有了分数小朋友高兴、妈妈高兴、校长也高兴,同时自己也高兴。不管教育理念怎样,这是教师的责任。

其次是思维方法培养。说白了就是会想,分数的取得,一是记着学取得。看到这个题目,教师讲过就做,教师没讲过就紧张,做不出。记着学,随着知识增多,记忆容量的扩大,脑子就重了,脑子一重,负担就大,也就学不好数学了。记着学也能考好,奥数竞赛的学生大量做题,把数学当作技能训练,尽管取得了好的数学成绩,但不喜欢数学,因为记着学数学负担太重。二是想着学取得,既能记着学,又能想着学数学才会喜欢数学。从一年级开始,随着年龄的增长,记着学要少起来,想着学相应要多起来,记着学与想着学的不同比例分配,就形成了不同年龄段的学习能力,我的这节课首先准备了思维材料,用 2,4,6,8,10… 这份材料来培养学生求异思维,这个材料从一年级到六年级都可以用,因为它的思维价值很高。而有些材料是没有思维价值的,只能用一次,如鸡兔同笼问题。因此在数学课堂上为分数努力的课占七八成,如圆的认识、小数初步认识。数学知识我看来有三类:一是定性规定,例如 $1+2=3$,这里没有思维;二是规律,培养思维;三是应用,这是解决问题。

我有一个想法。它的起源是一节课,在讲完射线的同时,又讲了自然数 0,1,2,3,4,5,6,…,这时一位同学叫了起来,这是一条射线,他把自然数比喻成射线,何其的相似,只有起点没有终点,可以无限延长,他把两个记忆变成了一个记忆,减轻了记忆容量,这个小朋友的方法不是我教的,是他悟出来的,我们教师的价值就是让更多的小朋友都有这种悟性。本节课一是知识性的整合,通过整合达到融会贯通减轻记忆容量的目的;二是在思维上有一个启示,这样会觉得数学这么简单,从而改变一些想法,因为六年级需要一个整合过程。我曾经上过一节课"目录",忽然想到一种方法"检索",打进一个关键词,就可以把相关的知识串联出来,数学是否也可以这样,给出一个关键概念,让学生尽可能地想到与之有关的知识?

三、数学教师反思性诊断

如何对数学教师专业成长给出一个合理的评价,目前还没有形成定论。对新视野下的数学教师专业成长的评价,理应体现出数学教师专业成长的关键维度,即"学习""实践""反思"。但是,在数学教师专业成长中所积累下来的信息,往往只是一些描述性的东西,如文字、图像、视频、音频等。因此,除了对它们作为沉淀下来的数据进行技术分析之外,还必须加强人工的解读与诊断,以挖掘深层次的信息。

(一)诊断——数学教师专业成长的管理与调控

数学教师的学习过程是数学教师经验的积累过程,它包括经验的获得、保持及其改变等方面。在学习过程中,存在着一个对学习过程的执行控制过程,它监视指导学习过程的进行,负责评估学习中的问题,确定怎样解决问题,评估解决问题的效果,并且改变策略以提高学习效果。诊断"学习"可以验证数学教师原来的预想与实际取得之间的关系。

对于一项促进数学教师专业成长的学习活动,必须首先增进参与活动的数学教师的知识与技能。为了判断所学内容是否与设定的学习目标一致,我们需要收集取得具体知识与技能的证据。在具体的数学教师学习活动中,应该具有明确的学习目标。

诊断"学习"还可以反映出专业发展活动的有效性。如果一项专业发展活动没有促进数学教师学习,或者没有提高数学教师的技能层次,那么这样的活动就是无效的。诊断"学习"对于实施也很重要。能否出色地运用新观念或实践,往往需要数学教师在概念上有着深层次的理解,他们必须知道自己所学的东西,在哪些方面对于实践是最为关键的。如果缺少了诊断,那么新观念或实践的应用有可能就是机械呆板、不恰当和无效的。

我们对数学教师的知识进行了重新建构,即在时代发展和教育变革的背景下,现代数学教师的知识结构应包括普通文化知识、数学专业知识、一般教学知识、数学教学知识和教学实践知识五方面。在数学教师的知识体系中,有一部分是外显的知识,另一部分是缄默的知识。

数学教师的显性知识一般是通过阅读和听讲座获得,如数学学科内容知识、数学课程知识、数学学科教学法知识、学生心理学和一般文化等原理知识中的一部分。数学教师的缄默知识是在专业实践过程中不断生成的知识,使数学教学能够随着经验的累积而越加成熟,且具有较高的情境适应能力,如教育环境脉络的知识、数学教师以隐性的控制方式对学生进行控制和管理的知识、教学机智方面的技能和知识等。所以对数学教师知识的管理可以从两个维度来讨论:一是对数学教师的显性知识的管理,二是对数学教师隐性知识的管理。

从专业成长的角度来看,数学教师的学习目标大致可以分为三类:认知目标、心理运动目标与情感目标。认知目标与数学学科和数学教育教学知识的具体因素相关,心理运动目标描述的是数学教师通过专业成长活动应获得的技能、策略和行为,情感目标是作为专业成长活动结果中数学教师形成的态度、信念。所以对数学教师"学习"的诊断可以从这三方面入手。

考察与衡量数学教师的"学习"效果的一个最明显的指标就是知识的获得,因而对数学教师"学习"的诊断最终可以反映在对数学教师知识的管理上。通过对数学教师的知识管理,让个人拥有的各种资料、信息变成具有更多价值的知识,然后对知识创新应用,提高个人绩效,从而最终有利于数学教师的工作。

数学教师个人的知识管理对数学教师的专业成长有着极高的价值,可以从以下四方面来考察。第一,能在较短时间内,有效增进数学教师个人经验和知识的质与量,避免将时间浪费在无谓的错误尝试上,使数学教师产生知识建构者的知觉,有效地建立专业自尊和意识,在工作情境中做到游刃有余,并进一步提高自己的数学教学效能感。第二,数学教师个人的实践经验与智慧或已获得系统化的管理,有利于数学教师知识的保存、分享,提升数学教师个人知识的应用程度。如果数学教师的知识,特别是他们的隐性知识能够得到显性化,将能更好地与外在理论结合,从而能为数学教师提供更加具体有针对性的指导。第三,数学教师工作具有个体性、创造性、发散性的特点,不仅需要技术和技能,而且需要艺术素养和审美情趣。如果数学教师的知识得到开发,将能更好地发挥数学教师的个性特点,扩大数学教师的创造空间。第四,数学教师的隐性知识只有被系统化和显性化之后,才能够迁移和被其他教师有意识地运用,因而对数学教师知识的管理和开发能够打造数学教师知识共同体,进而提升教研组及整个学校组织能力和竞争力。

数学教师可能在"学习"中获得了大量的知识,如何面对和处理这些知识对数学教师有着重要的意义。数学教师的学习成果最终应该在课堂教学实践中体现出来,所以数学教师对"实践"的诊断与分析就应该把与课堂教学密切相关的内容作为基本的内容。

通常的数学课堂教学可以通过以下几方面来分析诊断与调控:宏观来看,数学教师对教学目标、教学模式及课堂传递策略的诊断是必需的;微观而言,关于数学情境的创设是数学新课程所提倡的,变式练习是提高和发展学生数学思维的一个很有效的手段。

数学教学目标,是学习者通过教学后,应该表现出来的可见行为的具体明确的表述,它在设计数学教学时起着提供教学活动设计的依据、教学评价的依据的作用,在教学实施过程中可以帮助数学教师评鉴和修正教学过程。数学教师可以从新课程的三维目标——知识与技能、过程与方法、情感态度与价值观,来对自己的教学目标进行分析与诊断。对于数学教学目标合理性、有效性的分析,可以从教学目标制定的依据着手进行,而教学目标的依据是学习需要分析、学习内容分析和学习者物质分析。其中,学习需要指学习者当前的发展水平与预期的发展水平之间的差距,代表学生对教学的需求;学习内容是指对学习的内容、范围、深度及学习内容各部分的联系,即"学什么";学习者物质指学习者的认知风格与认知基础。

数学教学模式是在一定教学理念引导下,通过大量的实践总结出来的行之有效的课堂教学的方式。新课程的理念要求课堂教学必须建立在学生的认知发展水平和已有的知识经验基础上,数学老师应通过恰当的学习情境创设来激发学生学习数学的积极性,并向学生提供充分的学习任务和机会,要通过有效的对话交流,帮助学生在自主探究和合作交流的学习过程中,真正自我建构基本的数学知识、方法和技能。

数学教师应当通过对教学理念的学习,在不断的教学实践中对课堂行为进行适时的诊断,不断地总结反思,从而形成自己一种或几种常用的擅长的数学课堂教学模式,从而提高数学课堂的效率,提高数学教学的质量。

由教育心理知识可知:学生与学生之间存在着生理和心理上的差异,不同的学习者感知、处理、储存和提取信息的速度不同,对刺激的感知和反应强度与方式也不同,这就形成了学习者不同的学习风格。

因此,数学教师要特别注意分析和诊断学生的情况,掌握所教班级学生的学习特点,采用不同的教学策略。在教学中学生一旦出现学习上的问题与障碍,教师可以利用认知信息加工理论对学生学习的思维进程进行分析,从而找出在原先的信息传递与加工过程中,学生在信息获取、编码、存储和提取各环节中,到底是哪个环节出现了障碍,到底出现了怎样的障碍。根据分析,对数学教学传递策略和信息传递方式进行相应的调整,只有这样才能消除学生的学习障碍。

在数学教学中,要将数学的学术形态转化为教育形态,教师往往需要充分了解学生的认知水平,搭好"脚手架",以便于学生更好地跨上去。在这个过程中,一个行之有效的方法就是情境创设。数学课程的基本理念之一是倡导积极主动、勇于探索的学习方式。自主探索、动手实践、合作交流等学习方式有助于发挥学生学习数学的主动性,使学生的学习过程成为在教师引导下的"再创造"过程。要达到这一目的,引导学生较好地展开学习,教师就必须精心为课堂教学创设一个良好的情境。

基于此,有人更进一步地提出了"数学生活化":从学生已有的生活背景和生活经验出发,创设学生熟悉的生活情境或为学生提供可以实践的机会,从而把抽象的数学知识转化为生动的现实原型,并运用到实际生活当中去。但是,数学教科书上所表现出来的定义、定理、推论及证明等往往表现成"冰冷的美丽",正如著名数学教育家弗赖登塔尔所描述的那样:"没有一种数学的思想,以它被发现时的那个样子公开发表出来。一个问题被解决后,相应地发展为一种形式化技巧,结果把求解过程丢在一边,使得火热的发明变成冰冷的美丽。"教师如果照本宣科,学生自然无法领会数学的本源。所以如果要想激发学生"火热的思考",教师最好能够从中搭建一座桥梁——创设情境来帮助学生到达彼岸。

一个数学问题一般由三个基本成分组成,即问题的条件(可称为初始状态),问题解决的过程(运用一定的知识和经验、变换问题的条件),向结论过渡和问题的结论(最终状态)。这三个成分就构成了原、变式训练的三个基本要素。其关系为问题的条件←→解决的过程←→问题的结论。

因此数学教师需要对问题条件和问题结论的结构,问题解决过程的路径,以及条件与结论之间的差异进行分析,从而减轻学生的学习负担,培养和提高学生解决数学问题的能力。

如果一个数学教师能够充分对自己的教学"实践"进行诊断与分析,就一定能增强自己教学的调控能力,从而提高数学课堂教学的质量,使得数学教师专业成长的效果得到最有价值的体现。

(二)专业自觉——数学教师专业成长的规划与运作

数学教师专业成长中的诊断方法可能有许多,而且可能因为每个人不同的特点,处于不同的阶段,所采用的方法也不尽相同。在这里根据参考的一些资料,列举出一些最基本的诊断方法。①归类分析法。此类分析法指对数学教师在某一时期内的学习得到的知识、实践积累的案例及反思心得进行相应的归类管理。②频度分析法。指对数学教师在某一时期内的文本信息中出现频度最高的有关教育教学的词汇,以及在课堂教学中出现频度最高的教学行为进行统计、比较和分析。③全息分析法。指对某一数学教师不同阶段的课堂教学进行全过程的全息录像与录音,并据此做出分析报告,就可以对数学教师不同阶段取得的专业进展进行更为清晰的比较与分析。④主题分析法。指针对数学教师专业成长中的某个学习、实践、反思的某一个或几个案例为主题,可以帮助数学教师更全面地了解自身的变化与进步。

　　入职之初的数学教师主要面对的问题是如何上好一堂课的问题,大家往往有这样的感觉,即使给一位新手数学教师一个很好的教案,上出来的课往往也不尽如人意。这时候,他就可以利用一段时间用"全息分析法"来对自己的课堂进行分析。主要针对自己课堂中几个最基本的环节,如怎样复习旧知、怎样引入新课、怎样讲解新课、巩固练习等。还可以针对一些课堂教学用语,各个环节的过渡与承接等对照专家型教师做一个比较分析。再如要发挥一个数学教研组整体的力量来诊断一个数学教师或几位数学教师的专业成长中的问题,也可以大量采用"主题分析法"。通过某一主题下的案例研究,通过全组成员的反思与诊断,往往可以促进数学教师的自我认识,也可以促使数学教师不断地通过学习来提高自己。

　　数学教师专业成长中的"反思",不能仅仅终止于对自身"学习"与"实践"进行反思的表层总结。对数学教师专业成长中的"反思"进行诊断,是以数学教师对自己专业成长的状况的深入反思为基础的。在整个专业成长过程中,对"反思"进行进一步的诊断与反思是十分重要的,这就涉及了一个数学教师专业成长的规划问题。

　　数学教师必须对自己的能力、兴趣、需要等个性因素进行全面的分析,充分认识自己的优势与缺陷。诊断自己所存在的问题,如问题发生的领域、问题的难度。列出自己的成长领域,确定优先领域。数学教师还必须注意分析环境的因素,收集专业成长的信息,把握专业成长的方向,抓住专业成长的机会,从自身的实践情况出发,平衡自身需求、学校需求和学生需求三者的关系。

　　比如,数学教师需要思考:自己的专业发展目标是否反映了自己的需求、学生和学校的需求?是否反映了专业发展标准的要求?是否符合了数学教师专业成长的理论导向?是否符合了教育改革的时代要求?也就是说,这种反思深入了对数学教师专业成长活动的评价、对专业成长目标的调整、对策略的调整和补充等。一旦数学教师确定了自己的专业成长的目标,就必须考虑实现目标所要采取的策略,即由具体的措施和活动构成的行动方案。

　　最后还要指出的是,不管外力的作用如何,归根结底数学教师是其专业成长的主体,成长的过程是数学教师自身主动建构的过程,他们应该拥有专业成长的自主权。数学教师专业成长需要数学教师对自己专业成长的环境、个人的专业需求和发展水平进行深入全面的分析,在此基础上进行专业发展自我设计、自我规划。正如《教师专业化的理论与实践》一书上所言,实现数学教师专业成长必须"诉诸教师个体的、内在的、主动的专业发展策略"。

(三)案例研究:诊断提升数学教师专业成长层次

案例:2012 年 3 月,杭州余杭区仁和中学围绕着"SOLO 分类评价理论在数学课堂预设与生成关系中的应用"这一课题,为进一步帮助教师提高教学能力组织了一次教学活动。这次活动以杭州师范大学教师教育研究所所长刘堤仿教授的《教师专业发展的六个纬度》为基本框架,选取其中的教师认知才能为诊断对象,进行了全程诊断。

一、背景

"5.1 多边形(1)"是第五章的第一节课,能否上好这一课是学生学好第五、第六两章的关键。这一节的重点是四边形内角和定理及其推论。教学难点是四边形内角和定理的证明思路是数学化归思想的应用,学生不易形成。根据课程标准的要求,结合本学段学生的实际情况,确定了本节课的目标。知识与技能目标:了解四边形的概念,理解四边形内角和定理、外角和定理,并会运用四边形内角和定理、外角和定理解决简单的图形问题。过程与方法目标:经历四边形内角和定理的发现过程,在该活动中培养学生的探究意识和合作精神。情感、态度与价值观目标:在探索四边形内角和定理的过程中,体会实践的作用;在解决有关四边形问题的过程中,体验把四边形问题转化为三角形问题来解决的化归思想。

二、一堂数学公开课的片段

片段一

第一次上课:

师:同学们好,很高兴今天能在我们 807 班上这节数学课。今天我们将学习 5.1 多边形的第一课时,请看图片,这个交通标志在学校附近常会出现,你能从中抽象出什么几何图形?

生:三角形。

师:同学们还记得三角形的定义吗?

生:三个内角和等于 180°,两边之和大于第三边。

师:这些是三角形的定义吗?

生:……

师：我们一起来复习一下，由不在同一条直线上的三条线段首尾顺次相接所形成的图形叫三角形。（出示一个四边形）这是什么图形呢？

生：四边形。

师：哪位同学可以试一下？

生：由不在同一条直线上的四条线段首尾顺次相接所形成的图形叫作四边形。

师：请看这个粉笔盒，我们在底面上找三个顶点，对面上找一个点，这四个点连起来围成的图形就不是四边形，所以，我们在前面加个前提——在同一平面内。

【诊断】在新知导入这部分，笔者认为学生掌握了三角形概念，预设了相应的课堂提问，学生的生成却是三角形的性质，学生对于三角形的概念处于前结构水平，和三角形的性质有些混淆，笔者预设学生处于多元结构水平，导致无法很好地生成；在加入"同一平面内"这一概念时，笔者预设中以粉笔盒为例，但学生听得似懂非懂，并且跟四面体混淆了，笔者预设学生认知水平已经达到多元结构水平，但实际学生并未能完全理解，以至于学生的生成效果不佳。

【改进】第二次上课

师：上课。

生：老师好！

师：同学们好，很高兴今天能在我们807班上这节数学课。今天我们将学习5.1多边形的第一课时，请看图片，这个交通标志在学校附近常会出现，你能从中抽象出什么几何图形？

生：三角形。

师：下面我们一起复习一下三角形的定义，请同学们一起读一遍。

生：由不在同一条直线上的三条线段首尾顺次相接所形成的图形叫三角形。

师：（出示一个四边形）这是什么图形呢？

生：四边形。

师：你能仿照三角形的定义给四边形下个定义吗？哪位同学可以试一下？

生：由不在同一条直线上的四条线段首尾顺次相接所形成的图形叫作四边形。

师：（出示一个二面角）请同学们看老师手上的这个图形，这四条不在同一直线上的线段围成的是四边形吗？

生:不是,这是个立体图形。

师:很好,这样四条线段虽首尾顺次相接,但围成的不是四边形。所以我们需要在这个基础上加一个前提——在同一平面。

【诊断】在第二次上课中,笔者直接让学生复习三角形的概念,学生在三角形概念的基础下,顺利生成了四边形的概念,笔者在学生单一和多元结构水平基础上使学生的认知水平上升到关联结构水平,在这样的预设下,学生精彩生成。在给四边形定义加个前提时,第二次上课前,笔者思考了多种让学生理解这一前提必要性的方法,最后采用把一张四边形的纸片折成一个二面角的情况,虽然学生没学过二面角,但在笔者的课堂实际操作中,学生看到了这种情况下,这四条线段首尾顺次相接所围成的是一个立体图形,从而很容易就理解了"同一平面内"的意义,学生的认知由单一结构水平发展到多元结构水平,这符合学生认知发展规律,促进生成。

片段二

第一次上课:

师:同学们回答得很好。下面请同学们拿出老师发的白纸,在上面任意画一个四边形,然后剪下它的四个角,绕一个点拼起来,你发现了什么?(学生进行小组探究)得到结论了吗?

生:四边形的四个内角拼出了一个周角。

师:你们能用一个命题来概括你的发现吗?

生:四边形的内角和等于360°。

师:你们觉得这个命题是不是真命题呢?

生:是真命题。

师:在第四章我们已经学过命题的证明,那你能不能证明这个命题是真命题呢?

生:可以。

师:请同学来说一下证明的思路。

生:连接对角线。

师:连在哪里呢?现在我们图形还没有呢!

生:先根据题意画出图形,写出已知和求证。连接对角线,利用三角形的内角和定理,求得四边形的内角和等于两个三角形的内角之和。

师:很好,我们来看一下证明过程。四边形的内角和定理——四边形的内角和等于360°。

【诊断】这一环节中,第一次上课时,预设学生自己通过动手可以发现四边形的内角和定理,但发现在这个过程中出现了很多问题,学生所画的图形过小,无法拼出周角,部分学生忘记了三角形内角和定理的发现过程,以至于这一环节失败。在这一环节中,笔者没有把握好学生的认知水平,学生对三角形的内角和及外角和性质的认识处于单一或者多元结构水平,但笔者的预设要求学生的认知需要达到关联结构水平和拓展抽象结构水平,由于笔者没有给学生复习三角形的相关性质,以至于学生生成失败。

【改进】第二次上课:

师:同学们回答得很好,那你们还记得三角形的内角和是怎么发现的吗?

生:把三角形的三个角拼在一起,得到一个平角。

师:不错,(拿出事先准备好的三角形纸片)我们可以撕下三个角,绕一个点拼在一起,得到平角(黑板上展示)。我们能不能采用这样的方法探索一下四边形的内角和?(同桌之间合作)拿起你们手中的一个四边形(任意四边形),撕下它的四个角,把它们拼在一起(四个角的顶点重合),你发现了什么?其他同学与你的发现相同吗?你能把你的发现概括成一个命题吗?(三分钟后)你们发现规律了吗?

生:四边形的四个内角拼出了一个周角。

师:你们能用一个命题来概括你们的发现吗?

生:四边形的内角和等于360°。

师:你们觉得这个命题是不是真命题呢?

生:是真命题。

师:在第四章我们已经学过命题的证明,那你能不能证明这个命题是真命题呢?

生:可以。

师:请同学来说一下证明的思路。好,这位同学,你来讲。

生:连接对角线。

师:连在哪里呢?现在我们图形还没有呢!

生:先根据题意画出图形,写出已知和求证。连接对角线,利用三角形的内角和定理,求得四边形的内角和等于两个三角形的内角之和。

师:很好,我们来看一下证明过程(幻灯片)。四边形的内角和定理——四边形的内角和等于360°。

【诊断】在第二次上课时,笔者先带领学生一起复习三角形内角和的发现过程,有学生很快回答出把三角形的三个角撕下并拼在一起的方法,在教师的带领下,学生的认知结构首先达到关联结构水平,在接下来的探索过程中,认知水平自然发展到拓展抽象水平,学生很容易就发现四边形内角和定理。由此也可以发现,学生的认知水平很难直接达到较高的认知水平,需要在教师设计的教学环节引导下不断发展和升华。

片段三

第一次上课:

师:很好,我们来看一下证明过程。四边形的内角和定理——四边形的内角和等于360°。我们还有没有其他添加辅助线的方法来证明四边形的内角和定理?

(学生四人小组合作完成探究活动)

师:相信同学们都有结果了,我们一起来总结一下我们同学的方法。请看第一种,哪位同学来说一下思路?

生:在四边形边上取一点,将四边形分成三个三角形,四边形的内角和等于$3 \times 180° - 180°$。

师:很好,请同学来说一下第二种方法。

生:在四边形内部任意找一个点,与四个顶点分别连接起来,产生了四个三角形,四边形的内角和等于$4 \times 180° - 360°$。

师:其实还有很多种方法,留着同学们课后继续探索。接下来,我们来应用一下。请看例题。

【诊断】这个环节具有开放性,课前预设很难把握,在第一次上课时,预设学生的思路较窄,于是笔者直接将自己课前预设的几种可能情况总结在幻灯片上,让学生直接看图说明思路,忽略了学生本身的生成。对于这样的开放性问题,笔者预设中认为学生的认知结构处于多元结构水平,可以找到几种较常规的方法,但实际上课中发现学生可以把同一种方法的几种情况都构造出来,远远超出了教师预设的范围。

【改进】第二次上课:

师:我们还有没有其他添加辅助线的方法来证明四边形的内角和定理?

学生四人小组合作完成探究活动

师:相信同学们都有结果了,请同学上来把自己小组的方法画在黑板上。请第一位同学来说一下自己的思路。

生:在四边形边上取一点,将四边形分成三个三角形,四边形的内角和 $= 3 \times 180° - 180°$。

师:很好,请第二位同学来说一下他的思路。

生:在四边形内部任意找一个点,与四个顶点分别连接起来,产生了四个三角形,四边形的内角和 $= 4 \times 180° - 360°$。

师:请第三位同学来说一下自己的思路。

生:过四边形一个顶点 D 作 BC 的平行线,交点为 E,得到 $\angle BED = \angle A + \angle ADE$,因为 $DE /\!/ BC$,得到 $\angle BED + \angle B = \angle C + \angle EDC = 180°$,则 $\angle A + \angle B + \angle C + \angle ADC = \angle A + \angle ADE + \angle B + \angle C + \angle EDC = 360°$。

师:这个方法还有没有别的思路呢?

生:……

师:能不能看作一个三角形的内角和加上两对补角的和再减去一个平角呢?

生:可以。

师:还有很多其他方法(幻灯片展示),同学们课后可以继续探索。接下来,我们来应用一下。

【诊断】在第二次课中,安排了让学生把自己的方法画在黑板上,同时让学生自己说明思路,学生的思路很宽,想到了很多的方法;其中一位同学和笔者预设的一种方法一样,但思路不一样,当时笔者打断了她的话,也没有对她的方法做出肯定,扼杀了学生的生成。第二次课中,笔者在预知学生认知水平的基础上给了学生展示自己思维的机会,在这次上课中,虽然学生的认知水平达到了关联结构水平,但教师可以在总结时带领学生达到拓展抽象结构水平。

三、课后诊断

课后,片区里的教师都对这堂课进行点评,提出了宝贵意见和改进方法,根据当时的活动记录,笔者总结了以下三点。

1. 课堂亮点:整堂课时间上把握得较好,各个环节之间紧密联系,课前预设了相关问题来学习知识点,学生掌握了这堂课的重点——四边形的内角和定理和推论,并能应用所学知识解决问题。虽然某些环节的生成不是很理想,但笔者通过课前预设基本上完成了整课内容。

2. 存在问题:学生讨论部分花的时间太多,学生生成的各种思路没有整合,如点 P 在四边形上、四边形内和四边形外三种情况,教师在处理学生的生成时不是很到位,没能将生成升华。在处理学生的意外生成时,教师选择了课前的预设,放弃了生成。

3. 改进意见:这堂课的教学设计中存在的问题是预设时没有全面考虑学生的实际水平,教师没有预设到学生可能的生成,以致面对学生的意外生成措手不及。在课前预设中,要给学生一定时间,给予多种形式的教学手段,促进其在教师的引导下有精彩的生成,不要仅仅限于师生问答式的教学,也可以让学生之间通过合作产生共鸣或矛盾,只有学生有疑问才会思考,思考才会有生成。作为一堂完整的课,结尾可以给学生留点疑问,如留思考题,让学生通过预习下一课时解决,为下节课提前做好预设。

一堂好的数学课,不在于它有条不紊,不在于它流畅、顺达、精彩生成,而在于它是否真正地让知识融入学生的思维,指导实践。作为教师需要不断提升理论修养,用学者的研究理论来指导课堂教学。"凡事预则立,不预则废",在上课前精心预设是课程实施的一个起点,它可以让教师在有限时间的课堂上提高教学效率,提高学生的学习有效性。我们要努力实践,不断反思,应用自己的教育智慧,善于发现促成美丽生成的教育教学资源。

案例分析:

(1)数学教师专业成长的过程是比较漫长的,但如果在专业成长中注意自我监控与诊断,注意时刻分析自己所处的位置与层次,这个过程就可以大为缩短。对一所学校来说,如何促进数学教师专业成长,提升数学教师的专业层次,是值得仔细思考的问题。本案例中的余杭区仁和中学长期与杭州师范大学结对与联系,因而能够时常得到数学教师专业成长策略上的帮助和技术上的支持。上课的数学教师正是在这样的大背景下,在一次次具体的实践活动中展示自己的实力,不但精心设计课堂教学,而且反思自己的教育教学理念,目的就是请专家来帮助自己分析所处的位置和层次,更好地实现专业成长。这样的活动比平常单纯的"公开课""展示课"更加深入了一位数学教师的具体情况,全方位地考察了一位数学教师目前的能力和面临的困难,更利于诊断问题和提升层次。

从该教师自己的《教师认知才能微观分析表》中可以看出,她对自己在教育教学上的"才"和"学"是比较满意的,但是觉得自己"识"比较欠缺。所以该教师在平时的教学中是一个能胜任的数学教师,但如果要更进一步实现专业成长就会出现困难。经过专家的点拨与分析,该教师必须在平时的工作中,结合新课程等理念对实践多多进行反思,争取形成自己的一套独特的教育教学方法,这样才能在"识"上更进一步,才能够提升自己的专业层次。

(2)目前对数学老师专业成长的规划还没有一个明确统一的标准,但对于作为个体的数学教师来说,应该对自己的专业成长有一个比较清晰的规划。也就是说数学教师应该首先清楚目前所处的位置,其次要根据自己的特点与长处选准目标,而且在行动中还要注意专业成长的策略。如果数学教师本人难以诊断和分析自己的情况,学校应该创造出相应的条件,如本案例中所采用的便是一种常用的也行之有效的策略:自我反思—同伴互助—专家引领。该教师认为自己通过这样一次活动,便可以更加清楚地分析自己、认识自己,就可以对自己的专业成长做一个长期的、有效的规划,使得以后工作目标更加明确,动力也就更足了。

当前的教育正处于变革的时代,一成不变的专业发展规划已不能适应时代的要求。数学教师在自己的专业成长过程中要坚持独立的思考,坚持自己的主体性,对专业成长进行深刻而持续的反思,及时做出调整,从而动态地规划和设计自己的专业成长之路,最终达到专业成长的理想之巅。

参考文献

[1]任樟辉. 数学思维论[M]. 南宁:广西教育出版社,1996.

[2]喻平. 论数学命题学习[J]. 数学教育学报,1999,8(4).

[3]曹才翰,蔡金法. 数学教育学概论[M]. 南京:江苏教育出版社,1989.

[4]管鹏. 形成良好数学认知结构的认知心理学原则[J]. 教育理论与实践,1998(2).

[5]何小亚. 建构良好数学认知结构的教学策略[J]. 数学教育学报,2002(1).

[6]何小亚. 数学应用题认知障碍的分析[J]. 上海教育科研,2001(6).

[7]喻平,马再鸣. 论数学概念学习[J]. 数学传播(台湾),2002,26(2).

[8]喻平,单墫. 数学学习心理的 CPFS 结构理论[J]. 数学教育学报,2003,12(1).

[9]喻平. 个体 CPFS 结构与数学问题表征的相关研究[J]. 数学教育学报,2003,11(3).

[10]秦向荣. 高中生 CPFS 结构与数学思维的灵活性、深刻性的相关及实验研究[D]. 南京:南京师范大学,2004.

[11]鲍红梅. 完善中学生 CPFS 结构的生长教学策略研究[D]. 南京:南京师范大学,2004.

[12]张程,张景斌. 中学生数学知识建构水平差异性的实验研究[J]. 数学教育学报,2004(2).

[13]张庆林. 当代认知心理学在教学中的应用[M]. 重庆:西南师范大学出

版社,1995.

[14][美]奥苏伯尔等.教育心理学——认知观点[M].余星南,宋钧,译.北京:人民教育出版社,1994.

[15]张大均,余林.试论教育策略的基本涵义及其制定的依据[J].课程·教材·教法,1996(9).

[16][美]G.波利亚.怎样解题——数学教学法的新面貌[M].涂泓,冯承天,译.上海:上海科技教育出版社,2002.

[17]涂荣豹.试论反思性数学学习[J].数学教育学报,2009(4).

[18]施良方.学习论——学习心理学的理论与实践[M].北京:人民教育出版社,1994.

[19]张顺燕.数学的源与流[M].北京:高等教育出版社,2005.

[20]章士藻.数学方法论简明教程[M].南京:南京大学出版社,2006.

[21]施储.打开数学之窗[M].杭州:浙江教育出版社,2006.

[22]何克抗,林君芬,等.教学系统设计[M].北京:高等教育出版社,2006.

[23]张奠宙,宋乃庆.数学教育概论[M].北京:高等教育出版社,2005.

[24]叶立军.中学数学实用教学80法[M].广州:广东教育出版社,2004.

[25][美]G.波利亚.数学的发现——对解题的理解研究和讲授[M].刘景麟,曹之江,邹清莲,译.北京:科学出版社,2006.

[26]涂荣豹.数学教学认识论[M].南京:南京师范大学出版社,2006.

[27]郭思乐.思维与数学教学[M].北京:人民教育出版社,1991.

[28]王屏山,傅学顺.数学思维能力的训练[M].广州:广东教育出版社,1985.

[29]刘堤仿.数学教育创新理念与行动[M].北京:气象出版社,2002.

[30]刘堤仿.教师校本培训学[M].杭州:浙江大学出版社,2004.

[31]刘堤仿.教师群体专业成长的理念与行为[M].北京:中央文献出版社,2006.

[32]刘堤仿.谈教师专业发展规划的制定与运作[J].教师教育,2007(3).

[33]教育部师范教育司.教师专业化的理论与实践[M].北京:人民教育出版社,2003.

[34]中华人民共和国教育部.普通高中课程方案(实验)[M].北京:人民教育出版社,2003.

[35]中华人民共和国教育部.普通高中数学课程标准(实验)[M].北京:人民教育出版社,2003.

[36]叶澜.教师角色与教师发展新探[M].北京:教育科学出版社,2001.

[37]王建军.课程变革与教师专业发展[M].成都:四川教育出版社,2006.

[38]刘捷.高中新课程与教师专业发展[M].天津:天津教育出版社,2005.

[39][美]雪伦·B.梅里安.成人学习理论的新进展[M].黄健,等译.北京:中国人民大学出版社,2006.

[40]王少非.新课程背景下的教师专业发展[M].上海:华东师范大学出版社,2006.

[41][美]麦金太尔,奥黑尔.教师角色[M].丁怡,马玲,等译.北京:中国轻工业出版社,2002.

[42]吴卫东.教师专业发展与培训[M].杭州:浙江大学出版社,2005.

[43]金美福.教师自主发展论:教学研同期互动的教职生涯研究[M].北京:教育科学出版社,2005.

[44][美]古斯基.教师专业发展评价[M].方乐,张英,等译.北京:中国轻工业出版社,2005.

[45]蔡清田.教师行动研究[M].南京:南京师范大学出版社,2005.

[46]上海市教师成长档案袋研制与推广项目组.捕捉教师智慧——教师成长档案袋[M].北京:教育科学出版社,2006.

[47][美]科南特.美国师范教育[M].陈有松,等译.北京:人民教育出版社,1988.

[48][美]G.波利亚.数学与猜想(第一卷)[M].李心灿,等译.北京:科学出版社,2001.

[49][美]R.可朗,M.罗宾.数学是什么[M].左平,张饴慈,译.长沙:湖南教育出版社,1985.

[50][美]T.L.古德.透视课堂[M].陶志琼,等译.北京:中国轻工业出版社,2002.

[51][加]迈克·富兰. 变革的力量:透视教育改革[M]. 中央教育科学研究所,译. 北京:教育科学出版社,2000.

[52][法]查尔斯·德普雷. 知识管理的现在与未来[M]. 刘庆林,译. 北京:人民邮电出版社,2004.

[53]施良方. 教学理论:课堂教学的理论、策略与研究[M]. 上海:华东师范大学出版社,1999.

[54][美]奥斯特曼,科特坎普. 教育者的反思实践——通过专业发展促进学生学习[M]. 郑丹丹,译. 北京:中国轻工业出版社,2007.

[55]胡仁东. 论后现代主义对教育发展的影响[J]. 徐州师范大学学报(哲学社会科学版),2006(2).

[56]纪河,麦绣文. 成人学习者的学习心理及基本特性[J]. 学术论坛,2006(1).

[57]曾峥. 论数学教师专业发展的背景、意义与内涵[J]. 肇庆学院学报,2003(2).

[58]王延文,崔宏. 数学教师专业化与课程改革[J]. 数学教育学报,2003(5).

[59]王子兴. 论数学教师专业化的内涵[J]. 数学教育学报,2002(11).

[60]曾峥等. 对"数学教师专业化问题"的几点思考[J]. 数学教育学报,2003(2).

[61]朱新卓. "教师专业发展"观批判[J]. 教育理论与实践,2002(8).

[62]李晓东. 关于数学教师专业化的几点思考[J]. 哈尔滨学院学报,2003(4).

[63]周红林. 关于数学教师专业化内涵的思考[J]. 咸宁学院学报,2005(6).

[64]张少华. 浅谈数学教师专业化[J]. 遵义师范学院学报,2004(6).

[65]刘丽颖,熊丙章. 数学教师专业化:行动研究视角的探讨[J]. 四川教育学院学报,2005(3).

[66]马再鸣. 数学教师专业化带来的几点思考[J]. 西昌师范高等专科学校学报,2003(6).

[67]沈文选. 数学教师专业化与教育教学研究[J]. 中学数学,2004(2).

[68]陶兴模. 中学数学教师专业化建设中几个问题的认识[J]. 重庆教育学院学报,2005(5).

[69]伍春兰. 教师专业化与数学教师的继续教育[J]. 北京教育学院学报,

2002(9).

[70]刘芳.教师专业发展之策略[J].教育探索,2003(9).

[71]张素玲.教师专业发展的特点与策略[J].辽宁教育研究,2003(8).

[72]刘万海.教师专业发展:内涵、问题与趋向[J].教育探索,2003(12).

[73]何善亮,许雪梅.把握教师专业发展特征在实践中提高教师的专业化水平[J].教育科学研究,2003(1).

[74]刘岸英.反思型教师与教师专业发展——对反思发展教师专业功能的思考[J].教育科学,2003(8).

[75]杨启亮.课程改革中的教学问题思考[J].教育研究,2006(6).

[76]朱玉东.反思与教师的专业发展[J].教育科学研究,2003(11).

[77]肖自明.论反思性教学与教师专业成长[J].西安建筑科技大学学报(社会科学版),2002(9).

[78]殷波.新课程与教师专业化发展的思考[J].继续教育研究,2002(4).

[79]张祥明.教师专业发展评价的重新审视[J].教育评论,2002(1).

[80]张志越.谈教师专业发展的新理念[J].理论与实践,2002(6).

[81]郑炜,刘堤仿.新课改背景下的反思性教学浅探[J].新课程研究,2006(7).

[82]郑毓信.数学教育:动态与省思[M].上海:上海教育出版社,2005.

[83]教育部师范教育司.教师专业化的理论与实践[M].北京:人民教育出版社,2001.

[84]彭钢.小学数学课堂诊断[M].北京:教育科学出版社,2006.

[85]鲍建生.聚焦课堂[M].上海:上海世纪出版集团,2005.

[86]叶尧城.高中数学课程标准教师读本[M].武汉:华中师范大学出版社,2003.

[87]叶立军.数学新课程理念与实施[M].杭州:浙江大学出版社,2005.

[88]史约克.柯维工作法[M].赤峰:内蒙古科学技术出版社,1997.

[89]秦和平.课堂教学案例研究之研究[J].小学教学参考,2005(6).

[90]李如齐.教育诊断:教育发展的必然趋势[J].江苏教育学院学报(社会科学版),2004(2).

[91]鲍建生.课堂教学视频案例:校本教学研修的多功能平台[J].教育发展

研究,2003(12).

[92]陈玉琨.课程与课堂教学[M].上海:华东师范大学出版社,2002.

[93]安淑华.数学教育中的行动研究[J].数学教育学报,2002(11).

[94]郑毓信.数学教育从理论到实践[M].上海:上海教育出版社,2001.